煤分子模拟ReaxFF反应力场开发

张志强　著

化学工业出版社

·北京·

内容简介

煤炭结构具有高度复杂性、组分强烈非均质性以及形成过程的多变性，传统实验手段难以揭示其深层的微观机制。分子模拟作为一种可借助计算机技术追踪原子、分子动态行为的计算方法，已成为材料科学、化学工程及能源研究等领域的强大工具。本书系统介绍了用于煤分子模拟的 ReaxFF 反应力场（Coal-FF 力场）在开发过程中的探索和实践。结合深度学习框架 PyTorch 和 GPU 并行计算技术，开发了高效 ReaxFF 力场参数优化程序，显著提升了参数优化的速度和精度；通过大规模量子化学计算，构建了高精度的训练集，并以此为基础成功参数化了 Coal-FF 力场；此外，还对新开发的 Coal-FF 力场进行了全面的验证，包括对几何结构和能量的重现能力以及在分子动力学模拟中的表现。希望通过本书与同行分享在煤炭 ReaxFF 反应力场开发方面的经验和技术，为煤分子模拟领域的研究者提供有益的参考和工具。

本书适合煤化学化工、矿业、计算材料学、分子模拟等相关领域的科研人员和学生阅读，也可为行业上下游研发和生产提供指导和参考。

图书在版编目（CIP）数据

煤分子模拟 ReaxFF 反应力场开发 / 张志强著．北京：化学工业出版社，2025.10．-- ISBN 978-7-122-49092-6

Ⅰ．TQ530

中国国家版本馆 CIP 数据核字第 2025NX3725 号

责任编辑：于　水
责任校对：张茜越　　　　装帧设计：关　飞

出版发行：化学工业出版社
（北京市东城区青年湖南街 13 号　邮政编码 100011）
印　　装：涿州市般润文化传播有限公司
710mm×1000mm　1/16　印张 14¼　字数 269 千字
2026 年 1 月北京第 1 版第 1 次印刷

购书咨询：010-64518888　　售后服务：010-64518899
网　　址：http://www.cip.com.cn
凡购买本书，如有缺损质量问题，本社销售中心负责调换。

定　　价：148.00 元

版权所有　违者必究

前言

煤炭，作为地球上储量丰富、分布广泛的化石能源，其高效清洁利用一直是能源科学研究的重要课题。深入研究煤炭的分子结构，不仅有助于揭示煤形成、热解、燃烧等过程中微观化学反应机理，对于提高煤炭利用效率、减轻环境污染也至关重要。

长期以来，尽管对煤分子结构的研究取得了显著进展，并构建了多种煤分子结构模型，但这些模型在构建过程中往往忽略了原子成键和片段组合时在能量上的合理性，限制了其对真实的煤分子结构的准确复现。另外，传统的力场难以描述化学键的断裂与生成，为非反应力场。而对于煤炭转化这类涉及大量化学反应的过程，反应力场是不可或缺的工具。ReaxFF 力场凭借其独特的键序概念，能够动态地描述化学键的变化，从而适用于模拟化学反应过程，为解决这一难题提供了可能性。

然而，煤分子结构中包含复杂的化学键和官能团，使得现有通用 ReaxFF 力场难以精确描述煤分子体系的行为。开发一套专门针对煤炭体系优化的 ReaxFF 力场，对于提高煤分子模拟的准确性和可靠性至关重要。但这项工作面临巨大的挑战，涉及复杂的参数空间搜索和计算效率问题。

有鉴于此，本书详细记录了作者在开发一套适用于煤分子模拟的 ReaxFF 力场（Coal-FF 力场）过程中的探索与实践。结合深度学习框架 PyTorch 和 GPU 并行计算技术，开发了一套高效的 ReaxFF 力场参数优化程序，显著提升了参数优化的速度和精度。通过大规模量子化学计算构建了高精度的训练集，并以此为基础成功参数化了 Coal-FF 力场。

本书不仅详细阐述了力场的理论基础、开发流程、优化方法，还对新开发的 Coal-FF 力场进行了全面的验证，包括对几何结构和能量的重现能力以及在分子动力学模拟中的表现。我们将新力场与现有力场进行了对比，充分展示了 Coal-FF 力场在描述煤结构及其演变时的优势。

希望通过本书，与同行分享我们在煤炭 ReaxFF 反应力场开发方面的经验和技术，为煤分子模拟领域的研究者提供有益的参考和工具。我们相信，高性能反应力场的开发和应用，将极大地推动对复杂煤分子体系的深入理解，为实现煤炭清洁高效利用提供坚实的理论基础。

希望本书能为煤化学化工、矿业、计算材料学、分子模拟等领域的研究人员提供重要参考，助力煤炭结构与性质的深入研究和煤炭科学的进步。

本书的出版得到了国家自然科学基金“分子动力学－杂化逆向蒙特卡罗法和反应力场技术重构煤的分子结构”（22279087）的资助，在此表示诚挚的谢意。

由于作者的学术水平有限，书中难免存在不当之处，敬请广大读者批评指正。

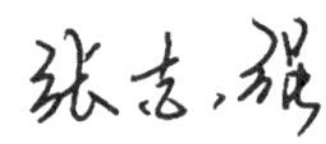

2025 年 5 月

目录

第1章
煤分子模拟力场概论

1.1 分子模拟在煤炭科学研究中的重要性

分子模拟，作为一种借助计算机技术追踪原子、分子动态行为的计算方法，已成为材料科学、化学工程及能源等研究领域的强大工具。尤其在煤炭科学这一领域，分子模拟展现出独特的不可替代性。鉴于煤炭结构的高度复杂性、组分的强烈非均质性以及其形成过程的漫长与多变，传统的实验手段往往难以触及其深层的微观机制。

此时，分子模拟的价值凸显。它能够有效地弥合宏观现象与纳米尺度粒子间相互作用的鸿沟。煤炭的宏观特性本质上源于其内部原子与分子层面的相互作用。通过分子模拟，研究人员得以“透视”并量化这些复杂的微观过程，从而为那些仅凭实验难以完全揭示的宏观行为提供深刻的解释。无论是煤炭的气体吸附、热解转化、燃烧反应，还是其力学响应行为，分子模拟都能提供强有力的研究视角和定量分析能力。

因此，分子模拟已然成为探索煤炭性质与行为的关键技术，为我们理解这一复杂物质的物理及化学特性开启了全新的微观视野。

1.1.1 揭示煤炭的微观结构与组成

煤炭是由多种有机大分子（如芳香烃、脂肪链等）以及少量无机矿物组成的复杂混合物，具有高度非均质性和多孔性。通过分子模拟，研究人员可以构建代表性的煤结构模型，并基于这些模型分析其化学组成、官能团分布、孔隙结构等特征。例如，利用分子动力学（MD）或蒙特卡罗（MC）方法，可以模拟煤基质在不同温度和压力下的构型变化，从而预测其密度、自由体积和孔隙连通性等关键参数。

此外，近年来发展的反应力场（如 ReaxFF 力场）技术，使研究人员能够模拟煤结构在高温热解或氧化过程中发生的化学键断裂与重组行为，进一步揭示了煤的热解路径和反应机理。

1.1.2 研究气体吸附与储层性能

煤炭不仅是重要的能源资源，也是天然气（尤其是甲烷）储存和封存的重要地质介质。煤层气（coal bed methane，CBM）的开发依赖于对煤中气体吸附能力的理解。分子模拟可用于研究 CO_2、CH_4、H_2S 等气体在煤中的吸附行为及其竞争吸附机制。

通过构建煤的微孔结构模型并应用 GCMC（grand canonical Monte Carlo）模拟，研究人员可以预测不同气体在煤中的吸附等温线、选择性吸附行为以及扩散系数。这对于优化煤层气开采策略、评估碳捕集与封存（CCS）技术的可行性具有重要意义。

1.1.3 探索热解与燃烧过程的分子机制

煤炭的热解和燃烧是能源转化的核心过程。分子模拟可以用于研究煤在加热条件下的分解行为，包括挥发分释放、焦炭生成、二次反应等。借助量子力学（QM）计算，可以深入探讨煤中特定官能团（如羟基、羧基、甲氧基等）在热解过程中的反应路径及活化能。

同时，结合分子动力学与反应动力学模型，可以模拟煤颗粒在燃烧过程中的氧化反应速率、污染物（如 NO_x、SO_x）生成机制以及灰渣形成行为。这些信息对于设计清洁燃烧技术和减少环境污染具有指导意义。

1.1.4 分析煤的力学性能与变形行为

煤炭在地下开采和地层应力作用下会发生复杂的力学响应，如压缩、剪切、裂纹扩展等。分子模拟可通过构建煤的纳米尺度模型，研究其弹性模量、断裂韧性、塑性变形等力学性能。这有助于理解煤岩破裂机制，为煤层气增产压裂、煤与瓦斯突出防治等工程问题提供理论依据。

此外，分子模拟还可以用于研究煤与其他材料（如聚合物、金属）之间的界面相互作用，为新型煤基复合材料的设计与性能优化提供支持。

综上所述，分子模拟在煤炭科学中的应用已成为深入理解其微观机制和优化利用方式的关键工具。从结构分析到力学研究，从气体吸附到燃烧过程，分子模拟不仅提供了精细化的理论模型，还能为实际生产提供指导。未来，随着计算机算力的提升和算法的不断进步，分子模拟将在煤炭科学及其相关领域发挥越来越重要的作用，为高效、低排放的能源技术研发提供科学支撑。

1.2 现有分子模拟力场简介

分子力学通过基于原子核位置近似分子系统的势能来简化分子内部复杂的量子力学相互作用。它忽略了电子的运动，专注于原子间的相互作用。在分子力学中，原子被视为通过弹簧（化学键）连接的带电质点。这种简化使得对较大系统和较长时间尺度的模拟在计算上变得可行。虽然分子力学在某些性质的预测方面不如量子力学准确，但其计算效率使得研究人员能够在实际的系统尺寸和相关的时间范围内研究分子及其相互作用的行为。

在分子模拟中，力场是描述分子内部或分子之间原子（或原子集合）之间作用力的计算模型。更精确地说，力场指的是用于在原子水平上计算系统势能的函数形式和参数集。力场是分子动力学或蒙特卡罗模拟中常用的关键组成部分。力场的选择对于分子模拟的准确性和可靠性至关重要。

1.2.1 势能函数

分子模拟力场的核心是势能函数，它本质上是一套数学函数和相应的参数集合，它将系统的能量描述为原子坐标的函数，用来近似描述分子体系中原子间的相互作用势能。力场是对真实量子力学相互作用的一种简化和经验性表达，旨在在可接受的计算成本下，尽可能准确地再现分子的结构和性质。通过计算势能及其梯度，模拟软件可以预测分子的运动轨迹、构象变化、热力学性质等。

总势能通常分解为分子内部成键和分子之间非键贡献：

$$V_{\text{total}} = V_{\text{bonded}} + V_{\text{non-bonded}} \tag{1-1}$$

成键相互作用描述了通过共价键连接的原子之间的能量，包括键伸缩、键角弯曲、二面角扭转和非正常扭转。键伸缩通常被建模为围绕平衡键长的振动，通常用简谐势表示：

$$V_{\text{bond}}(b) = \frac{1}{2}k_{\text{b}}(b - b_0)^2 \tag{1-2}$$

式中，b 是实际键长，b_0 是平衡键长，k_{b} 是键伸缩力常数。更精确的描述可以使用 Morse 势：

$$E_{\text{bond}}(r) = D_{\text{e}}\left[1 - e^{-\alpha(b-b_0)}\right]^2 \tag{1-3}$$

式中，D_{e} 和 α 分别是与势阱深度和宽度有关的常数。

Morse 势能更好地描述键在较大偏离平衡位置时的行为，并可以很好地描述键的断裂特征，但计算成本更高。键伸缩的参数（力常数和平衡长度）对于准确表示分子内化学键的刚度和振动频率至关重要。这些参数决定了拉伸或压缩化学键所需的能量，进而影响分子结构的整体柔性和稳定性。

键角弯曲通常被视为围绕平衡键角的振动，通常用二次能量函数描述：

$$V_{\text{angle}}(\theta) = \frac{1}{2}k_{\theta}(\theta - \theta_0)^2 \tag{1-4}$$

式中，θ 是实际键角，θ_0 是平衡键角，k_{θ} 是键角弯曲力常数。平衡键角和力常数对于维持分子正确的三维几何结构非常重要。偏离平衡键角会导致分子内部产生应变能，影响其相互作用。

二面角扭转势描述了围绕化学键旋转的能量。二面角能量的函数形式因力场而异，通常采用周期性函数，如傅里叶级数展开：

$$V_{\text{dihedral}}(\phi)=\sum_{n}\frac{V_n}{2}[1+\cos(n\phi-\gamma_n)] \tag{1-5}$$

式中，ϕ 是二面角，V_n 是势垒高度，n 是周期性（通常取 1、2、3），γ_n 是相位角。这个项描述了分子围绕化学键旋转时的能量变化，对分子的构象和柔性至关重要。

非正常二面角扭转用于某些力场中，以维持特定基团的平面构型或手性中心，并对偏离平面性的情况施加能量惩罚，常采用简谐势［式（1-6）］或余弦级数形式［式（1-7）］。

$$E_{\text{improper}}=K_{\phi}(\phi-\phi_0)^2 \tag{1-6}$$

式中，E_{improper} 表示非正常二面角扭转能。K_{ϕ} 是力常数，表示维持平面性或手性的刚度。K_{ϕ} 越大，表示偏离平衡角的能量惩罚越大。ϕ 为非正常二面角，通常定义为由四个原子构成的某个特定角度（例如，连接到中心原子的两个原子与中心原子本身构成的平面，和第四个原子与中心原子的连线相对于该平面的角度）。ϕ_0 为平衡非正常二面角。对于需要维持平面性的情况，ϕ_0 通常为 0°或 180°；对于手性中心，ϕ_0 可能是一个非零值：

$$E_{\text{improper}}=\frac{V_n}{2}[1\pm\cos(n\phi)] \tag{1-7}$$

式中，V_n 为势垒高度，表示克服扭转势所需的能量；n 代表周期性，决定了势能函数在一个 360°周期内有多少个能量最小值和最大值。对于非正常二面角势，n 值取决于具体的原子类型和力场参数。

非正常二面角对于准确模拟煤炭中常见的芳香环平面结构的几何形状非常重要，需确保它们在模拟过程中保持平坦。这些系统的平面性通常源于电子共轭，非正常扭转有助于在力场中强制执行这种几何约束。

一些高级力场还会包含键-键、键-角、角-角等交叉项，以更精确地描述内坐标之间的耦合效应，提高对分子振动光谱等性质的预测精度。

总之，分子结构中键、角、二面角和非正常二面角的强度和平衡几何构象决定了其结构刚性和对温度、压力等外部刺激的响应方式。

非成键相互作用包括范德华力和静电相互作用。范德华力是原子之间的短程吸引力和排斥力，包括伦敦色散力（诱导偶极-诱导偶极）、偶极-偶极相互作用和偶极-诱导偶极相互作用，通常使用 12-6［式（1-8）］或 9-6［式（1-9）］形式的 Lennard-Jones 势计算：

$$V_{\text{LJ}}(r)=4\epsilon\left[\left(\frac{\sigma}{r}\right)^{12}-\left(\frac{\sigma}{r}\right)^{6}\right] \tag{1-8}$$

$$V_{\mathrm{LJ}}(r)=\epsilon\left[2\left(\frac{r_0}{r}\right)^9-3\left(\frac{r_0}{r}\right)^6\right] \tag{1-9}$$

式中，r 是原子间距离，ϵ是势阱深度，σ 是相互作用势能为零时的距离（或 r_0 为势能最小时的距离）。Lennard-Jones 参数通常通过组合规则［如 Lorentz-Berthelot 规则：$\epsilon_{ij}=\sqrt{\epsilon_i\epsilon_j}$，$\sigma_{ij}=(\sigma_i+\sigma_j)/2$］从原子类型的参数计算得到。Buckingham 势是另一种常用的形式，包含指数形式的排斥项：

$$V(r)=A\mathrm{e}^{-Br}-\frac{C}{r^6} \tag{1-10}$$

式中，$V(r)$ 是两个原子之间距离为 r 时的势能。A 是与短程排斥力的强度有关的参数。B 是控制短程排斥力随距离衰减速度的参数。B 值越大，排斥力衰减得越快。$A\mathrm{e}^{-Br}$ 描述了原子核和电子云重叠引起的短程排斥作用，它随距离呈指数形式衰减。C 是与长程吸引力（伦敦色散力）的强度有关的参数。

范德华力对于模拟分子之间以及与其他分子在短距离上的相互作用至关重要，影响密度和吸附等性质。这些力解释了中间距离的吸引力和由于电子云重叠而在非常短的距离处的排斥力。

静电相互作用是由电荷分布引起的带电原子之间的长程相互作用，通常由库仑定律表示：

$$V_{\mathrm{coulomb}}(r_{ij})=\frac{q_iq_j}{4\pi\epsilon_0\epsilon_r r_{ij}} \tag{1-11}$$

式中，q_i 和 q_j 是原子 i 和 j 的部分电荷；ϵ_0是真空介电常数；ϵ_r是相对介电常数；r_{ij} 是原子间距离，它取决于原子电荷和原子之间的距离。大多数当前的力场都使用固定电荷模型。静电相互作用对于极性分子以及理解极性气体的吸附和极性官能团的相互作用尤其重要。煤炭含有氧原子、氮原子和硫原子，由于电负性差异这些原子与相邻原子之间会形成部分电荷，并产生显著的静电相互作用。

非键相互作用决定了分子的堆积方式以及它们如何与环境相互作用，在描述分子间和分子内缔合、确定物质密度等时起着至关重要的作用。

1.2.2 常见力场种类

不同的分子力场会选取不同的函数形式来描述上述能量与体系构型之间的关系。到目前，不同的科研团队设计了为数不少的力场。

① AMBER（assisted model building with energy refinement）力场[1]。由 Peter Kollman 及其合作者开发，是生物模拟领域最流行的力场之一。其特点是参数化严谨，特别适用于蛋白质和核酸模拟，目前发展了 ff94、ff99、ff99SB、ff14SB、ff19SB 等多个版本，不断改进力场参数的可靠性。其还衍生了用于模拟与生物分子

相互作用的有机小分子的 GAFF（general AMBER force field）力场。

② CHARMM（chemistry at HARvard macromolecular mechanics）力场[2]。由 Martin Karplus 及其合作者开发，也是生物模拟领域应用极其广泛的力场，不仅用于蛋白质和核酸，也广泛用于脂质、糖类等。其参数化时考虑了与溶剂的相互作用，且包含 CGenFF（CHARMM general force field）力场，用于模拟与生物分子相互作用的有机小分子。

③ GROMOS（groningen molecular simulation）力场[3]。由荷兰格罗宁根大学开发，为联合原子力场，其参数化哲学是在液体环境中进行优化，强调自由能的再现。有 43A1、53A6、54A7 等多个版本，不同版本参数可能不兼容。常用于预测小分子和大量液体的动力学运动，也用于模拟蛋白质、核酸、糖等生物大分子。

④ OPLS（optimized potentials for liquid simulations）力场[4]。由 William L. Jorgensen 实验室开发。OPLS 包含两套力场：OPLS-AA（全原子力场）和 OPLS-UA（联合原子力场）。最初主要目标是精确再现有机液体的热力学性质，后来也用于蛋白质、核酸的模拟。

⑤ COMPASS（condensed-phase optimized molecular potentials for atomistic simulation studies）力场[5]。COMPASS 力场最早由 MSI 公司（现隶属于 Dassault Systèmes BIOVIA）开发。基于从头算计算和经验优化进行参数化，覆盖范围广，包括有机分子、无机物、聚合物等多种材料体系，是一种通用的凝聚相系统第二代力场。这个力场的版本在不断更新，目前已经发展到 COMPASS Ⅲ 力场。

⑥ PCFF（polymer consistent force field）力场。COMPASS 力场的前身，主要针对聚合物和有机材料而设计。INTERFACE-PCFF 力场[6] 是对 PCFF 力场的最新扩展，扩展后的力场可以精确地模拟黏土、面心立方晶格金属（Ag、Al、Au、Cu、Ni、Pb、Pd、Pt）、二氧化硅、羟基磷灰石、水泥、硫酸钙、聚氧化乙烯等物质。这个力场的参数公开可以得到。作者一些关于煤的研究[7-10] 就选用了 PCFF 力场，用其对分子或凝聚相体系进行预优化。PCFF 力场中 C、H、O、N 和 S 元素的力场类型列于表 1-1～表 1-5 中。表 1-1 为 C 元素的力场类型说明；表 1-2 为 H 元素的力场类型说明；表 1-3 为 N 元素的力场类型说明；表 1-4 为 O 元素的力场类型说明；表 1-5 为 S 元素的力场类型说明。

表 1-1　PCFF 力场 C 元素力场类型说明

力场类型	说明	力场类型	说明
c	普通 sp^3 碳	c1	连接 1 个氢的 sp^3 碳
c+	胍基碳	c2	连接 2 个氢的 sp^3 碳
c−	荷电羧酸碳	c3	连接 3 个氢的 sp^3 碳

续表

力场类型	说明	力场类型	说明
c3h	连接1个氢的三元环 sp^3 碳	c_2	氨基甲酸酯、尿素羰基碳
c3m	三元环 sp^3 碳	c_a	普通氨基酸 sp^3 α 碳
c4h	连接氢的四元环 sp^3 碳	cg	甘氨酸 sp^3 α 碳
c4m	四元环 sp^3 碳	ci	荷电咪唑 sp^2 芳香碳
c5	五元环 sp^2 碳	co	缩醛 sp^3 碳
c=	非芳香端基双键碳	coh	连接氢的缩醛 sp^3 碳
c=1	非芳香邻端基双键碳	cp	sp^2 芳香碳
c=2	非芳香双键碳	cr	电中性精氨酸碳
c_0	醛、酮羰基碳	cs	连接硫的五元环 sp^2 芳香碳
c_1	酸、酯、酰胺羰基碳	ct	三键 sp 碳

表 1-2 PCFF 力场 H 元素力场类型说明

力场类型	说明	力场类型	说明
h	连接碳、硅或氢的普通氢	hn2	氨基氢
h*	连接氮、氧的氢	ho	连接氧的氢
h+	阳离子荷电氢	ho2	羟基氢
hc	连接碳的氢	hs	连接硫的氢
hi	荷电咪唑氢	hw	水中氢
hn	连接氮的氢		

表 1-3 PCFF 力场 N 元素力场类型说明

力场类型	说明	力场类型	说明
n	普通 sp^2 芳香碳	n4m	四元环 sp^3 氮
n+	质子化胺 sp^3 氮	n4n	四元环 sp^2 氮
n1	荷电精氨酸 sp^2 氮	n=	非芳香端基双键氮
n2	胍基 sp^2 氮	n=1	非芳香邻端基双键氮
n3m	三元环 sp^3 氮	n=2	非芳香双键氮
n3n	三元环 sp^2 氮	np	五或六元环 sp^2 氮
n4	质子化胺 sp^3 氮	npc	连接重原子五或六元环 sp^2 氮

续表

力场类型	说明	力场类型	说明
na	氨基 sp^3 氮	ni	荷电咪唑氮
nb	芳香胺 sp^2 氮	nn	芳胺 sp^2 氮
nh	五或六元环 sp^2 氮	nr	含胍基化合物氨基 sp^2 氮
nh^+	六元环质子化氮	nt	三键 sp 氮
nho	邻羰基六元环 sp^2 氮	nz	连接两个原子的 sp^3 氮

表 1-4　PCFF 力场 O 元素力场类型说明

力场类型	说明	力场类型	说明
o	普通 sp^3 氧	o_1	羰基氧
o*	水中氧	o_2	酯中 sp^2 氧
o^-	部分双键氧	oc	醚或缩醛 sp^3 氧
o3e	三元环 sp^3 氧	oe	酯中 sp^3 氧
o4e	四元环 sp^3 氧	oh	与氢连接氧
o=	与氧、碳、硫、氮或磷双键连接的氧	op	五元环 sp^2 氧

表 1-5　PCFF 力场 S 元素力场类型说明

力场类型	说明	力场类型	说明
s	sp^3 硫	s4e	四元环硫
s′	硫酮官能团硫	sc	C—S—C 官能团 sp^3 硫
s^-	双键硫	sf	磺酸官能团硫
s1	双硫键 sp^3 硫	sh	巯基官能团硫
s3e	三元环硫	sp	芳香环硫

⑦ Dreiding 力场[11]。Dreiding 力场是一个基于几何参数和通用力常数构建的力场。其理念是根据原子杂化状态设计通用参数，而非依赖于键、角或扭转项中涉及的特定原子组合来设置单独的力常数和几何参数。Dreiding 力场参数相对简单，适用于模拟有机和无机分子，但计算精度可能不如专门优化的力场。

⑧ UFF（universal force field）力场[12]。UFF 力场旨在覆盖元素周期表中几乎所有元素，这是 UFF 最核心和最显著的特点。与许多依赖大量实验数据进行参数拟合的力场不同，UFF 的参数主要基于一套通用规则，结合原子的基本属性

（如原子半径、电负性、电离势、共价半径、键级等）推导而来。作为通用力场，UFF 力场的目标是为各种体系提供合理的结构预测和能量评估，适合在缺乏更精确的专用力场参数时使用。然而，它在精度上通常不如那些针对特定分子类别进行了精细优化的专用力场。对于需要高精度能量、动力学或热力学性质的模拟，使用 UFF 力场可能不是首选项。

除了上述常用力场，还包括一些特殊类型的力场。例如，用于模拟软物质和生物大分子集体行为以及自组装现象等大尺度和长时间现象的 MARTINI 粗粒化力场[13,14]，明确包含电子极化效应、用于高精度静电描述的生物分子、水和离子溶液、有机分子的 AMOEBA 极化力场。

上述力场通常不可描述模型体系内部的化学反应，可统称为非反应力场。除此之外，还有一类可以模拟化学反应的力场，统称为反应力场。反应力场是一类特殊的分子力场，其核心目标是在保持相对较高计算效率的同时，能够在原子尺度模拟中描述化学键的形成与断裂，从而研究化学反应过程。它们试图弥合传统非反应力场（计算快但无法处理化学反应）与量子力学方法（能处理反应但计算成本极高）之间的差距。

目前主流的反应力场大致有以下几种：

① ReaxFF 反应力场[15]。它由 Adri van Duin、William A. Goddard Ⅲ及其合作者开发，使用显式的、依赖距离的键级来调节几乎所有的能量项（键、角、二面角、非键等），包含动态电荷分配机制。其能够动态地描述化学键的形成和断裂，旨在填补计算成本高昂但能精确描述化学反应的量子力学方法与计算效率高但通常无法处理键变化的经典非反应力场之间的空白。ReaxFF 力场可以模拟燃烧、催化、材料裂解等化学反应过程，应用非常广泛。虽然其计算成本显著高于经典的非反应力场，但仍比第一性原理分子动力学快几个数量级，使得其模拟包含成千上万，甚至数百万原子的大体系在纳秒级时间尺度上的化学反应成为可能。不过，ReaxFF 力场的参数通常是针对特定的元素组合和化学环境进行优化的，参数通用性和可移植性受限。目前，作为一个能够模拟原子尺度化学反应的力场，其备受瞩目，目前针对不同体系 ReaxFF 力场的开发工作十分活跃[16]。相关的力场形式和开发细节在后续章节将有详细介绍。

② Tersoff/Brenner/REBO/AIREBO 力场。主要为描述 Si、C、Ge 等共价材料和碳氢化合物开发。键级概念通常隐含在势函数形式中。函数形式相对 ReaxFF 力场简单。REBO（reactive empirical bond order）力场及其改进版 AIREBO 力场在碳材料领域应用很多。

③ 机器学习力场。这是近年来发展迅猛的新方向。机器学习力场不依赖于预设的、基于物理直觉的键长、键角项等的解析形式函数，而是利用神经网络、高斯

过程等机器学习模型直接从大量的第一性原理计算数据中学习原子能量、受力与局域原子环境结构之间的复杂映射关系，从而构建高维势能面。只要训练数据足够覆盖反应所需的构型空间，机器学习力场就能够以接近第一性原理计算的精度描述化学反应，同时计算速度远快于第一性原理计算。

代表性的机器学习力场有 Behler-Parrinello NNP（neural network potential，神经网络势）[17]、GAP（高斯近似势）[18]、ANI（accurate neural network engine for molecular energies）[19]、SchNet[20] 等。机器学习力场是功能强大的高精度模拟工具，但它们本质上是高维插值模型，当遇到显著偏离训练数据分布的新构型或化学环境时，预测结果可能非常不可靠，甚至给出完全错误的结果。而且，其模型参数通常缺乏明确的物理意义，难以像传统力场那样直观地理解能量贡献的来源（如键、角、非键等），这给模型的调试、改进以及从模拟中获得物理洞察力带来困难。

1.3 分子力场参数计算方法

分子力场作为连接微观分子结构与宏观物理化学性质的桥梁，在分子模拟领域扮演着至关重要的角色。力场参数的准确性是分子模拟结果可靠性的基石。本节将深入探讨分子力场参数的主要获得方法，阐述其原理、技术细节以及相关的自动化工具。

1.3.1 基于实验数据的拟合方法

传统的力场参数获取方法主要依赖于实验数据的拟合。这种方法通过迭代调整力场参数，直到模拟结果与一系列参考性质的实验观测结果相符。

常用的实验数据类型包括：

① 分子结构数据。高精度实验技术（如气相电子衍射、X 射线晶体学、中子衍射）可以提供分子的键长、键角、二面角等精确结构信息。这些数据常用于确定力场势能函数中的平衡几何参数。

② 热力学性质。宏观热力学性质，如汽化热、升华热、密度、表面张力、蒸汽压、临界点等，是评估力场非键参数（范德华参数和静电参数）的重要依据。通过模拟计算这些性质并与实验值进行比较，可以拟合非键参数。

③ 光谱数据。红外（IR）和拉曼（Raman）光谱提供的分子振动频率与力场中的力常数密切相关。通过拟合实验振动频率，可以确定键伸缩、键角弯曲和二面角扭转的力常数。

④ 凝聚相性质。晶体结构、晶格能等凝聚相性质对于确定分子间相互作用参数（尤其是范德华参数）至关重要。

如果实验数据充分且准确，基于实验数据进行参数化，可以获得能够直接反映真实体系的性质，在特定条件下表现良好的力场。然而，这也存在一些局限性：

① 对于许多分子或复杂的体系，实验数据可能不全面或难以获得，不同实验数据还可能存在不一致性。

② 力场中的不同参数往往相互耦合，拟合过程可能存在多解性，难以确定唯一的最佳参数集。从宏观实验数据中解耦出微观相互作用参数具有很大的挑战性。

1.3.2 基于量子化学计算的方法

量子化学计算（quantum chemistry，QC）能够从第一性原理出发，计算分子的电子结构和势能面信息，为力场参数的获取提供更微观和理论化的途径。这种方法克服了实验数据的一些局限性，尤其适用于缺乏实验数据的体系。

(1) 分子内相互作用参数的拟合

① 平衡结构与能量。通过量子化学优化计算得到的分子平衡构型和能量，可以直接用于确定力场势能函数中的平衡键长、键角和二面角。

② 振动分析与力常数。对分子平衡构型进行振动分析（频率计算），可以得到分子的 Hessian 矩阵（能量对原子笛卡尔坐标的二阶导数）。Hessian 矩阵包含了分子内相互作用的力常数信息。通过对 Hessian 矩阵进行特征值分析，可提取出键、角和二面角的力常数。这种方法避免了对实验振动频率的依赖，直接从势能面曲率获取力常数。

③ 二面角势能的拟合。通过扫描分子绕特定键旋转的二面角，并计算每个构象的量子化学能量，可以获得二面角势能曲线。随后，将这条曲线拟合到力场中的二面角势能函数中（通常是 Fourier 级数展开），即可得到相应的二面角参数。

(2) 静电参数的拟合

① 原子电荷。量子化学计算可以得到分子的电子密度分布。基于电子密度，可以通过不同的方法定义和计算原子电荷，如 Mulliken 电荷、Bader 电荷（AIM）、DDEC 电荷以及基于静电势拟合的电荷（如 RESP 电荷）[21-23]。这些原子点电荷直接用于力场中的库仑相互作用项。

② 多极矩。对于需要更高精度描述静电相互作用的力场，还可以从量子化学计算中获取分子的偶极矩、四极矩等多极矩信息。

(3) 范德华参数的拟合

范德华参数的确定相对困难。计算不同分子间以不同距离和取向相互作用时的量子化学能量，可以得到分子间相互作用能曲线或势能面。通过拟合这些相互作用能，可以确定力场中的范德华参数。高精度的相互作用能计算通常需要考虑电子相关和基函数叠加误差（BSSE）的校正。

量子化学计算可以获得微观的势能面信息，能够为缺乏实验数据的体系提供参数，且参数通常具有更强的物理意义。但是，量子化学计算也具有计算量较大的特点，量子化学计算方法的选择（理论水平、基组）也会影响参数的准确性。如何将量子化学计算结果有效地反映到经典力场模型中仍然是一个挑战。

1.3.3 力场参数拟合软件

力场参数拟合是一个烦琐且耗时的过程。为了提高效率，研究人员开发了许多自动化工具包，将量子化学计算、数据处理和参数拟合过程整合起来。

① QUBEKit[24]。这是一个功能强大的自动化工具包，专注于从小分子体系的量子化学计算结果中派生力场参数。它能够自动化执行分子结构优化、频率计算、静电势计算、二面角扫描等量子化学计算任务，并从中提取键、角、扭转、电荷和 Lennard-Jones 参数。QUBEKit 支持多种量子化学程序和力场格式，大大简化了参数化流程。

② GAFit[25]。这是一个通用的基于遗传算法的参数拟合程序。它可以通过遗传算法优化力场参数，使其势能面、热力学性质等模拟结果与量子化学计算或实验获得的参考数据尽可能接近。GAFit 的通用性使其可以应用于不同类型的力场和参数拟合任务，并且可以与量子化学或分子力学外部程序对接，实现自动化工作流程。

③ Forcefit[26]。Forcefit 是一个专门用于从 Gaussian 程序的 Hessian 矩阵中提取键、角和二面角力常数的 Python 程序，实现了 Seminario 方法的自动化[27]。

这些自动化工具通过集成不同的计算步骤和算法，显著提高了力场参数获取的效率和可重复性，研究人员能够更专注于分子模拟的应用本身。

对于一些特殊的研究体系，通用的分子力场可能无法提供足够的精度。此时，我们就需要改进现有力场或选择自建力场。但这都需要深入理解分子体系的物理化学性质和力场理论，而且通常计算量和工作量较大。本研究所开发的 Coal-FF 反应力场就是在此背景下进行的，后文将有详细介绍。

总之，分子力场参数的获得是一个多层次、多方法融合的过程。从早期的依赖宏观实验数据的拟合，到广泛利用微观量子化学计算推导和拟合，再到自动化工具的使用，这些方法共同推动了分子模拟在化学、材料、生物等领域的广泛应用。而且，力场参数的获取将更加依赖于高精度量子化学计算、机器学习算法以及大数据分析。机器学习方法有望从海量的量子化学计算数据或实验数据中学习复杂的势能面信息，实现更快速、更准确和更具可迁移性的力场参数化，以便更精确地描述分子间的相互作用，从而更深入地理解和预测复杂体系的行为。

1.4 不同分子力场在煤炭研究中的应用

分子模拟是一种强大的工具，用于获得对煤炭行为的基本理解并进行预测，与纯粹的实验方法相比，在细节、范围和效率方面都具有优势。虽然实验提供了有价值的宏观数据，但模拟可以提供观测结果背后的微观原因，并允许探索难以在实验室中实现的条件。首先，它能够在原子和分子水平上提供详细的见解，而这些见解通常是实验无法单独获得的。分子模拟能够补充和指导实验研究，为机理提供解释。此外，它还可以预测煤炭在高温、高压等各种条件下的性质和行为，而这些条件可能难以通过实验实现，或危险性极大。分子模拟还有助于研究热解和燃烧等复杂过程中的反应机理和路径。与广泛的实验活动相比，分子模拟通常成本更低、耗时更少。它还能够分离特定因素，研究独立因素的影响。

1.4.1 非反应力场

目前，分子模拟在揭示煤分子结构、热解、气化及氧化机理等方面日益发挥着关键作用。其中，非反应性力场（如 COMPASS[5]、UFF[11]、Dreiding[11]）被广泛用于优化煤的分子模型，并在一定程度上揭示了煤的微观结构特征。

2013 年，Zheng 等[28]将 Dreiding 力场用于优化 Wiser 和 Shinn 经典煤分子模型，作为后续 ReaxFF 分子动力学模拟的初始几何结构。通过模拟退火及 NPT 压缩优化，使得煤分子模型的密度符合实验测定值（$1.25g/cm^3$），但 Dreiding 力场的固定键假设限制了其在煤热解动力学研究中的适用性，因此研究最终采用 ReaxFF 进行化学反应模拟。

2021 年，Zhu 等[29]进行了丹厚褐煤分子模型构建及氧官能团对 CH_4 的吸附研究。在该研究中，Dreiding 力场被用于优化丹厚褐煤（Danhou lignite）分子模型的几何结构、分子动力学模拟（MD）及气体吸附研究。研究表明，Dreiding 力场可以较好地描述煤分子的结构及物理吸附特性，并能够提供合理的密度计算。

Zhang 等[30]在 2022 年的研究中使用 Dreiding 力场构建了屯兰煤的三维分子模型，研究结合了 NMR、FTIR 和 GC/MS 数据进行优化，以研究煤的微观孔隙结构及分子间的相互作用。研究发现，芳香层的堆积高度和直径影响煤的总孔隙率和表面积。

与 COMPASS 与 PCFF 力场等更专业或参数化的力场相比，Dreiding 力场使用通用参数，可能无法准确地捕捉到煤炭多样化化学环境中的特定相互作用，对煤炭模拟的准确性可能较低。但是，在缺乏特定参数的情况下，Dreiding 力场的通用性使其成为模拟煤相关体系的可选项。

COMPASS 力场的广泛参数化使其能够模拟煤炭系统中可能存在的各种组分，包括有机物、矿物质和吸附气体，其广泛地应用于煤炭研究中，例如研究气体吸附和扩散以及煤基质中的气体存储和运输。PCFF 力场在预测煤的复杂芳香族结构和脂肪族结构、动力学和热力学性质方面表现良好，适用于煤结构、物理性质、气体吸附/扩散的模拟。COMPASS 力场和 PCFF 力场常常可以互换使用或进行对比验证。

在 Han 等[31] 2023 年的研究中，COMPASS 力场被用于不同变质程度煤的分子模型构建及气体吸附特性研究。研究者使用 COMPASSⅡ 力场进行几何优化、退火模拟和分子动力学计算。研究发现，该力场能够较好地优化煤分子几何结构，使其密度与实验值接近。

另外，分子模拟被广泛用于研究煤炭中的气体吸附和扩散，用于理解气体（如甲烷和二氧化碳）在煤炭上的吸附，并研究压力、温度和含水量对气体吸附的影响[32,33]，模拟气体在纳米尺度上向煤基质的扩散[34]。通过模拟气体分子与煤基质之间的相互作用，研究人员可以识别控制吸附和扩散的关键因素，从而制定优化的开采或存储策略。

分子模拟还用于研究煤炭的膨胀和收缩，包括气体吸附引起的煤基质膨胀和收缩以及理解膨胀对煤层渗透率和气体流动的影响[35-37]。模拟煤炭的膨胀行为有助于预测和管理气体开采过程中煤层渗透率的变化，这对于高效的资源回收至关重要。

除了 COMPASS 力场、PCFF 力场和 Dreiding 力场之外，其他非反应力场，如 UFF 通用力场，也可用于煤炭模拟。这些力场具有各自的特点，并同样在煤炭研究中具有一定价值。

然而，传统的力场（如 Dreiding 和 COMPASS），由于其化学键的固定性，无法准确描述煤结构在复杂条件下的动态反应过程，特别是在涉及化学键断裂和形成的反应中，这些力场的局限性尤为明显。

1.4.2 反应力场

反应力场能够描述化学键的形成与断裂，是模拟化学反应的关键工具。其中，ReaxFF 反应力场因其广泛的应用性，已成为煤炭热解、燃烧和气化等重要转化过程模拟研究的首选力场[38-40]。通过跟踪这些复杂过程中化学键的变化，ReaxFF 模拟使研究人员能够深入分子层面，识别关键中间体和反应路径，从而详细阐明煤炭转化反应的分子机理。对这些机理的深入理解，对于制定优化产品收率、减少有害排放的策略以及开发更清洁高效的煤炭利用技术具有至关重要的指导意义。

此外，ReaxFF 反应力场被用于分析应力和变形对煤炭结构的影响，包括研究剪切摩擦过程及其对煤炭分子结构的影响以及模拟纳米压痕以理解煤炭纳米尺度的力学性质[41-44]。通过模拟对煤炭模型施加应力，研究人员可以观察化学键的断裂、分子重定向以及导致煤炭宏观力学行为的其他结构变化，从而揭示外力如何在分子水平上影响煤炭的结构和性质，这对于理解煤与瓦斯突出等现象以及优化采矿过程非常重要。

ReaxFF 反应力场还被用于探索煤炭与水的相互作用和氧化过程，包括研究水在煤炭表面的吸附，研究含氧官能团在水吸附中的作用以及模拟煤炭氧化的初始阶段和自燃[45-48]。水和氧气的存在会显著影响煤炭的稳定性和反应性。分子模拟可以提供关于吸附位点和反应机理的详细信息。在分子水平上理解水和氧气与煤炭的相互作用对于解决煤炭自燃等问题以及优化煤炭干燥过程至关重要。

从煤分子模拟中获得的见解可以直接转化为煤炭行业的实际应用，从而实现更高效、更环保的技术。基于分子水平的理解，可以优化煤炭的气化、液化等利用过程。通过理解气体存储和运输机制，可以提高煤层气的采收率。通过优化燃烧并最大限度地减少排放，可以制定更清洁的煤炭技术策略。基于分子结构和性质预测，可设计新的煤基碳材料。通过理解控制煤炭行为的基本分子过程，工程师和科学家可以开发有针对性的策略来改进现有技术并创造新技术。

然而，分子模拟也存在一些局限性。模拟的准确性高度依赖于所使用力场的质量和参数化。对于复杂的煤炭分子模型和长时间的模拟，计算成本可能非常高。力场只是对真实原子间相互作用的近似，可能无法始终准确地捕捉分子间相互作用的所有复杂因素，尤其是在反应过程或不寻常的化学环境中。另外，在模型中准确表示真实煤炭固有的非均质性和复杂结构也存在挑战。另外，非反应力场不能用于研究涉及化学键断裂和形成的化学反应。反应力场虽然功能强大，但在某些类型的反应或系统中，其准确性仍然有限。尽管分子模拟使用力场功能强大，但由于力场中固有的近似以及准确模拟现实世界煤炭的复杂性所带来的挑战，它们仍然受到限制。研究人员必须意识到这些局限性，并为他们的特定研究问题仔细选择合适的力场和模拟参数，并在可能的情况下根据实验数据验证所得的结果。

1.4.3 模拟力场比较

选择合适的力场是煤分子模拟研究的关键步骤。研究人员需要仔细考虑研究目标和所建模型的特性，根据其特定需求权衡不同力场的优缺点来选择力场。需要考虑的具体因素包括：研究的具体问题和现象是反应性还是非反应性过程；感兴趣的性质；煤炭模型中存在的原子化学环境参数的可用性；所需的准确度水平和可用的计算资源；所用煤炭模型的复杂性和大小等。

在用于煤分子模拟的力场中，COMPASS 力场、PCFF 力场和 Dreiding 力场是常用的非反应力场。COMPASS 力场和 PCFF 力场的参数化理念更侧重于经验优化，而 Dreiding 则更具通用性。PCFF 力场和 COMPASS 力场由于其更广泛的参数化，可能在某些性质方面提供更好的准确性，而 Dreiding 力场在缺乏特定参数时提供了一种更通用的方法。这三种非反应力场之间的选择通常取决于煤炭模型中存在的特定原子和相互作用的参数可用性以及所需的准确度水平。

非反应力场和反应力场之间的根本区别在于它们模拟化学反应的能力。它们各自在研究煤炭科学的不同方面具有不同的优势和劣势。非反应力场和反应力场之间的选择完全取决于研究问题。如果研究涉及化学转化，则必须使用反应力场。非反应力场仅适用于研究煤炭的物理性质和非反应性相互作用。试图用非反应力场研究燃烧是不可能的，而使用反应力场可能对于简单的吸附研究来说在计算上过于复杂。这是两者的根本区别。

为了更清晰地比较这些力场，表 1-6 总结了用于煤炭模拟的不同力场的关键特征、优点和局限性。

表 1-6 煤炭模拟力场总结

力场	类型	主要优点	主要缺点	计算成本	主要应用场景
COMPASS	Class Ⅱ	凝聚态性质模拟精度高，参数覆盖广	计算成本高，参数化复杂	较高	结构、物理性质、气体吸附/扩散
PCFF	Class Ⅱ	聚合物/有机物模拟精度高，与 COMPASS 力场类似	计算成本高	较高	结构、物理性质、气体吸附/扩散
Dreiding	Class Ⅰ	计算快，参数化简单，适合大体系初步模拟	精度相对较低	中等	初始结构构建，大规模体系初步模拟，定性分析
ReaxFF	反应力场	可模拟包含键形成和断裂的化学反应	计算成本非常高，参数化关键且复杂	非常高	热解、燃烧、气化、氧化等化学反应过程

煤分子模拟力场正在不断发展。机器学习和人工智能在力场开发中的集成是一个新兴趋势。机器学习技术被用于加速参数化过程，并且正在开发机器学习势作为传统力场的替代方案。机器学习的应用有望显著加快煤新型力场的开发速度，并创建更复杂、更准确的势能模型。机器学习算法可以从大型数据集中学习复杂的关联，这对于参数化像煤炭这样非均质材料的力场可能特别有用。

未来，煤分子模拟的趋势将包括开发考虑其非均质性和可变性、更真实和具有代表性的煤炭结构分子模型，深入研究涉及煤炭的气化、液化等工业过程。分子模拟还将与其他计算技术和实验数据相结合，以更全面地理解煤炭。此外，分子模拟将被用于设计和发现煤炭及其衍生物的新应用。

煤分子模拟的未来发展在于开发更准确、更高效和更通用的工具，这些工具能够解决日益复杂的问题，并为煤炭行业的科技进步作出贡献。随着计算资源的持续增长以及我们从分子水平对煤炭结构演变理解的加深，分子模拟将在开发更清洁、更高效的煤炭利用技术，推动煤炭科学和技术发展方面发挥更加关键的作用。

参考文献

[1] Weiner P K，Kollman P A. AMBER：Assisted model building with energy refinement. A general program for modeling molecules and their interactions [J]. Journal of Computational Chemistry，1981，2 (3)：287-303.

[2] Brooks B R，Bruccoleri R E，Olafson B D，et al. CHARMM：A program for macromolecular energy，minimization，and dynamics calculations [J]. Journal of Computational Chemistry，1983，4 (2)：187-217.

[3] Scott W R，Hünenberger P H，Tironi I G，et al. The GROMOS biomolecular simulation program package [J]. The Journal of Physical Chemistry A，1999，103 (19)：3596-3607.

[4] Jorgensen W L，Tirado-Rives J. The OPLS [optimized potentials for liquid simulations] potential functions for proteins，energy minimizations for crystals of cyclic peptides and crambin [J]. Journal of the American Chemical Society，1988，110 (6)：1657-1666.

[5] Sun H. COMPASS：An ab initio force-field optimized for condensed-phase applications overview with details on alkane and benzene compounds [J]. The Journal of Physical Chemistry B，1998，102 (38)：7338-7364.

[6] Heinz H，Lin T J，Kishore M R，et al. Thermodynamically consistent force fields for the assembly of inorganic，organic，and biological nanostructures：The INTERFACE force field [J]. Langmuir，2013，29 (6)：1754-1765.

[7] Zhang Z. Structure and dynamics in brown coal matrix during moisture removal process by molecular dynamics simulation [J]. Molecular Physics，2011，109 (3)：447-455.

[8] Zhang Z，Yan K. Molecular dynamics simulation of oxygen diffusion in dry and water-containing brown coal [J]. Molecular Physics，2011，109 (19)：

2367-2374.

[9] Zhang Z，Wang C，Yan K. Adsorption of collectors on model surface of wiser bituminous coal：A molecular dynamics simulation study [J]. Minerals Engineering，2015，79：31-39.

[10] Zhang Z，Kang Q，Wei S，et al. Large scale molecular model construction of Xishan bituminous coal [J]. Energy & Fuels，2017，31 (2)：1310-1317.

[11] Mayo S L，Olafson B D，Goddard W A. DREIDING：A generic force field for molecular simulations [J]. The Journal of Physical Chemistry，1990，94 (26)：8897-8909.

[12] Rappe A K，Casewit C J，Colwell K S，et al. UFF，a full periodic table force field for molecular mechanics and molecular dynamics simulations [J]. Journal of the American Chemical Society，1992，114 (25)：10024-10035.

[13] Souza P C T，Alessandri R，Barnoud J，et al. Martini 3：A general purpose force field for coarse-grained molecular dynamics [J]. Nature Methods，2021，18 (4)：382-388.

[14] Marrink S J，Risselada H J，Yefimov S，et al. The MARTINI force field：Coarse grained model for biomolecular simulations [J]. The Journal of Physical Chemistry B，2007，111 (27)：7812-7824.

[15] van Duin A C，Dasgupta S，Lorant F，et al. ReaxFF：A reactive force field for hydrocarbons [J]. The Journal of Physical Chemistry A，2001，105 (41)：9396-9409.

[16] Leven I，Hao H，Tan S，et al. Recent advances for improving the accuracy，transferability，and efficiency of reactive force fields [J]. Journal of Chemical Theory and Computation，2021，17 (6)：3237-3251.

[17] Behler J，Parrinello M. Generalized neural-network representation of high-dimensional potential-energy surfaces [J]. Physical Review Letters，2007，98 (14)：146401.

[18] Bartók A P，Payne M C，Kondor R，et al. Gaussian approximation potentials：The accuracy of quantum mechanics，without the electrons [J]. Physical Review Letters，2010，104 (13)：136403.

[19] Smith J S，Isayev O，Roitberg A E. ANI-1：An extensible neural network potential with DFT accuracy at force field computational cost [J]. Chemical Science，2017，8 (4)：3192-3203.

[20] Schütt K，Kindermans P J，Sauceda F H E，et al. Schnet：A continuous-

filter convolutional neural network for modeling quantum interactions [C]// Advances in Neural Information Processing Systems. Long Beach, CA, USA: NeurIPS Foundation, Inc. , 2017.

[21] Bader R F W. A quantum theory of molecular structure and its applications [J]. Chemical Reviews, 1991, 91 (5): 893-928.

[22] Bayly C I, Cieplak P, Cornell W, et al. A well-behaved electrostatic potential based method using charge restraints for deriving atomic charges: The RESP model [J]. The Journal of Physical Chemistry, 1993, 97 (40): 10269-10280.

[23] Manz T A, Sholl D S. Chemically meaningful atomic charges that reproduce the electrostatic potential in periodic and nonperiodic materials [J]. Journal of Chemical Theory and Computation, 2010, 6 (8): 2455-2468.

[24] Horton J T, Allen A E A, Dodda L S, et al. QUBEKit: Automating the derivation of force field parameters from quantum mechanics [J]. Journal of Chemical Information and Modeling, 2019, 59 (4): 1366-1381.

[25] Rodríguez-Fernández R, Pereira F B, Marques J M C, et al. GAFit: A general-purpose, user-friendly program for fitting potential energy surfaces [J]. Computer Physics Communications, 2017, 217: 89-98.

[26] Waldher B, Kuta J, Chen S, et al. ForceFit: A code to fit classical force fields to quantum mechanical potential energy surfaces [J]. Journal of Computational Chemistry, 2010, 31 (12): 2307-2316.

[27] Seminario J M. Calculation of intramolecular force fields from second-derivative tensors [J]. International Journal of Quantum Chemistry, 1996, 60 (7): 1271-1277.

[28] Zheng M, Li X, Liu J, et al. Initial chemical reaction simulation of coal pyrolysis via ReaxFF molecular dynamics [J]. Energy & Fuels, 2013, 27 (6): 2942-2951.

[29] Zhu H, Huo Y, He X, et al. Molecular model construction of Danhou lignite and study on adsorption of CH_4 by oxygen functional groups [J]. Environmental Science and Pollution Research, 2021, 28: 25368-25381.

[30] Zhang S, Wang Z, Zhang X, et al. Construction of molecular structure model of Tunlan coal and its microscopic physicochemical mechanism [J]. Fuel, 2022, 308: 121936.

[31] Han Q, Deng C, Gao T, et al. Construction of different metamorphic degree

coal models and corresponding adsorption characteristics based on molecular simulation [J]. Journal of Molecular Structure, 2023, 1274: 134517.

[32] Zhang J, Clennell M B, Dewhurst D N, et al. Combined Monte Carlo and molecular dynamics simulation of methane adsorption on dry and moist coal [J]. Fuel, 2014, 122: 186-197.

[33] Yue G, Wang Z, Tang X, et al. Physical simulation of temperature influence on methane sorption and kinetics in coal (Ⅱ): Temperature evolvement during methane adsorption in coal measurement and modeling [J]. Energy & Fuels, 2015, 29 (10): 6355-6362.

[34] Fang X. Simulation study on dynamic characteristics of gas diffusion in coal under nitrogen injection [J]. Scientific Reports, 2022, 12 (1): 18865.

[35] Dong K, Zhai Z, Jia B. Swelling characteristics and interaction mechanism of high-rank coal during CO_2 injection: A molecular simulation study [J]. ACS Omega, 2022, 7 (8): 6911-6923.

[36] Takanohashi T, Iino M, Nakamura K. Simulation of interaction of coal associates with solvents using the molecular dynamics calculation [J]. Energy & Fuels, 1998, 12 (6): 1168-1173.

[37] Zhang J, Liu K, Clennell M B, et al. Molecular simulation of CO_2-CH_4 competitive adsorption and induced coal swelling [J]. Fuel, 2015, 160: 309-317.

[38] Xiao Y, Zeng J F, Liu J W, et al. Reactive force field (ReaxFF) molecular dynamics investigation of bituminous coal combustion under oxygen-deficient conditions [J]. Fuel, 2022, 318: 123583.

[39] Zheng M, Li X, Liu J, et al. Pyrolysis of Liulin coal simulated by GPU-based ReaxFF MD with cheminformatics analysis [J]. Energy & Fuels, 2014, 28 (1): 522-534.

[40] Liu J, Yang X, Jiang X, et al. Pyrolysis mechanisms of coal extracts based on TG-FTIR and ReaxFF MD study [J]. Fuel Processing Technology, 2022, 227: 107124.

[41] Liu H, Song Y, Du Z. Molecular dynamics simulation of shear friction process in tectonically deformed coal [J]. Frontiers in Earth Science, 2023, 10: 1030501.

[42] Wang J, Hou Q, Zeng F, et al. Gas generation mechanisms of bituminous coal under shear stress based on ReaxFF molecular dynamics simulation [J]. Fuel, 2021, 298: 120240.

[43] Yang Y, Pan J, Hou Q, et al. Stress degradation mechanism of coal macromolecular structure: Insights from molecular dynamics simulation and quantum chemistry calculations [J]. Fuel, 2021, 303: 121258.

[44] Hou Q, Han Y, Wang J, et al. The impacts of stress on the chemical structure of coals: A mini-review based on the recent development of mechanochemistry [J]. Science Bulletin, 2017, 62 (13): 965-970.

[45] Chen J, Pan X, Li H, et al. Molecular dynamics investigation on supercritical water oxidation of a coal particle [J]. Journal of Analytical and Applied Pyrolysis, 2021, 159: 105291.

[46] Jin H, Xu B, Li H, et al. Numerical investigation of coal gasification in supercritical water with the ReaxFF molecular dynamics method [J]. International Journal of Hydrogen Energy, 2018, 43 (45): 20513-20524.

[47] Zhou J, Wang J, Tang S, et al. Simulations on coal water slurry gasification by molecular dynamics method with ReaxFF [J]. Journal of Molecular Modeling, 2024, 30 (7): 213.

[48] Lei M, Zeng Y, Hong D, et al. Experimental and ReaxFF MD study on the release characteristics of gaseous nitrogen during pressurized bituminous coal gasification [J]. Fuel, 2024, 367: 131428.

第2章

煤分子ReaxFF力场训练集分子选择

为煤分子结构模拟训练 ReaxFF 反应力场参数，首先需要识别出煤炭大分子结构中关键的、具有代表性的化学结构单元，才能构建合适的训练集。

在力场参数化过程中，训练集分子的选择尤为关键，其数据质量与覆盖范围将直接影响最终力场的泛化能力与几何预测性能。为确保力场在复杂煤分子体系中的适用性，本章将基于煤结构的组成特征设计系统的训练集分子。

2.1 煤的分子结构特点

煤是复杂的高分子化合物，其分子结构受生成、类型和变质程度等多种因素的共同影响，具有显著的复杂性、多变性与非均质性。

根据成煤植物的不同，煤主要可分为两大类：源于高等植物的腐植煤和源于藻类、细菌等低等生物的腐泥煤。腐植煤由木质素、纤维素等植物主要组分在地质作用下转化形成，是自然界中的主要煤种。依据煤化程度从低到高，腐植煤可进一步细分为泥炭、褐煤、烟煤和无烟煤。

探究煤的分子结构一直是煤化学研究的核心与难点。早期研究曾尝试通过热解、水解、化学降解等解聚策略，分离并鉴定构成煤的基本分子单元，但由于煤结构的复杂性，这些方法未能完全成功。因此，研究重心逐步转向解析煤的整体结构特征，包括分析碳骨架（如芳香环簇大小、脂肪链结构）的特点，阐明 O、H、N、S 等杂原子与碳骨架的成键方式与存在形态，定量检测各类官能团，并系统研究这些结构参数随煤化程度的演变规律。

研究手段上，化学方法与现代物理分析技术被广泛结合。研究视角也经历了深刻的转变：从早期侧重于芳香单元和桥键连接方式等二维平面信息的描述，发展到当前致力于揭示煤大分子复杂的三维空间构象及分子间相互作用。相应地，研究层次也从过去的定性、经验性判断和半定量估算，提升至追求精确、可靠的三维分子模型构建。随着分析技术的持续革新与理论认识的深化，对煤这一复杂分子体系的认知正不断向前推进。

2.1.1 煤分子结构化学研究方法

(1) 溶剂抽提

溶剂抽提是研究煤结构最早的方法之一[1]，严格来说属于物理化学研究方法。许多关于煤结构的主要认识和概念都是通过研究溶剂抽提物而获得的。目前许多分析手段仍然需要溶剂抽提来配合，所以有关这方面的研究至今仍受到广泛重视。

根据相似相溶规则，非极性溶质易溶于非极性溶剂中，而极性溶质易溶于极性溶剂中。煤的主体为含有杂原子的芳香类物质，所以芳香烃，尤其是杂环烃和酚类对煤的抽提率高，非芳香烃的抽提率低。此外，具有高电负性的原子，能与煤表面的活泼氢形成氢键的溶剂抽提率更高，如胺类、吡啶和酚类对煤的抽提作用就要比不含杂原子的芳烃大得多。

(2) 煤氧化法

煤氧化法是了解煤的分子结构和化学特性的一种化学研究方法。煤在氧化作用下发生解聚，部分有机质结构转化为芳环氧化物、有机小分子化合物和气体。煤的氧化产物中的芳香氧化物，如苯羧酸能反映煤中缩合芳环的信息，苯羧酸的生成数目对应煤中缩合芳环的芳核个数。因而，可以通过小分子含氧化合物的生成途径研究煤的分子结构和化学特性。国内外报道的氧化方法有空气或氧气氧化法[2]、化学氧化法[3]、光催化氧化和电解氧化法[4]等。

(3) 酸催化解聚法

煤骨架结构中含有醚键和酯键，在较温和的温度下，路易斯酸和布朗斯特酸均可以催化煤的溶解。煤的酸催化解聚对了解煤的大分子结构及其反应性具有重要意义。Shimizu 等[5,6]研究了在较温和的温度下煤的三氟甲基磺酸催化解聚，发现从 Yallourn 褐煤中可以获得质量分数为 63%的吡啶可溶物。

2.1.2 煤分子结构仪器研究方法

虽然上述方法在煤结构研究初期提供了许多基础数据，但程序复杂，分析周期长，灵敏度低。随着现代分析技术的发展，仪器分析方法逐渐成为主要的煤结构研究方法。主要的仪器分析方法有如下几种：

(1) 傅里叶变换光谱（FTIR）

FTIR 是用于有机物分析及测定的主要仪器。FTIR 分析由于具有操作简便、分辨率高等优点，已经成为测定煤大分子结构，特别是煤大分子结构中的各类官能团的有力工具。例如，1984 年，Sobkowiak 等[7]较早探讨了利用核磁共振结果标定 FTIR 光谱峰吸收系数，进行煤中芳香及脂肪氢官能团定量的可行性。Solomon 等[8]采用 FTIR 分析研究了煤中的芳香氢。朱学栋等[9]利用 FTIR 对我国煤化程度有显著差异的 18 种煤进行了系统的光谱研究，通过分峰，把煤的红外吸收光谱分解为 38 个 Gaussian 型分布峰，并得出了不同吸收峰与煤中官能团的对应关系。

通过红外光谱的研究与分析，人们对煤的微观结构有了最初的认识，并得出了有关煤结构的一般规律。如随着煤化程度的变化，煤的红外光谱也随之发生有规律的变化[10]；煤的各种显微组分的红外光谱上的差异反映了它们结构上的不同[11]。

根据红外光谱学和有机化学理论，煤的红外光谱主要存在四种类型的吸收峰：① 芳香烃结构的特征吸收峰，位于 700～900cm^{-1}；② 含氧、氮、硫等杂原子官能团的特征吸收峰，位于 1000～1800cm^{-1}；③ 脂肪族结构的特征吸收峰，位于 2800～3000cm^{-1}；④ 羟基结构的特征吸收峰，位于 3000～3600cm^{-1}。煤的红外光谱主要特征吸收峰归属详见表 2-1。

表 2-1　煤的红外光谱特征吸收峰的归属

波数/cm^{-1}	归属
3300	氢键缔合的—OH、—NH、酚类
3030	芳烃 CH 伸缩振动
2950（肩）	—CH_3 不对称伸缩振动
2920～2860	环烷烃或脂肪烃—CH_3
1700	羰基
1590～1470	大部分的芳烃
1460	—CH_2 和—CH_3、无机碳酸盐
1375	—CH_3
1330～1110	酚、醇、醚、酯的 C—O
1040～910	灰分
860	
833（弱）	
815	取代芳烃 CH、灰分
750	
700	

(2) X 射线衍射（XRD）

X 射线衍射是分析晶体结构的有效手段，其衍射方向和衍射强度取决于晶胞的形状、大小以及原子在晶胞中的排列方式。XRD 用于煤的研究由来已久。1951 年，Franklin[12]根据石墨化和非石墨化煤的结晶生长提出了第一个煤结构的物理模型。1954 年，Hirsch[13]对 XRD 图进行了仔细研究，进行了芳香片层大小和键长的估算。

煤是一种短程有序的非晶态物质，随着煤化程度的提高，煤的 X 射线衍射图的清晰程度逐渐提高，逐渐接近于石墨。这表示煤结构中存在着类似于石墨的晶体结构，一般称之为芳香微晶。通过 X 射线衍射谱图可以计算出煤的微晶参数，所以广泛应用于煤的物理结构分析。

图 2-1 为一张西山烟煤的 XRD 谱图。通过对 XRD 特征峰的分峰拟合，根据布拉格方程，可以求得煤的一些特征结构参数[14]。

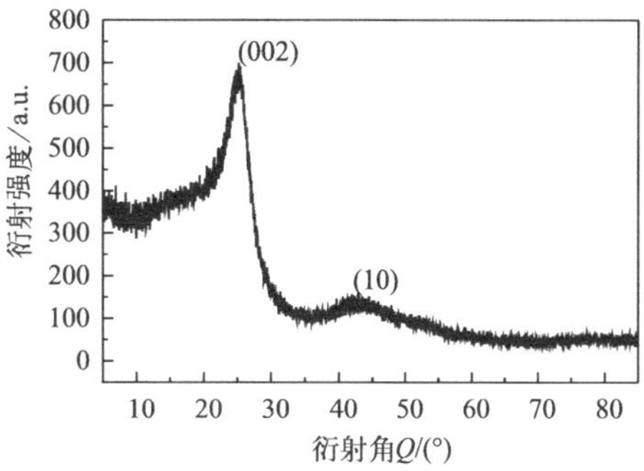

图 2-1　西山烟煤的 XRD 谱图

(3) 核磁共振波谱 (NMR)

煤的结构检测中常用^{1}H 和^{13}C 的核磁共振波谱。核磁共振波谱可以用来确定碳、氢原子的分布，桥碳周碳比，芳香碳骨架结构等信息。受到煤结构的复杂性以及固体核磁技术的限制，煤的^{13}C NMR 谱图分辨能力有限。为了获得更多的煤结构信息，研究者通常进行变接触时间和偶极去相测试。国际上，Wilson 等[15]较早将偶极去相技术用于分析煤结构并获取结构参数。Solum 等[16]采用 NMR 变接触时间和偶极去相相结合，采用函数模型拟合方法来定量分析煤的结构参数，取得了较准确的分析结果。Mathews 领导的课题组[17-20]为了构建煤的分子结构模型，将 NMR 测定的结构参数作为主要的输入参数，因而在他们的研究中广泛使用了上述方法。

图 2-2 和图 2-3 分别为西山烟煤和晋城烟煤的 2 ms 标准接触时间^{13}C CP/MAS NMR 图谱。在 Solum 等[21]的研究基础上，根据谱图分峰，可拟合获得两种煤的 12 个结构参数：f_a（sp^2 杂化碳率）、f_a^c（羰基、羧基碳的含量）、f_a'(芳碳率)、f_a^H（质子化芳碳含量）、f_a^N（非质子化芳碳含量）、f_a^P（酚或芳醚碳含量）、f_a^S（取代芳碳率）、f_a^B（桥碳率）、f_{al}（脂碳率）、f_{al}^H（CH 和 CH_2 基团质子化碳含量）、f_{al}^*（脂甲基和甲氧基含量）、f_{al}^O（氧接脂碳率），列于表 2-2。

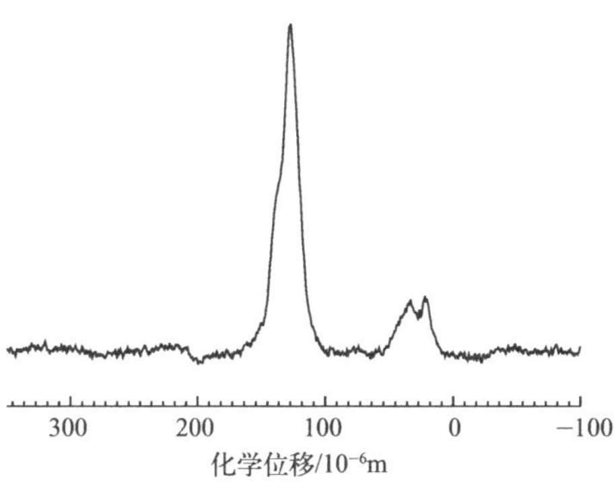

图 2-2　西山烟煤的^{13}C CP/MAS NMR 图谱

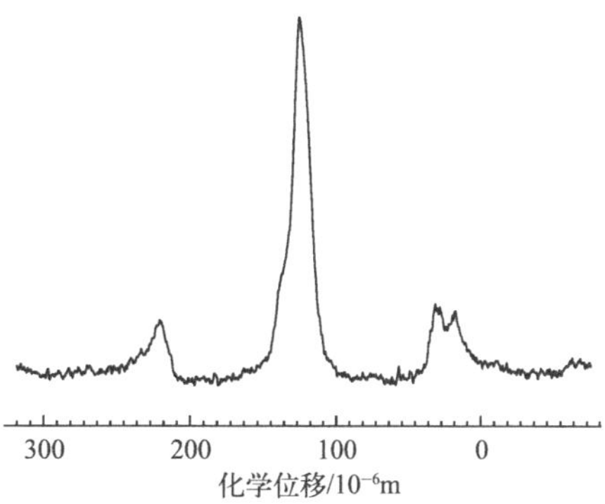

图 2-3　晋城烟煤的^{13}C CP/MAS NMR 图谱

表 2-2　西山烟煤及晋城烟煤的^{13}C CP/MAS NMR 结构参数

煤种	f_a	f_a^c	f_a'	f_a^H	f_a^N	f_a^P	f_a^S	f_a^B	f_{al}	f_{al}^*	f_{al}^H	f_{al}^O
西山烟煤	0.83	<0.01	0.83	0.24	0.59	0.03	0.19	0.37	0.17	0.04	0.13	0.01
晋城烟煤	0.89	0.00	0.89	0.38	0.51	0.01	0.09	0.41	0.11	0.06	0.05	0.02

从表 2-2 中可以看出，西山烟煤和晋城烟煤的芳香度均较高，表明芳香碳是两种烟煤的主要成分，属于煤阶较高的烟煤，这与元素分析结果一致。西山烟煤羧基碳含量小于 0.01，晋城烟煤 NMR 谱图上则无羧基碳峰发现。晋城烟煤的芳香度更是达到 0.89，已接近无烟煤的范围。另外，西山烟煤的 f_a^H 仅有 0.24，而晋城烟煤的 f_a^H 为 0.38，表明晋城烟煤芳香核边缘周碳的质子化程度较高。

(4) 高分辨率透射电镜 (HRTEM)

XRD、NMR 等检测技术是体相检测手段，只能给出煤结构参数的平均信息。高分辨率透射电镜可以直接观察煤中芳香层片的微晶结构，可以用来定量分析芳香层片的尺寸大小和堆垛结构，是研究煤微观结构的重要手段。1975 年，Oberlin 等[22]利用 HRTEM 技术暗场模式（dark field mode）研究了无烟煤的石墨化机制，观察到煤中的分层和堆垛结构。2000 年，Sharma 等[23]的研究首次证实，利用 HRTEM 方法可以以接近分子的分辨率观察得到煤中芳香片层的晶格条纹位置、长度和朝向信息。Mathews 等[24]利用 HRTEM 技术对 Pocahontas 3 号烟煤结构进行了观测，利用获得的图像进行了晶格条纹提取，提取出了代表不同芳香层片大小的煤晶格条纹。

图 2-4 是西山烟煤 HRTEM 图像的分析过程。对原图像采用高斯模糊［图 2-4（b）］、带通滤波［图 2-4（d）］和正反傅里叶变换函数［图 2-4（c）和（e）］进行了处理，处理后的图像如图 2-4（f）所示；为了精修 HRTEM 图像，对图 2-4（f）进行了局部放大［图 2-4（g）］，对条纹结构分枝进行分离，获得了芳香层片的长度、角度和位置信息。

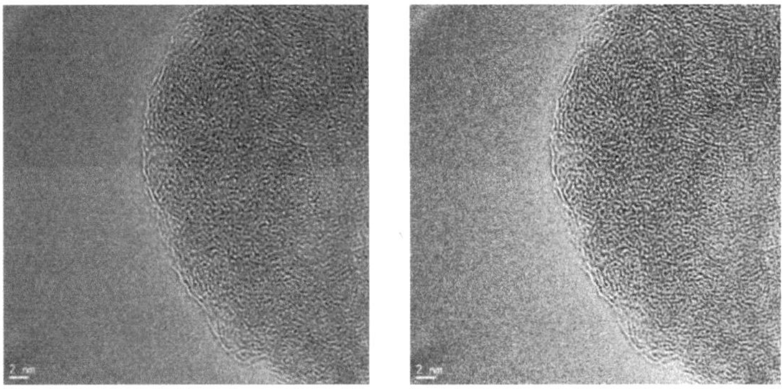

(a)　　(b)

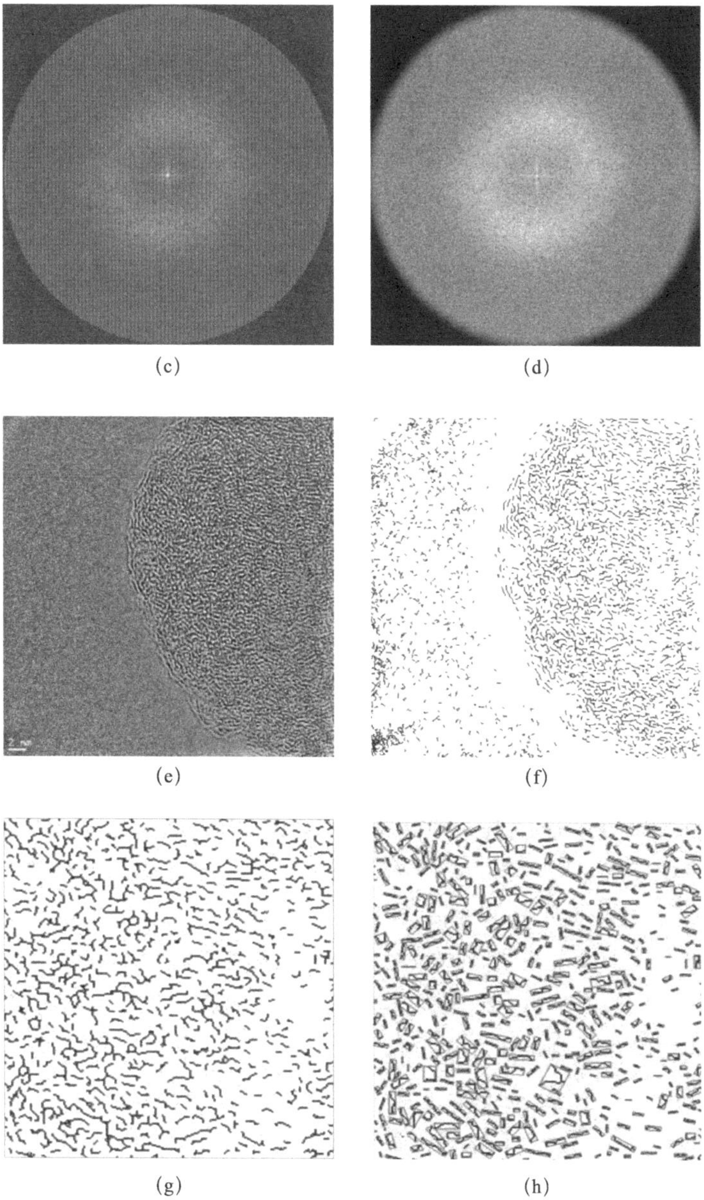

图 2-4　西山烟煤的 HRTEM 图像处理过程

由于 HRTEM 图像可以提供煤芳香层片的详细分布和堆垛结构，因而它的应用在煤分子结构的深入研究上具有重要的意义。

(5) X 射线光电子谱 (XPS)

X 射线光电子谱是煤表面化学结构的有效研究方法，可以用来确定煤中碳原子以及氧、氮、硫等杂原子的组成和价态以及成键。

1974 年，Frost 等[25]首次发表了利用 XPS 技术研究煤的文章。他们着重分析了煤中碳、氧、硫的存在形态，并讨论了使用 XPS 来直接测定煤中有机硫的方法。

根据 C1s 信号，XPS 能提供煤中碳元素的存在形式和含量。通常认为，煤中碳元素的结合形式有四类：第一类属于芳烃或脂烃（C—C 和 C—H），这类碳在 284.8eV 左右出峰；第二类属于醚或羟基（C—O），这类碳在 286.3eV 附近出峰；第三类属于羰基（C ═O），其谱峰在 287.5eV 处；第四类属于羧基（COO），其谱峰在 289.0eV 附近[26,27]。

在 XPS 谱图的解析过程中，总的氧元素含量一般根据全谱扫描获得[28]。在 O1s 谱图中，约 533eV 处的峰归属为 C—O；约 531.4eV 处的峰归属为 C ═O；而约 534.4eV 处的峰归属为 COO[26,29]。但是，由于吸附的氧和水，乃至矿物质中的氧元素会干扰煤有机质氧元素的 XPS 信号，所以含氧官能团的含量则一般不根据 O1s 的谱图直接获得，而采用分析 C1s 信号的方法间接获得[30,31]。

XPS 谱图拟合中，醚和羟基都归属为 C—O 单键的一类，两者比例关系无法确定。Kelemen 等[28]根据醚（C—O—C）和（C—O—H）羟基所连接的碳原子数目不同，提出了一种根据 XPS 结果，通过联立方程获得两者含量的方案。Kozłowski[30]研究证明，西班牙 Mequinenza 煤及伊利诺伊 6 号煤中醚及羟基氧是氧元素的主要存在方式。

Wallace 等[32,34]和 Burchill 等[33]早期研究者还研究了氮元素在煤中的存在形式。氮元素在煤中的存在形式决定了含氮官能团的比例。他们发现，氮元素在煤中主要以吡咯和吡啶的形式存在。研究发现[35,36]，（398.7±0.3）eV 与（400.3±0.3）eV 处的峰应该分别归属为吡啶峰和吡咯峰。一般来说，吡咯型氮（N-5）的浓度比吡啶型氮（N-6）的浓度要高[37-39]。吡啶酮的结合能为 400.6eV，与吡咯的结合能非常接近，XPS 无法进行有效的区分。虽然通常煤中也存在含氨基的官能团(结合能为 399.4eV)，但是一般认为这类官能团的浓度非常低，因而 XPS 谱峰拟合的时候不需要将氨基型氮包括进来[40]。

在某些煤的 XPS 谱图拟合过程中，为了获得满意的拟合结果，经常需要在结合能为 401.4eV 处拟合出一个季氮（N—Q）峰来。此结合能所对应的氮元素的存在形式还没有确定的结论。Pels 等[40]认为，在褐煤中，季氮更可能以质子化吡啶型氮的形式存在；Wójtowicz 等[35]认为，在煤中，氧化吡啶型氮（N- X）也是季氮的一种形式；Kelemen 等[38]认为，在低阶煤中，除了质子化吡啶型氮，还可能有其他形式的季氮存在；Zhang 等[41]认为，在高阶煤中，此处峰应当归属为芳香环内季氮。煤中典型的含氮官能团结构如图 2-5 所示。

煤中的硫元素以无机硫、有机硫化物、噻吩、亚砜、砜和磺酸盐/硫酸盐的形式存在。图 2-6 为煤中有机硫的分子结构形式。煤中有机硫含量的变化取决于成煤植物的来源，与煤的变质程度无关，但煤中硫醚和噻吩硫的含量均随煤的变质程度不同而变化。

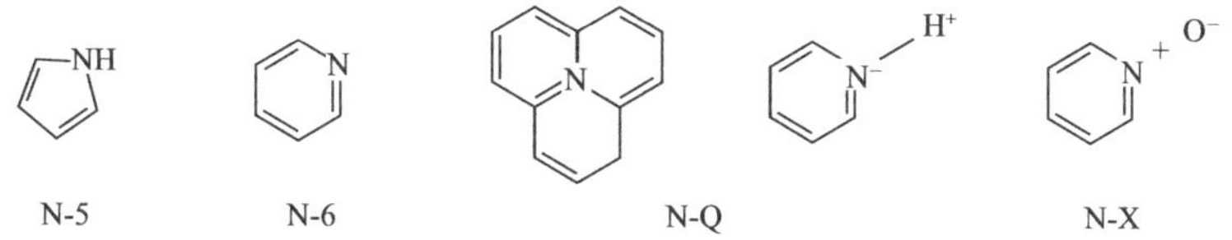

图 2-5 煤中有机氮存在的主要形式

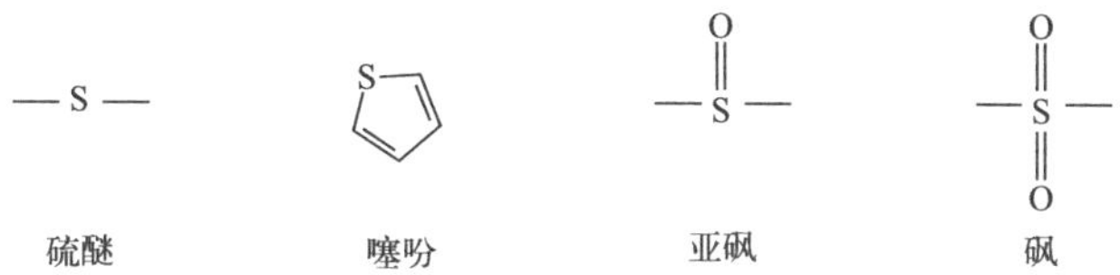

图 2-6 煤中有机硫存在的主要形式

在进行 S2p XPS 光谱图分峰拟合时，不同学者采用的分峰方法会有很大的不同。一些学者未考虑能级分裂现象，以 $2p_{3/2}$ 单峰来解析谱图拟合[30,42-44]。在这种分峰方法中，硫的存在形式归属如下：黄铁矿型硫（约 162.5eV）、烷基硫（约 163.3eV）、芳基硫（约 164.1eV）、亚砜基硫（约 165.4eV）、砜基硫（约 168.2eV）、硫酸盐硫（约 169.0eV）。Gorbaty 等[43]通过 XPS 检测，采用单峰拟合后得出结论，煤经过温和氧化后，以硫化物形式存在的硫会转化为氧化物的形式存在，而以噻吩形式存在的硫基本上保持不变。Kozłowski[30]研究认为，西班牙 Mequinenza 煤中的硫元素以硫化物型为主，而伊利诺伊 6 号煤中的硫元素以噻吩型硫占主导。

实际上，S2p 光谱由 $2p_{3/2}$ 和 $2p_{1/2}$ 两个峰组成，两个峰的强度比例是 2∶1，它们之间的间隔为 1.2eV[45]。显然，仅使用 $2p_{3/2}$ 峰时，会使原来属于其伴随峰的 $2p_{1/2}$ 峰位错误地归结为另外一种形态硫，从而导致不同形态硫含量分析结果出现错误。因而，有的学者会考虑劈裂峰而采用 $2p_{3/2}$ 和 $2p_{1/2}$ 双峰分析[46]，马玲玲等[47]通过对含硫模型化合物和新略焦精煤中的有机硫含量的分析，对 XPS 谱图的分峰拟合方法和参数设置进行了探讨。他们的研究结果表明，用 XPS 解析煤中不同形态硫含量时，应按 $2p_{3/2}$ 和 $2p_{1/2}$ 劈裂峰分峰方法进行，并设置劈裂峰的面积比约为 2∶1，裂距为 1.18eV。另外各有机硫 $2p_{3/2}$ 峰的峰位分别为：硫醇硫醚类硫 162.1～163.6eV；噻吩类硫 164.0～164.4eV；亚砜类硫 165.0～166.0eV。

对西山烟煤进行了检测（图 2-7），分析结果列于表 2-3。从表中可以看出，西山烟煤煤样的表面结构中碳原子主要存在于芳香聚合环及烷烃中（76.7%），其次为醇碳或醚碳（16.7%）。羰基及羧基含氧官能团也有分布，但含量较少，仅占 5.2%和 1.5%。

氮在西山烟煤煤样表面结构中存在三种形态：398.8eV 归属于吡啶型氮；400.2eV 归属于吡咯型氮；401.4eV 归属于季氮。由表 2-3 可以看出，吡咯型氮的相对摩尔分数稍多（39.0%），吡啶型氮与季氮含量稍低（30.1%和30.9%）。因为成煤植物的叶绿体中存在较多的吡咯环，吡咯环是具有较高稳定性的芳香性共轭体系，所以在成煤过程中得以保存且含量最高。样品中的有机硫包括噻吩、亚砜和砜。其中砜含量最多（49.2%），噻吩的含量稍少（40.1%），亚砜的含量最少（10.7%）。砜含量高表明西山烟煤中的硫氧化程度较高。

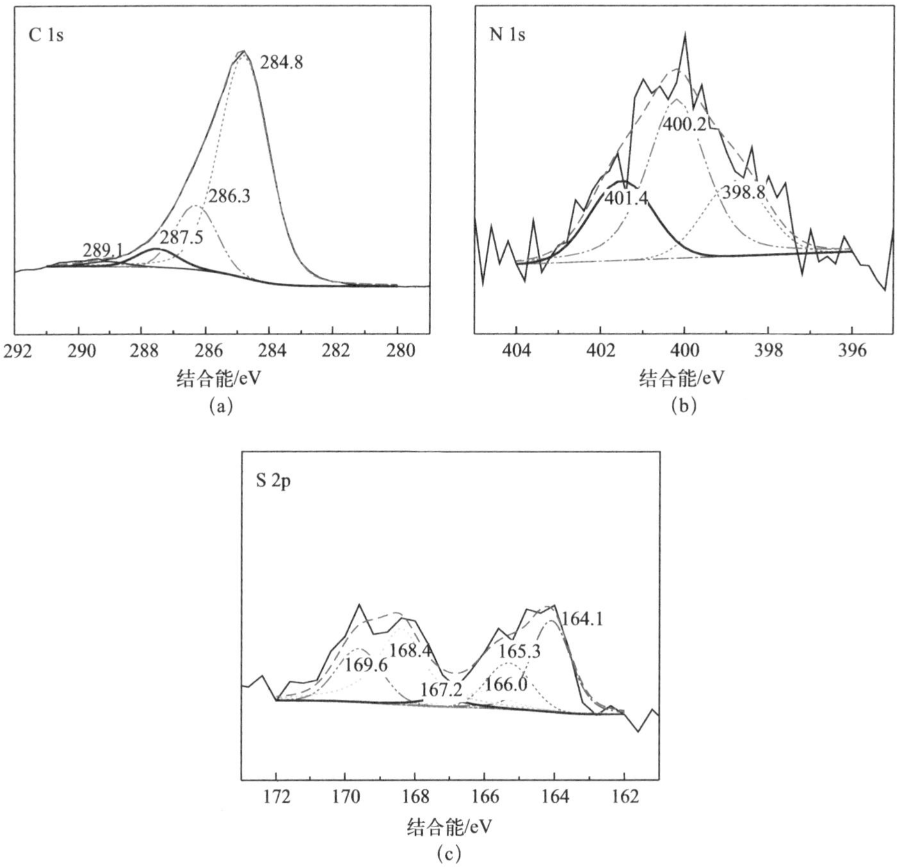

图 2-7　西山烟煤中 C、N、S 元素 XPS 扫描及分峰拟合

表 2-3　西山烟煤有机氧、氮、硫元素的存在形式、XPS 结合能和含量

峰位	官能团	结合能/eV	摩尔比例/%
C 1s	芳香及烷基（C—C 及 C—H）	284.8	76.7
	醇和醚（C—O）	286.3	16.7
	羰基（C═O）	287.5	5.2
	羧基（O═C—O）	289.1	1.5

续表

峰位	官能团	结合能/eV	摩尔比例/%
N 1s	吡啶（pyridinic）	398.8	30.1
	吡咯（pyrrole）	400.2	39.0
	季氮（quaternary）	401.4	30.9
S 2p	噻吩（thiophene）	164.1、165.3	40.1
	亚砜（sulphoxide）	166.0、167.2	10.7
	砜（sulphone）	168.4、169.6	49.2

(6) 质谱（MS）法

质谱方法也广泛应用于煤分子结构的确定。利用质谱方法，可以确定煤中碳原子数分布、分子类型和分子量等特征，因而质谱技术广泛应用于煤化学结构的测定。

Bodzek 等[48]使用场致电离（field ionization，FI）MS 对高挥发性烟煤抽提物组分的分子量进行了测定。研究发现，烟煤抽提物可挥发组分的分子量分布于 70～800，但是以分子量为 200～600 的分子占主导。Marzec 等[49]发现，煤的抽提物组分非常复杂，高分辨率 FI MS 可以分辨出超过 2000 个的抽提物组分。检测到的化合物类型包括烃类、含氮化合物、含氧化合物、含硫化合物、含氮氧化合物、含硫氧化合物和含硫氮化合物。

电喷雾质谱也用于煤抽提物的分析。Wu 等[50,51]用 ESI 源负离子模式傅立叶变换回旋共振质谱（FT ICR MS）研究了伊利诺伊 6 号煤及 Pocahontas 3 号煤的吡啶抽提物，共检出一万多种化合物。他们发现，伊利诺伊 6 号煤的吡啶抽提物比 Pocahontas 3 号煤的吡啶抽提物含有更多种类的化合物，且具有更多样的结构类型。FT ICR MS 可以按照杂原子的组成对检测到的化合物进行精确的分类，并分析其芳香核结构，为了解煤分子结构的多样性提供了机会。

色质联用技术（GC/MS）在煤的分子结构检测上也有广泛应用。魏贤勇等[52-55]利用 GC/MS 分析了系列煤的抽提物，揭示了煤中部分有机质的分子结构。Huai 等[56]利用裂解气相色谱质谱（Py-GC MS）技术发现，伊利诺伊 6 号煤的数均分子量为 270，用裂解场致离子质谱（Py-FI MS）检测的分子量则为 367。由于气相色谱会屏蔽对分子量大的化合物的检测，所以造成其检测值偏低。

利用飞行时间二次离子质谱（time-of-flight-secondary ion mass spectrometry），Domazetis 等[57]研究了澳大利亚及德国褐煤的分子结构。结果发现，褐煤主要由含有脂肪侧链以及羧基、酚基官能团的单环芳烃形成的聚合物组成。观察到的硫片段来自无机硫、硫醇、有机磺酸盐及有机 S、N 官能团。另外，在质谱图中也发现数个包含有机氯的碎片。

通过使用激光脱附技术，可以将可检测的煤的分子量扩大到以往质谱方法的 100 倍以上。利用激光脱附飞行时间质谱（LDI MS），Parker 等[58]首次在煤焦油及抽提物中发现了分子量可达 12000 的有机分子。Stock 等[59]利用 GC MS 和 LDI MS 研究了 Pocahontas 3 号煤的分子结构特征和分布。他们发现，此种煤中的芳香聚合环边缘连有甲基，通过联芳基和杂环的形式进行桥联。Mathews 等[60]利用 LDI MS 对 Pocahontas 3 号煤的分子量分布进行了测定，发现在 250～400 及 500～800 区域存在尖锐的质谱峰。Castro-Marcano 等[61]认为 LDI 及 ESI FT-ICR MS 是很好的检测手段，可以帮助他们构建和评价所建立的伊利诺伊 6 号煤大尺度分子模型。Hattingh 等[19]发现，虽然镜质组显微组分含量不同，但四种南非烟煤的 LDI TOF MS 谱图显示它们的分子量分布特征非常类似，可检测的最大分子量约为 1800。图 2-8 显示的是西山烟煤的 LDI TOF MS 谱图。从中可以发现，西山烟煤有两个位于 1500m/z 附近的峰；这两个峰的位置距离很近，形成部分重叠。另外，煤中分子的分子量分布很广，直到 5000m/z 的检测限仍有一定丰度的分子存在。

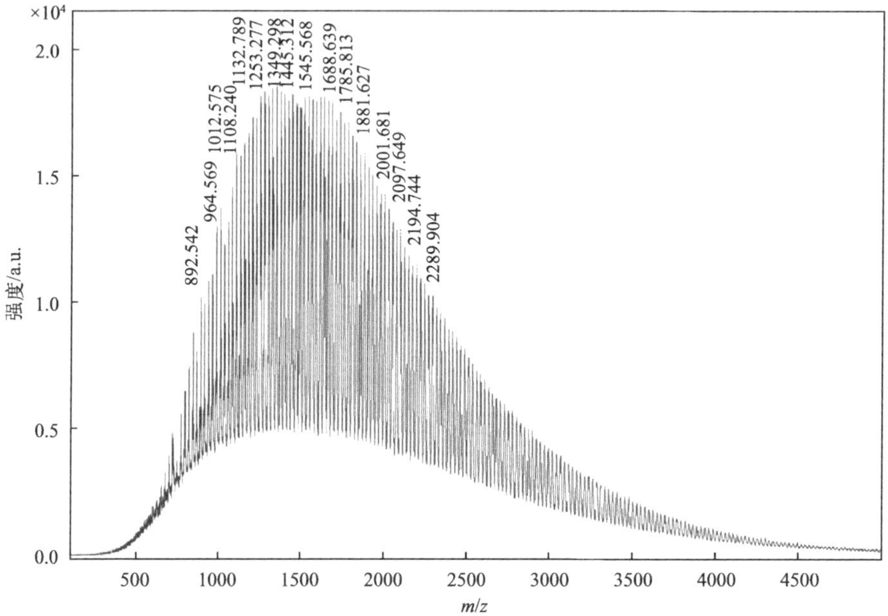

图 2-8　西山烟煤的 LDI TOF MS 谱图

2.2 煤的分子结构模型

分子化学结构，简称分子结构，可以描述分子中原子的三维排列方式。分子结构涉及原子在空间中的位置，与形成的化学键的键长、键角以及二面角有关。分子结构影响了分子的反应性、极性、相态、颜色、磁性和生物活性等。煤的分子结构模型是依据煤的结构碎片特征信息和分子成键的知识构造的能反映煤有机质特征的模型[62]。

2.2.1 煤平均分子结构模型

从 20 世纪初开始研究煤结构以来，文献中出现了大量煤和煤抽提物的分子结构模型[63]。在 20 世纪 60 年代之前，由于技术水平的限制，人们对于煤结构的研究方法主要是化学方法，因此只能得到一些定性的结果，很少有定量的结果。这一阶段所搭建的煤分子结构均为二维模型。

Fuchs 煤分子模型是其中的一个代表。这一模型是由德国科学家 W. Fuchs 在 1942 年提出的[64]。1957 年，V. Krevelen 根据红外光谱数据，采用统计结构分析法对这个模型进行了修改完善（图 2-9），是当时最著名的模型。

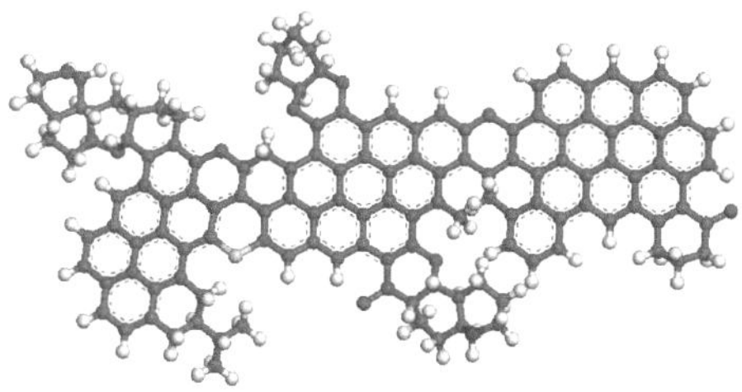

图 2-9 Fuchs 煤分子结构模型

由图 2-9 可见，Fuchs 煤分子模型将煤描绘成由片状缩合芳香环和在其边缘上连着的以含氧官能团为主的基团所组成的分子。

随后，煤结构的研究开始采用 XRD、IR 等物理测试手段，采用统计结构解析的分析方法来构建煤分子结构模型，研究水平有了一定提高，提出了许多经典的煤分子结构。但这些模型与 Fuchs 模型具有一个共同特点，即结构单元中芳香缩合环都很大。

P. Given 在 1960 年提出了 Given 模型[65]，研究中采用了 IR、^{1}H NMR 和 XRD 检测。这个模型（图 2-10）表现的低煤化度烟煤是由环数不多的缩合芳香环（主要是萘环）构成的。这些缩合芳环之间以脂环相互连接，分子呈线性排列构成三维空间大分子。氮原子以吡啶杂环的形式存在。缩合芳环上还连有数个酚羟基和羰基。Given 模型强调了煤中的六元脂环结构，并认为这些结构在煤液化过程初期具有供氢活性。另外，缩合芳香环结构单元之间的交联键以邻位亚甲基为主。模型中没有含硫的结构，也没有醚键和两个碳原子以上的脂肪链桥键。

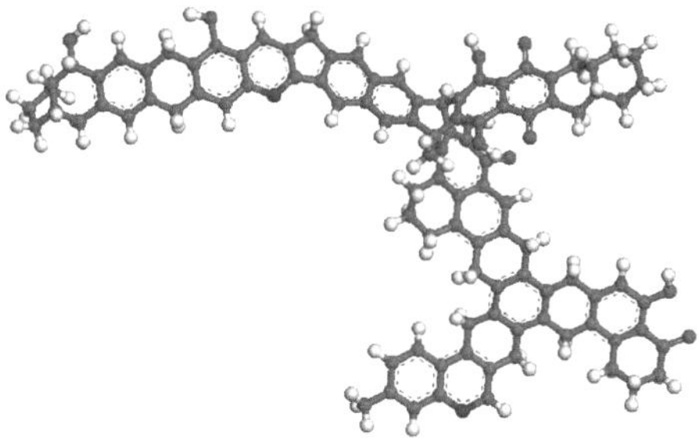

图 2-10 Given 煤分子结构模型

在 20 世纪 60 年代之后，由于物理、化学、物理化学水平的提高以及煤分子构建技术手段的丰富，人们在煤结构的研究中采用了各种新型的现代仪器，煤分子结构的研究进入了蓬勃发展阶段。由于更多关于煤结构和显微组分的信息可以得到，研究者所构造的煤分子结构模型更为合理，而且也由二维平面模型发展成为三维立体模型。

1983 年，Wiser 提出了一种高挥发分烟煤的 Wiser 模型[66]。该模型（图 2-11）芳香环数分布较宽，氢大多存在于脂肪性结构中，如氢化芳环、烷烃链桥结构以及脂肪性取代基，芳香性氢较少。Wiser 模型中芳香环之间的交联键，主要是短烷键、醚键和硫醚等弱键以及两芳环直接相连的碳碳键。部分芳香环边缘上有羟基和羰基。由于是低煤化度的烟煤，还含有羧基。结构中还有硫醇和噻吩等基团。此煤的化学结构模型能够展示煤结构的大部分现代概念，是比较全面、合理的。

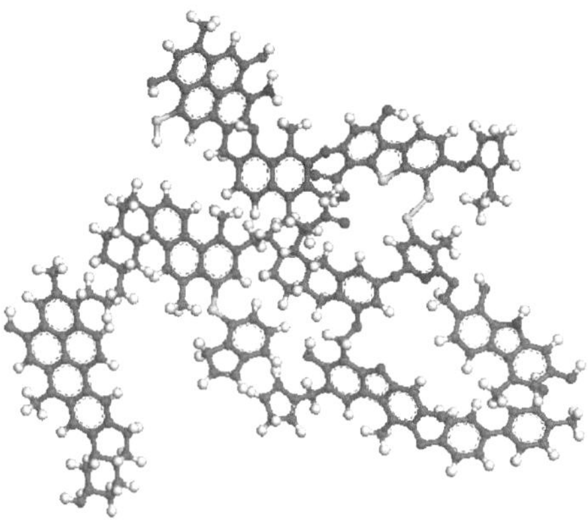

图 2-11 Wiser 煤分子结构模型

1984 年提出的 Shinn 模型（图 2-12）[67]是根据煤在液化过程中产物的分布提出的，又称为煤的反应结构模型。该模型的实验对象也是烟煤，是经过一系列的试验和分析得到的。Shinn 模型将煤看作交联的网络结构，存在众多的交联点。这个模型含有 14 个结构单元，基本结构单元的芳香环数多为 2～3 个，其间由 1～4 个桥结构相连。大多数桥结构是亚甲基和醚。模型的桥键分布、官能团与试验结果比较类似，但是氧含量比实际偏高。氧的主要存在形式是酚羟基。模型还含有喹啉、呋喃和吡啶等结构单元。

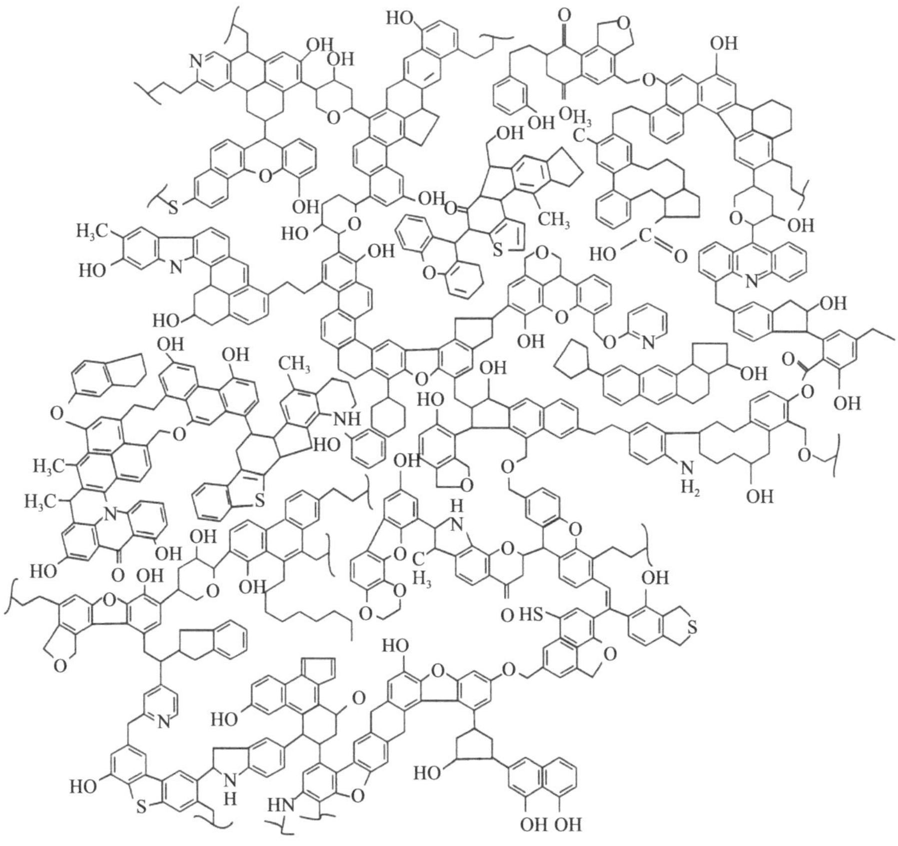

图 2-12　Shinn 煤分子结构模型

近年来，在计算机技术的推动下，分子模拟技术使煤结构的研究更加深入具体。2009 年，利用一维和二维 NMR 光谱、FTIR 和元素分析结果，Salmon 等[68]建立了 Morwell 褐煤的分子结构模型（图 2-13）。该模型捕获了褐煤结构的一些基本特征，如模型中基本结构单元核只有一个芳香环，这些芳香环通过脂肪族侧链连接。这个模型已经成功应用于研究褐煤的裂解[69]和氧化过程[70]。

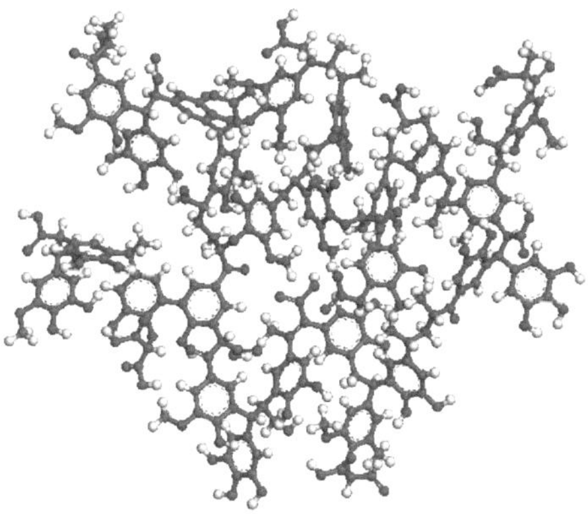

图 2-13　Morwell 褐煤分子结构模型

2011 年，曾凡桂等[71]结合工业分析与元素分析及^{13}C CP/MAS NMR 实验结果构建了兖州烟煤的分子结构模型（图 2-14）。在其结构中，芳香化合物以苯为主，也存在少量萘、蒽与芳香杂环；脂肪结构以脂肪侧链、环烷烃和氢化芳环的形式存在，且甲基、亚甲基和次甲基的含量相当；氧原子分别以羧基、羰基和羟基形式存在；氮原子分别以吡啶与吡咯的形式存在；硫原子以噻吩型硫的型式存在。

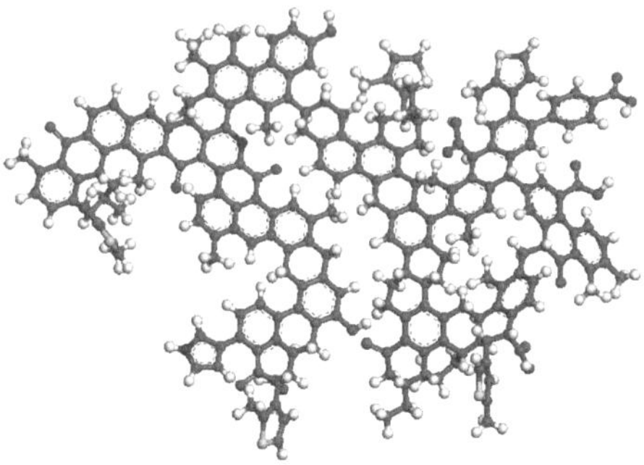

图 2-14　兖州烟煤分子结构模型

2.2.2　大尺度煤结构模型

Mathews 等[72]结合 HRTEM、XPS、LDI MS 等检测结果，获得了数个更能够体现煤结构和性质的大尺度煤结构模型。

图 2-15 是他们建立的 Pocahontas 3 号低挥发性烟煤结构模型[72]。这个模型由 22151 个原子组成，包括 215 个结构各异、分子量在 78～3286 分布的煤分子。相比以往的小尺度平均结构模型，他们的模型由多样性分子组成，更能真实地表征煤的结构和性质。

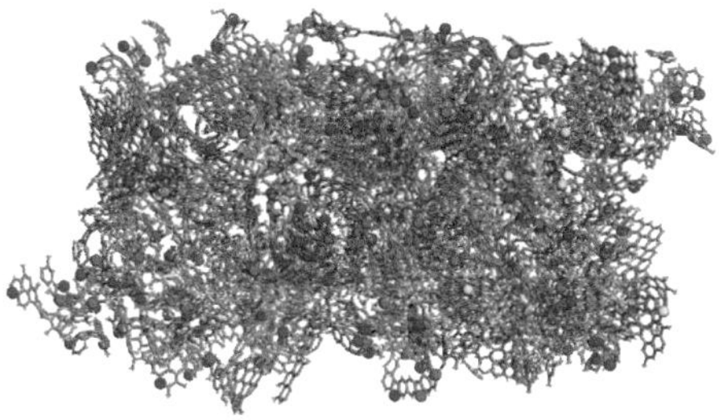

$C_{13781}H_{8022}O_{140}N_{185}S_{23}$

图 2-15　Pocahontas 3 号低挥发性烟煤结构模型

利用自编的 VirtualCoal 程序，根据工业分析、元素分析、^{13}C NMR、HR-TEM、XPS 及 LD TOF MS 测试提供的数据，作者构建了中国山西西山烟煤的大尺度分子结构模型[73]。这种模型具有连续的分子量分布，由多样性的分子组成，与煤的结构特征更相符。

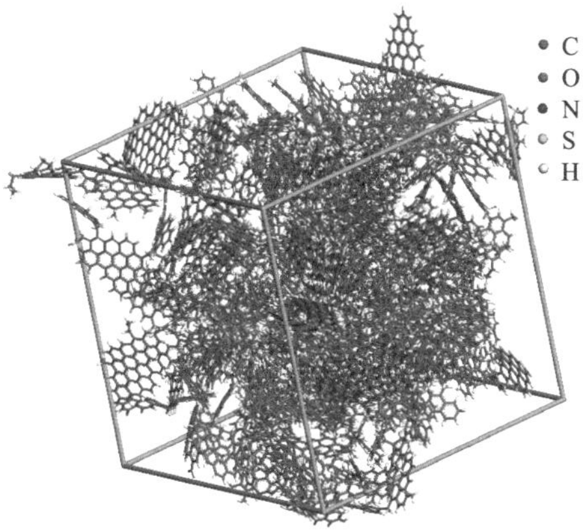

图 2-16　具有分子量连续分布的大尺度西山烟煤模型

2.3　煤反应力场训练集分子组成

2.3.1　训练集分子选择依据

根据前述煤分子结构研究成果可以看出，煤结构的主体是三维空间高度交联的非晶态高分子聚合物，由许多结构相似又不完全相同的基本结构单元聚合而成。基本结构单元的核心部分主要是缩合芳环，也有少量氢化芳环、脂环和杂环。基本结构单元的外围连接有烷基侧链和各种官能团。官能团以含氧官能团为主，包括酚羟基、羧基、甲氧基和羰基等，此外还有少量含硫官能团和含氮官能团。基本结构单元之间通过桥键连接成煤大分子。桥键的形式有不同长度的次甲基键、醚键、次甲基醚键和芳香碳-碳键等。

煤分子通过交联及分子间缠绕在空间形成不同的立体结构。煤中的交联作用有化学键，如上述桥键，还有非化学键，如氢键、范德华力和Π-Π堆积作用等。在煤的高分子聚合物结构中还较均匀地分布着少量的小分子化合物。它们的存在对煤的性质，尤其对小分子化合物含量较多的低煤化程度煤的性质，有不可忽视的影响。

2.3.2 训练集分子组成

在力场参数化过程中，训练集的构建尤为关键，其数据质量与覆盖范围将直接影响最终力场的泛化能力与几何预测性能。为确保ReaxFF反应力场在复杂煤分子体系中的适用性，本研究依据文献报道的煤结构组成特征，设计了包含33个气相分子结构和17个凝聚相晶胞结构的训练集，下面加以说明：

① 芳香族与稠环体系。包括苯（benzene）、对二甲苯（p-xylene）、萘（naphthalene）、蒽（anthracene）、苯并[a]芘（benzo[a]pyrene）、苯并[b]噻吩（benzo[b]thiophene）、富勒烯（C_{60}）等，用以代表煤中典型的芳香碳骨架结构。

② 含氧官能团分子。包括苯酚（phenol）、乙醇（ethanol）、乙酸（acetic acid）、苯甲酸（benzoic acid）、苯甲醛（benzaldehyde）、乙酸甲酯（methyl acetate）等，覆盖酚羟基、羟基、羧基、醛基、酯基等含氧基团。

③ 含氮杂环与胺类。包括甲胺（methylamine）、二甲基胺（dimethylamine）、吡咯（pyrrole）、1-甲基吡咯（1-methylpyrrole）、吡啶（pyridine）、吡啶并［2,1,6-de］喹嗪（pyrido［2,1,6-de］quinolizine），反映煤结构中氮的配位环境。

④ 含硫分子。包括硫化氢（H_2S）、砜（sulfone）、二甲基亚砜（sulfoxide）、二甲基硫（dimethylsulfane）、噻吩（thiophene）、苯并[b]噻吩（benzo[b]thiophene）。

⑤ 短链烃类。包括甲烷（methane）、乙烷（ethane）、丁烷（butane）、正辛烷（n-octane），表征煤中存在的脂肪链结构。

⑥ 煤结构模型分子。包括1952年Bulletin of the Chemical Society of Japan报道的煤沥青中分离的分子（命名为Bull1952）[74]、1973年Fuel报道的煤中分离的分子（命名为Fuel1973）[75]和1988年Fuel报道的煤萃取液中的分子（命名为Fuel 1988）[76]。

⑦ 周期性凝聚相结构。包括碳纳米管（5 _ 5）、乙酰苯胺（acetanilide）、蒽（anthracene）、苯甲酰胺（benzamide）、苯甲酸（benzoic acid）、二苯甲酮（benzophenone)、金刚石（diamond）、乙醇（ethanol）、石墨（graphite）、石墨（001）面[graphite（001）]、硫化氢（H_2S）、冰晶（ice）、正辛烷（noctane）、萘（naphthalene）、2,6-二氧代-1,2,3,6-四氢嘧啶-4-羧酸（orotic _ acid）、甲苯（toluene）、尿素（urea）的凝聚态晶体模型。这些结构主要用于训练力场对密集堆积、范德华作用和分子间相互作用的学习能力，提升 ReaxFF 力场对凝聚态煤分子结构模拟的适用性。

以上所提到的分子和晶体结构分别如图 2-17 和图 2-18 所示。本研究在训练集中引入了包括典型的芳香族，杂环，脂肪链，含氧、氮、硫取代基等结构单元的代表性分子和官能团片段，力求实现对煤的复杂多样分子结构特征的充分覆盖与描述。

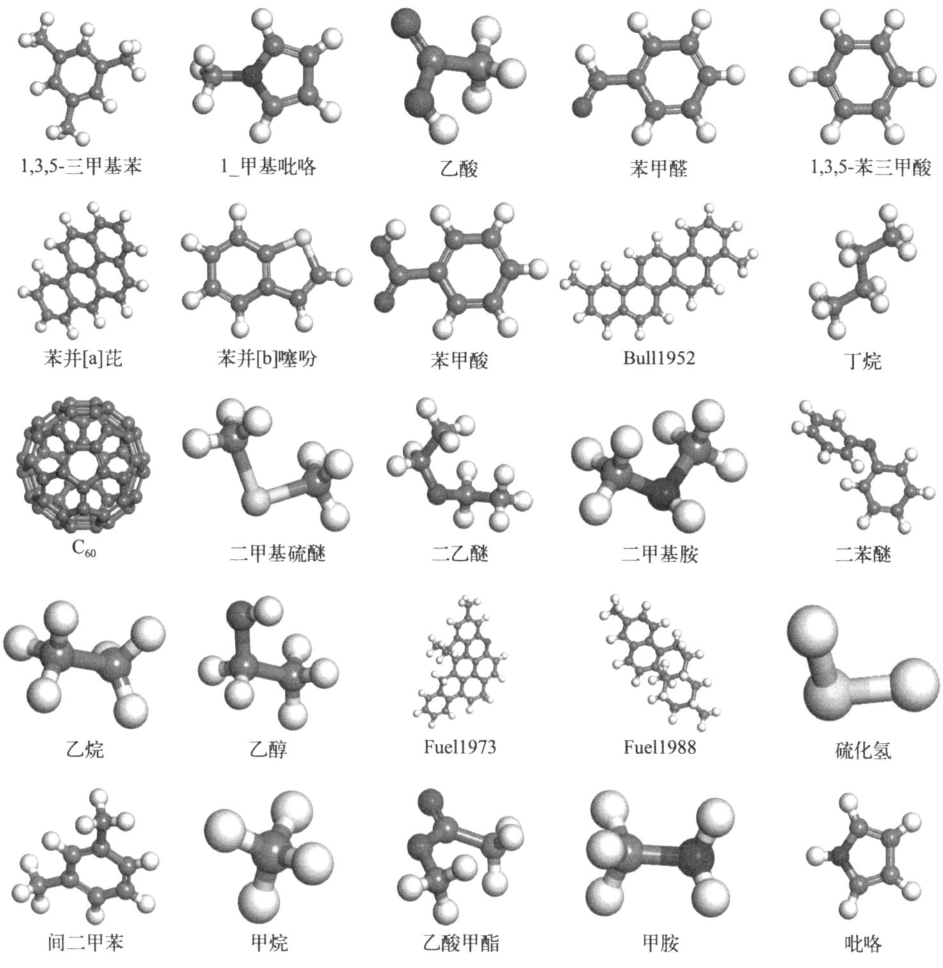

图 2-17

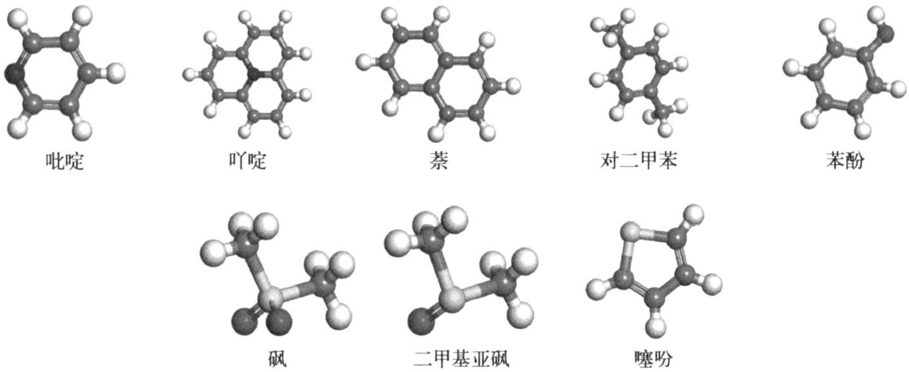

图 2-17 训练集中的气相分子结构

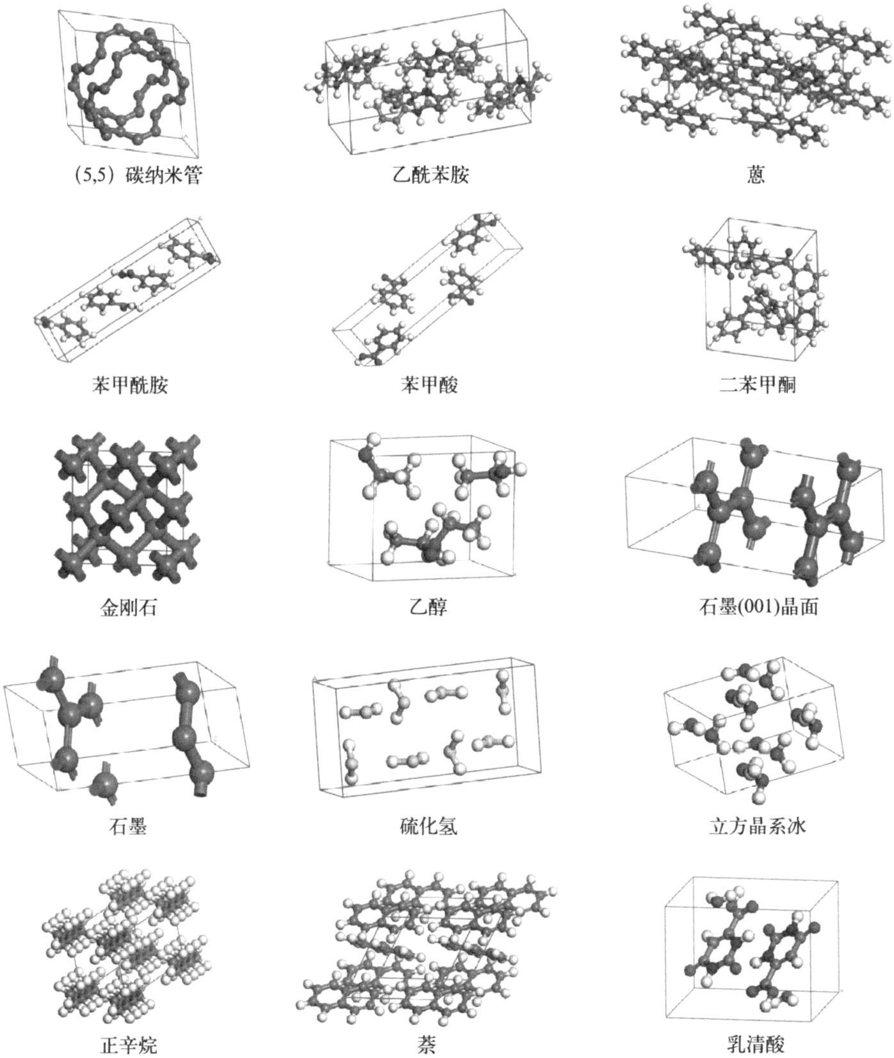

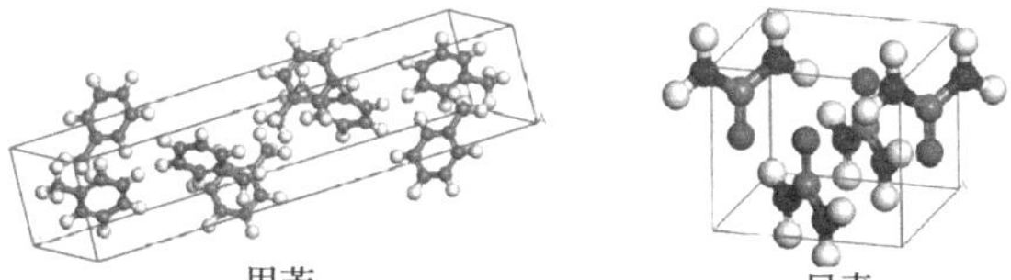

图 2-18 训练集中的凝聚相晶体结构

2.3.3 训练集分子选择可行性

为煤炭这样复杂的大分子体系训练 ReaxFF 反应力场参数时，是对小尺寸分子和其晶体结构进行密度泛函理论（DFT）计算，而不是直接对大型煤炭分子模型进行计算，基于以下两个原因：

(1) 计算成本与可行性

DFT 计算的资源消耗（CPU 时间、内存用量）随着体系原子数 N 的增加而急剧增长，通常是 N^3 到 N^7 的标度关系。从本章前面的论述可以看出，一个能较完整代表煤炭结构特征的模型可能包含数百甚至数千个原子。对这样规模的体系进行足够数量和精度的 DFT 计算，以获得训练力场所需的大量能量、结构参数等数据点，在目前的计算软硬件发展水平下是不可行的。对于小体系，可以使用更高精度的 DFT 方法来获得更可靠的参考数据，能够生成足够多的高质量数据点来覆盖参数空间，这是训练高质量力场的基础。因而，使用小分子和简单的晶胞作为训练集是当前计算能力下进行高质量 DFT 计算的可行选择。

(2) 捕捉基本的化学环境

ReaxFF 反应力场的设计思想是基于原子间的相互作用，主要由其局域化学环境决定。理论上，如果力场参数能够准确描述构成大体系的基本化学单元（官能团、键类型、原子配位环境），那么这些参数就具有一定的可移植性，可以用于模拟由这些基本单元组成的大体系。

通过上述精心挑选的一系列小分子和晶体结构，可以代表煤炭中存在的各种关键化学环境和成键类型。直接在大分子中系统性地、独立地改变某个键长或键角而不受其他部分影响是非常困难的。使用小分子可以方便地、系统性地进行特定化学键的键能扫描（拉伸/断裂）、键角弯曲、二面角扭转、反应路径搜索等计算。这些计算直接对应 ReaxFF 反应力场中的各项参数（如键能项、角项、扭转项、非键项、电荷项等）。通过覆盖这些基本的相互作用和反应模式，可以确保力场参数在预测这些基本行为时的准确性。

参考文献

[1] Iino M, Takanohashi T, Ohsuga H, et al. Extraction of coals with CS_2-N-methyl-2-pyrrolidinone mixed solvent at room temperature: Effect of coal rank and synergism of the mixed solvent [J]. Fuel, 1988, 67 (12): 1639-1647.

[2] Wang G, Zhou A. Time evolution of coal structure during low temperature air oxidation [J]. International Journal of Mining Science and Technology, 2012, 22 (4): 517-521.

[3] Gong G Z, Wei X Y, Zong Z M. Separation and analysis of the degradation products of two coals in aqueous NaOCl solution [J]. Journal of Fuel Chemistry and Technology, 2012, 40 (1): 1-7.

[4] De Abreu Y, Patil P, Marquez A I, et al. Characterization of electrooxidized Pittsburgh No. 8 coal [J]. Fuel, 2007, 86 (4): 573-584.

[5] Shimizu K, Karamatsu H, Iwami Y, et al. Solubilization of lignite with superacid (trifluoromethanesulfonic acid) /isopentane at the mild conditions [J]. Fuel Processing Technology, 1995, 45 (2): 85-94.

[6] Shimizu K, Miki K, Saitou I. Acid-catalysed depolymerization of coal model compounds and subbituminous coal in a superacid-isopentane medium [J]. Fuel, 1997, 76 (1): 23-27.

[7] Sobkowiak M, Reisser E, Given P, et al. Determination of aromatic and aliphatic CH groups in coal by FT-ir: 1. Studies of coal extracts [J]. Fuel, 1984, 63 (9): 1245-1252.

[8] Solomon P R, Carangelo R M. FTIR analysis of coal: 2. Aliphatic and aromatic hydrogen concentration [J]. Fuel, 1988, 67 (7): 949-959.

[9] 朱学栋，朱子彬，韩崇家，等．煤中含氧官能团的红外光谱定量分析 [J]. 燃料化学学报，1999，27 (4)：335-339.

[10] Ibarra J, Munoz E, Moliner R. FTIR study of the evolution of coal structure during the coalification process [J]. Organic Geochemistry, 1996, 24 (6): 725-735.

[11] Wang S, Tang Y, Schobert H H, et al. FTIR and ^{13}C NMR investigation of coal component of late Permian coals from southern China [J]. Energy & Fuels, 2011, 25 (12): 5672-5677.

[12] Franklin R E. The structure of graphitic carbons [J]. Acta Crystallographica, 1951, 4 (3): 253-261.

[13] Hirsch P. X-ray scattering from coals [C]//Proceedings of the Royal Society of London A: Mathematical, Physical and Engineering Sciences. London: The Royal Society, 1954.

[14] Lu L, Sahajwalla V, Kong C, et al. Quantitative X-ray diffraction analysis and its application to various coals [J]. Carbon, 2001, 39 (12): 1821-1833.

[15] Wilson M, Pugmire R, Karas J, et al. Carbon distribution in coals and coal macerals by cross polarization magic angle spinning carbon-13 nuclear magnetic resonance spectrometry [J]. Analytical Chemistry, 1984, 56 (6): 933-943.

[16] Solum M S, Sarofim A F, Pugmire R J, et al. ^{13}C NMR analysis of soot produced from model compounds and a coal [J]. Energy & Fuels, 2001, 15 (4): 961-971.

[17] Van Niekerk D, Pugmire R J, Solum M S, et al. Structural characterization of vitrinite-rich and inertinite-rich Permian-aged South African bituminous coals [J]. International Journal of Coal Geology, 2008, 76 (4): 290-300.

[18] Niekerk D V, Mathews J P. Molecular representations of Permian-aged vitrinite-rich and inertinite-rich South African coals [J]. Fuel, 2010, 89 (1): 73-82.

[19] Hattingh B B, Everson R C, Neomagus H W, et al. Elucidation of the structural and molecular properties of typical South African coals [J]. Energy & Fuels, 2013, 27 (6): 3161-3172.

[20] Roberts M J, Everson R C, Neomagus H W J P, et al. Influence of maceral composition on the structure, properties and behaviour of chars derived from South African coals [J]. Fuel, 2015, 142: 9-20.

[21] Solum M S, Pugmire R J, Grant D M. Carbon-13 solid-state NMR of Argonne-premium coals [J]. Energy & Fuels, 1989, 3 (2): 187-193.

[22] Oberlin A, Terriere G. Graphitization studies of anthracites by high resolution electron microscopy [J]. Carbon, 1975, 13 (5): 367-376.

[23] Sharma A, Kyotani T, Tomita A. Direct observation of raw coals in lattice fringe mode using high-resolution transmission electron microscopy [J]. Energy & Fuels, 2000, 14 (6): 1219-1225.

[24] Mathews J P, Fernandez-Also V, Jones A D, et al. Determining the molecular weight distribution of Pocahontas No. 3 low-volatile bituminous coal utilizing HRTEM and laser desorption ionization mass spectra data [J]. Fuel,

2010, 89 (7): 1461-1469.

[25] Frost D C, Leeder W R, Tapping R L. X-ray photoelectron spectroscopic investigation of coal [J]. Fuel, 1974, 53 (3): 206-211.

[26] Grzybek T, Kreiner K. Surface changes in coals after oxidation. 1. X-ray photoelectron spectroscopy studies [J]. Langmuir, 1997, 13 (5): 909-912.

[27] Kelemen S, Afeworki M, Gorbaty M, et al. Characterization of organically bound oxygen forms in lignites, peats, and pyrolyzed peats by X-ray photoelectron spectroscopy (XPS) and solid-state ^{13}C NMR methods [J]. Energy & fuels, 2002, 16 (6): 1450-1462.

[28] Kelemen S R, Kwiatek P J. Quantification of organic oxygen species on the surface of fresh and reacted Argonne Premium coal [J]. Energy & Fuels, 1995, 9 (5): 841-848.

[29] Desimoni E, Casella G, Morone A, et al. XPS determination of oxygen-containing functional groups on carbon-fibre surfaces and the cleaning of these surfaces [J]. Surface and Interface Analysis, 1990, 15 (10): 627-634.

[30] Kozłowski M. XPS study of reductively and non-reductively modified coals [J]. Fuel, 2004, 83 (3): 259-265.

[31] 段旭琴，王祖讷. 煤显微组分表面含氧官能团的 XPS 分析 [J]. 辽宁工程技术大学学报（自然科学版），2010，29（3）：498-501.

[32] Wallace S, Bartle K D, Perry D L. Quantification of nitrogen functional groups in coal and coal derived products [J]. Fuel, 1989, 68 (11): 1450-1455.

[33] Burchill P, Welch L S. Variation of nitrogen content and functionality with rank for some UK bituminous coals [J]. Fuel, 1989, 68 (1): 100-104.

[34] Bartle K, Perry D, Wallace S. The functionality of nitrogen in coal and derived liquids: An XPS study [J]. Fuel Processing Technology, 1987, 15: 351-361.

[35] Wójtowicz M A, Pels J R, Moulijn J A. The fate of nitrogen functionalities in coal during pyrolysis and combustion [J]. Fuel, 1995, 74 (4): 507-516.

[36] Pels J, Kapteijn F, Moulijn J, et al. Evolution of nitrogen functionalities in carbonaceous materials during pyrolysis [J]. Carbon, 1995, 33 (11): 1641-1653.

[37] Gong B, Pigram P J, Lamb R N. Identification of inorganic nitrogen in an Australian bituminous coal using X-ray photoelectron spectroscopy (XPS) and time-of-flight secondary ion mass spectrometry (TOFSIMS) [J]. International Journal of Coal Geology, 1997, 34 (1-2): 53-68.

[38] Kelemen S, Gorbaty M, Kwiatek P, et al. Nitrogen transformations in coal during pyrolysis [J]. Energy & Fuels, 1998, 12 (1): 159-173.

[39] Kelemen S, Gorbaty M, Kwiatek P. Quantification of nitrogen forms in Argonne premium coals [J]. Energy & Fuels, 1994, 8 (4): 896-906.

[40] Pels J R, Kapteijn F, Moulijn J A, et al. Evolution of nitrogen functionalities in carbonaceous materials during pyrolysis [J]. Carbon, 1995, 33 (11): 1641-1653.

[41] Zhang Y, Zhang J, Sheng C, et al. X-ray photoelectron spectroscopy (XPS) investigation of nitrogen functionalities during coal char combustion in O_2/CO_2 and O_2/Ar atmospheres [J]. Energy & Fuels, 2011, 25 (1): 240-245.

[42] Kelemen S R, George G N, Gorbaty M L. Direct determination and quantification of sulphur forms in heavy petroleum and coals: 1. The X-ray photoelectron spectroscopy (XPS) approach [J]. Fuel, 1990, 69 (8): 939-944.

[43] Gorbaty M L, George G N, Kelemen S R. Chemistry of organically bound sulphur forms during the mild oxidation of coal [J]. Fuel, 1990, 69 (8): 1065-1067.

[44] Liu F J, Wei X Y, Wang Y G, et al. Sulfur-containing species in the extraction residue from Xianfeng lignite characterized by X-ray photoelectron spectrometry and electrospray ionization Fourier transform ion cyclotron resonance mass spectrometry [J]. RSC Advances, 2015, 5 (10): 7125-7130.

[45] Kelemen S, Afeworki M, Gorbaty M, et al. Direct characterization of kerogen by X-ray and solid-state ^{13}C nuclear magnetic resonance methods [J]. Energy & Fuels, 2007, 21 (3): 1548-1561.

[46] Marinov S, Tyuliev G, Stefanova M, et al. Low rank coals sulphur functionality study by AP-TPR/TPO coupled with MS and potentiometric detection and by XPS [J]. Fuel Processing Technology, 2004, 85 (4): 267-277.

[47] 马玲玲，秦志宏，张露，等．煤有机硫分析中 XPS 分峰拟合方法及参数设置 [J]．燃料化学学报，2014，42 (3)：277-283.

[48] Bodzek D, Marzec A. Molecular components of coal and coal structure [J]. Fuel, 1981, 60 (1): 47-51.

[49] Marzec A, Schulten H R. Structure and reactivity of coals: Field ionization mass spectrometry viewpoint [J]. Fuel, 1994, 73 (8): 1294-1305.

[50] Wu Z, Jernström S, Hughey C A, et al. Resolution of 10 000 compositionally distinct components in polar coal extracts by negative-ion electrospray ionization Fourier transform ion cyclotron resonance mass spectrometry [J]. En-

ergy & fuels, 2003, 17 (4): 946-953.

[51] Wu Z, Rodgers R P, Marshall A G. Compositional determination of acidic species in Illinois No. 6 coal extracts by electrospray ionization Fourier transform ion cyclotron resonance mass spectrometry [J]. Energy & fuels, 2004, 18 (5): 1424-1428.

[52] 刘振学，魏贤勇，宗志敏．东胜煤有机溶剂分级萃取物的 GC/MS 分析研究 [J]. 煤炭转化，2003，26（1）：37-40.

[53] 郄丽曼，魏贤勇，李艳，等．灵武煤中烷烃的萃取分离和 GC/MS 分析 [J]. 武汉科技大学学报，2009，32（6）：638-643.

[54] 王晓华，魏贤勇．GC/MS 分析义马煤 CS_2 萃取物化学组成 [J]. 辽宁工程技术大学学报：自然科学版，2005，24（5）：781-784.

[55] 鞠彩霞，徐伟，宗志敏，等．微波条件下两种煤丙酮萃取物的 GC/MS 分析 [J]. 煤炭转化，2007，30（1）：1-4.

[56] Huai H, Lo R, Yun Y, et al. A comparative study of 8 US coals by several different pyrolysis mass spectrometry techniques [J]. Prepr Pap-Am Chem Soc Div Fuel Chem, 1990, 35: 816-823.

[57] Domazetis G, Raoarun M, James B D, et al. Analytical and characterization studies of organic and inorganic species in brown coal [J]. Energy & Fuels, 2006, 20 (4): 1556-1564.

[58] Parker J E, Johnson C A, John P, et al. Identification of large molecular mass material in high temperature coal tars and pitches by laser desorption mass spectroscopy [J]. Fuel, 1993, 72 (10): 1381-1391.

[59] Stock L M, Obeng M. Oxidation and decarboxylation. A reaction sequence for the study of aromatic structural elements in Pocahontas No. 3 coal [J]. Energy & Fuels, 1997, 11 (5): 987-997.

[60] Mathews J, Jones A, Pappano P, et al. New insights into coal structure from the combination of HRTEM and laser desorption ionization mass spectrometry [C]//11th International Conference on Coal Science, San Francisco, CA, 2001.

[61] Castro-Marcano F, Lobodin V V, Rodgers R P, et al. A molecular model for Illinois No. 6 Argonne Premium coal: Moving toward capturing the continuum structure [J]. Fuel, 2012, 95: 35-49.

[62] Marzec A. Towards an understanding of the coal structure: A review [J]. Fuel Processing Technology, 2002, 77: 25-32.

[63] Mathews J P, Chaffee A L. The molecular representations of coal-A review [J]. Fuel, 2012, 96: 1-14.

[64] Fuchs W, Sandhoff A G. Theory of coal pyrolysis [J]. Industrial & Engineering Chemistry, 1942, 34 (5): 567-571.

[65] Given P. The distribution of hydrogen in coals and its relation to coal structure [J]. Fuel, 1960, 39 (2): 147-153.

[66] Wiser W H. Conversion of bituminous coals to liquids and gases [J]. NATO ASI Series C, 1983, 124: 325-350.

[67] John H S. From coal to single-stage and two-stage products: A reactive model of coal structure [J]. Fuel, 1984, 63 (9): 1187-1196.

[68] Salmon E, Behar F, Lorant F, et al. Early maturation processes in coal. Part 1: Pyrolysis mass balance and structural evolution of coalified wood from the Morwell brown coal seam [J]. Organic Geochemistry, 2009, 40 (4): 500-509.

[69] Salmon E, van Duin A C T, Lorant F, et al. Early maturation processes in coal. Part 2: Reactive dynamics simulations using the ReaxFF reactive force field on Morwell brown coal structures [J]. Organic Geochemistry, 2009, 40 (12): 1195-1209.

[70] Yan G, Zhang Z, Yan K. Reactive molecular dynamics simulations of the initial stage of brown coal oxidation at high temperatures [J]. Molecular Physics, 2013, 111 (1): 147-156.

[71] 相建华，曾凡桂，梁虎珍，等．兖州煤大分子结构模型构建及其分子模拟 [J]. 燃料化学学报，2011，39 (07): 481-488.

[72] Narkiewicz M R, Mathews J P. Improved Low-volatile bituminous coal representation: Incorporating the molecular-weight distribution [J]. Energy & Fuels, 2008, 22 (5): 3104-3111.

[73] Zhang Z, Kang Q, Wei S, et al. Large scale molecular model construction of Xishan bituminous coal [J]. Energy & Fuels, 2017, 31 (2): 1310-1317.

[74] Sakabe T, Sassa R. An aromatic hydrocarbon isolated from coal bitumen [J]. Bulletin of the Chemical Society of Japan, 1952, 25 (5): 353-355.

[75] Ouchi K, Imuta K. New oxygen-containing compound isolated from coal [J]. Fuel, 1973, 52 (3): 171-173.

[76] Chang H C K, Nishioka M, Bartle K D, et al. Identification and comparison of low-molecular-weight neutral constituents in two different coal extracts [J]. Fuel, 1988, 67 (1): 45-57.

第3章

煤分子ReaxFF力场训练集数据计算

分子模拟中的力场参数主要通过拟合获得。拟合力场参数主要有两种方法：实验拟合和量子化学计算拟合。早期的力场大多采用实验值拟合得到。实验值拟合力场参数的一个最大问题就是缺少完备而又可靠的实验数据。随着计算机技术的不断进步和量子化学计算方法的发展，逐渐发展起来了一套根据量子化学从头算方法计算的结果拟合力场参数的方法。

3.1 量子化学方法简介

量子化学是应用量子力学原理和方法来研究化学体系结构和化学反应性能的科学。目前已成为化学结构理论的基础之一，它使整个化学领域发生了巨大的变革和进步。量子化学主要研究分子中的化学键问题。它从薛定谔方程式出发研究分子结构。薛定谔方程式是反映微观客体运动的方程式，理论上可以表达为一个关于波函数的线性偏微分方程。

1927 年，有人首次使用量子力学方法处理化学问题，建立和求解了氢分子的薛定谔方程，开辟了用量子理论方法研究分子中电子行为的广阔领域，导致了量子化学的诞生。但是，对于更复杂的分子来说，薛定谔方程的解析求解十分复杂，几乎难以精确求解，因而需要引入假设和近似。

量子化学中应用的近似方法大致可以分为原子轨道法（atomic orbital theory）与分子轨道法（molecular orbital theory）。前者是由 Slater、Pauling 等发展起来的理论，在处理分子时，以组成分子的原子的电子结构为基础进行讨论。后者是由 Mulliken、Hückle 等发展起来的理论，他们认为电子轨道不是定域在各原子上，而是扩展在分子的整体中。原子轨道法对应化学键及共振的概念，其优点是化学工作者易于阐述；缺点是随着分子的增大，处理极其复杂。相反，分子轨道法由于适合用计算机进行处理，随着电子计算机的发展，可以实现对复杂分子的处理，目前实际应用的都是分子轨道法。

3.1.1 分子轨道理论

分子轨道由原子轨道（基函数）线性组合来近似，每一个电子都是在所有的原子核以及其他电子所形成的平均场中运动，通过迭代达到自洽。当有多个原子具有多个电子时，将遇到大量涉及两个电子和四个不同的原子轨道的多中心积分，严格计算这些积分的方法称为从头计算法。由于机时和存储量过大，为了简化多电子体系的计算，在量子化学和计算物理中，实际上还必须进一步引入一些近似。其中，非相对论近似、Born-Oppenheimer 近似和 Hartree-Fock（HF）近似是三个非常重要的假设。

非相对论近似是指在处理原子和分子中的电子运动时，忽略相对论效应。这意味着我们假设电子的运动速度远低于光速，因此不需要考虑相对论效应带来的质量变化和时间膨胀等。在非相对论近似下，电了之间的相互作用主要通过库仑力来描述。对于轻元素组成的体系，非相对论近似通常是合理的。然而，对于重元素（特别是含有高核电荷的元素），相对论效应变得显著，此时非相对论近似可能导致较大的误差。

Born-Oppenheimer 近似也称绝热近似，是指在处理分子体系时，将原子核的运动与电子的运动分开考虑。该近似基于原子核的质量远大于电子的质量，原子核的运动速度远低于电子的运动速度这一事实。因此，可以首先假设原子核是静止的，计算电子在固定原子核位置下的运动；然后，再考虑原子核的运动。Born-Oppenheimer 近似在大多数分子体系中都是适用的。然而，当分子处于电子激发态或涉及非绝热过程（如化学反应中的过渡态）时，该近似可能失效。

Hartree-Fock 近似，也称为独立电子近似，是指在处理多电子体系时，将每个电子的运动看作是在其他电子产生的平均势场中运动。该近似忽略了电子之间的瞬时库仑相互作用，只考虑了平均的库仑排斥。Hartree-Fock 方法使用 Slater 行列式来近似多电子波函数，以满足泡利不相容原理，为许多更精确的计算方法提供了基础。然而，Hartree-Fock 方法忽略了电子之间的关联效应，计算精度有限。这三个近似在量子化学和计算物理中被广泛应用，它们极大地简化了多电子体系的计算。

从头算（ab initio）方法是求解多电子体系问题的量子理论全电子方法，它在分子轨道理论基础上，仅依赖几个基本的物理常数（如 Planck 常数、电子质量和基本电荷），不借助经验参数计算全部电子的分子积分，从而求解量子力学 Schrodinger 方程。在非相对论近似、Born-Oppenheimer 近似和 Hartree-Fock（独立电子）近似的基础上，通过求解 Hartree-Fock 方程［式（3-1）］获得波函数和能量，进而得到各类体系（原子、离子、分子、原子簇及化学反应体系等）的电子运动状况及其有关的微观信息，合理地解释与预测原子间键级、分子结构、化学反应过程、物质性质以及有关实验的预测结果。由于其理论上的严谨性和计算结果的可靠性，从头算方法在各种量子化学方法中占据重要地位。

$$F\psi_i = \varepsilon_i \psi_i \tag{3-1}$$

式中，F 是 Fock 算符；ψ_i 是第 i 个分子轨道；ε_i 是第 i 个分子轨道的轨道能量。

Hartree-Fock 方法只考虑了电子之间的平均相互作用，忽略了电子的瞬时相互作用，即电子关联效应。进一步的超 HF 方法，如组态相互作用（configuration interaction，CI)、微扰理论（Møller Plesset perturbation theory，MP）可以对电子相关进行校正，从而使计算结果更为精确。

CI 是量子化学中一种用于计算多电子体系电子结构的变分方法。它通过将体系的波函数表示为多个组态波函数的线性组合，从而更精确地描述电子之间的相互作用，尤其是电子关联效应。CI 方法通过引入多个组态波函数来弥补 HF 方法的不足。这些组态波函数是通过将 HF 方法的基态波函数中的电子激发到激发态轨道而得到的。CI 方法将体系的波函数表示为基态波函数和激发态波函数的线性组合：

$$\Psi = c_0\Phi_0 + \sum_i c_i\Phi_i + \sum_{ij} c_{ij}\Phi_{ij} + \cdots \tag{3-2}$$

式中，Φ_0 是基态波函数；Φ_i、Φ_{ij} 等是激发态波函数；c_0、c_i、c_{ij} 等是线性组合系数。CI 方法通过变分法求解线性组合系数，使体系的能量达到最低。

CI 方法可以较好地描述电子关联效应，提高计算精度。但是，CI 方法的计算量随着体系的增大迅速增加，因此只适用于小体系的计算。CI 方法广泛用于研究分子的电子结构、光谱性质、化学反应等。

MP 理论是量子化学中一种重要的近似方法，用于计算多电子体系的电子关联能。它将体系的哈密顿算符分解为一个已知精确解的简单部分（通常是 Hartree-Fock 哈密顿算符）和一个微小的扰动部分（电子关联部分），然后通过逐级修正的方式得到能量和波函数的近似解。根据微扰展开的阶数，微扰理论可以分为 MP2（二级微扰理论）、MP3（三级微扰理论）、MP4（四级微扰理论）和 MPn（n 级微扰理论）。MP 理论可以较好地描述电子关联效应，提高计算精度。但是，微扰级数可能不收敛，尤其是当电子关联较强时，而且计算结果可能对参考态（Hartree-Fock 波函数）的选择敏感。MP 理论用于研究分子的电子结构、光谱性质、化学反应等。

3.1.2 密度泛函理论

Hartree-Fock 方程以单电子波函数为基础来近似处理多电子体系，而密度泛函理论（density functional theory，DFT）则通过电子密度来描述体系，是量子化学和凝聚态物理学中研究电子结构的常用计算方法。DFT 由 Hohenberg 和 Kohn[1] 提出，后被 Levy[2] 推广。他们为描述电子气中的交换和相关效应提供了一种简单的方法。Hohenberg 和 Kohn 证明电子气的总能量 E_t（包括交换能和相关能）是电子密度 ρ 的唯一泛函（即使在外加静电场的作用下），总能量泛函的极小值即为体系的基态能量，此时的电子密度即为单粒子基态密度。随后，Kohn 和 Sham 将实际的多电子体系转化为一个假想的无相互作用的电子体系，证明了用等价的自洽单电子方程组来求解多电子问题的可行性。具体地说，E_t 可以用下式表示：

$$E_t[\rho]=T[\rho]+U[\rho]+E_{xc}[\rho] \tag{3-3}$$

式中，$T[\rho]$ 代表密度为 ρ 的电子的动能；$U[\rho]$ 代表电子相互作用的经典库仑静电能；$E_{xc}[\rho]$ 代表包括交换能和相关能等多体相互作用部分的能量。

我们可以从波函数 Ψ 中获得体系的电荷密度分布。和其他的分子轨道方法类似，多电子体系的波函数 Ψ 是单电子分子轨道 Ψ_i 的反对称 Slatcr 行列式：

$$\Psi=A(n)\left|\varphi_1(1)\varphi_2(2)\cdots\varphi_n(n)\right| \tag{3-4}$$

这里，分子轨道是正交化的：

$$\langle\varphi_i|\varphi_j\rangle=\delta_{ij} \tag{3-5}$$

电荷密度由式（3-6）给出：

$$\rho[\boldsymbol{r}]=\sum_i\left|\varphi_i(\boldsymbol{r})\right|^2 \tag{3-6}$$

包括全部的占据分子轨道 φ_i 。分子轨道由上旋（α）电子和下旋（β）电子组成。如果两种电子均用相同的 φ_i 表达式表示，则为自旋限制计算；如果二者有不同的 φ_i 表示，则为自旋非限制或自旋极化计算。在自旋非限制计算中，可以得到两种不同电子的电荷密度：一种为 α 电子的分子轨道，另一种为 β 电子的分子轨道。它们的和为总电荷密度，它们的差值给出了电子 α 超出 β 电子的自旋密度。

结合波函数表达式电荷密度公式（3-3）和电荷密度公式（3-6），电子的动能项和静电能项可写作式（3-7）和式（3-8）：

$$T=\left\langle\sum_i^n\varphi_i\left|\frac{-\nabla^2}{2}\right|\varphi_i\right\rangle \tag{3-7}$$

$$\begin{aligned}U=&\sum_i^n\sum_\alpha^N\left\langle\phi_i(\boldsymbol{r})\left|\frac{-Z_\alpha}{R_\alpha-\boldsymbol{r}}\right|\phi_i(\boldsymbol{r})\right\rangle+\frac{1}{2}\sum_i^n\sum_\alpha^N\left\langle\phi_i(\boldsymbol{r}_1)\phi_j(\boldsymbol{r}_2)\left|\frac{1}{\boldsymbol{r}_1-\boldsymbol{r}_2}\right|\phi_i(\boldsymbol{r}_1)\phi_j(\boldsymbol{r}_2)\right\rangle\\&+\sum_\alpha^N\sum_{\beta<\alpha}^N\frac{Z_\alpha Z_\beta}{|R_\alpha-R_\beta|}\\=&-\sum_\alpha^N\left\langle\rho(\boldsymbol{r}_1)\frac{Z_\alpha}{|R_\alpha-\boldsymbol{r}|}\right\rangle+\frac{1}{2}\left\langle\rho(\boldsymbol{r}_1)\rho(\boldsymbol{r}_2)\frac{1}{|\boldsymbol{r}_1-\boldsymbol{r}_2|}\right\rangle+\sum_\alpha^N\sum_{\beta<\alpha}^N\frac{Z_\alpha Z_\beta}{|R_\alpha-R_\beta|}\\=&\langle-\rho(\boldsymbol{r}_1)V_N\rangle+\left\langle\rho(\boldsymbol{r}_1)\frac{V_\varepsilon(\boldsymbol{r}_1)}{2}\right\rangle+V_{NN}\end{aligned} \tag{3-8}$$

式中，Z_α 代表 N 原子体系中核 α 的电荷。$\langle-\rho(\boldsymbol{r}_1)V_N\rangle$ 代表电子-核吸引力，$\left\langle\rho(\boldsymbol{r}_1)\frac{V_\varepsilon(\boldsymbol{r}_1)}{2}\right\rangle$ 代表电子-电子斥力，V_{NN} 代表核-核斥力。

为了实际计算的需要，交换相关能项 $E_{xc}[\rho]$ 需要采取近似处理。一种简单而又非常好的近似方法为采用局域密度近似（local density approximation，LDA），这种方法基于均匀电子气中粒子的交换相关能进行计算[3]。局域密度近似基于以下设想：在原子尺度上，电荷密度的变化非常缓慢，分子的每个微小局部区域都可以采用均匀一致的电子气近似。总的交换相关能可由式（3-9）得到：

$$E_{xc}[\rho] \cong \int \rho(\boldsymbol{r}) \varepsilon_{xc}[\rho(\boldsymbol{r})] \mathrm{d}\boldsymbol{r} \tag{3-9}$$

式中，$\varepsilon_{xc}[\rho]$ 是均匀电子气体的交换相关能密度；ρ 为电子密度，表示在位置 $\boldsymbol{r}$ 处的电子数目。

最简单的交换相关势 1951 年由 Slater[4] 提出，他假设 $\varepsilon_{xc}[\rho]=\rho^{\frac{1}{3}}$，但是这种表达形式没有把相关能包括在内。更复杂的函数形式有 VWN 函数[5]、BH 函数[6]、JMW 函数[7]和 PW 函数[8]等。

LDA 是一种简单而有效的交换相关能近似方法。它在许多情况下能够提供合理的计算结果，尤其是在描述固体材料的电子结构时。

总能可由式（3-10）表达：

$$E_t[\rho] = \sum_i \left\langle \varphi_i + \left| \frac{-\nabla^2}{2} \right| \varphi_j \right\rangle + \left\langle \rho(\boldsymbol{r}_1) \left[\varepsilon_{xc}[\rho(\boldsymbol{r}_1)] + \frac{V_\varepsilon(\boldsymbol{r}_1)}{2} - V_N \right] \right\rangle + V_{NN} \tag{3-10}$$

为了决定实际分子的能量，在遵守分子轨道正交归一化的前提下，必须根据电子密度 ρ 优化总能的取值。

$$\frac{\delta E_t}{\delta \rho} - \sum_i \sum_j \varepsilon_{ij} \langle \varphi_i | \varphi_j \rangle = 0 \tag{3-11}$$

式中，ε_{ij} 是拉格朗日参数。

Kohn 和 Sham[9] 在 1965 年提出了求解总能 E_t 的 Kohn-Sham 方程：

$$\left\{ \frac{-\nabla^2}{2} - V_n + V_e + \mu_{xc}[\rho] \right\} \varphi_i = \varepsilon_i \varphi_i \tag{3-12}$$

式中，μ_{xc} 为粒子的交互相关势，源于不同的交换相关能 ε_{xc}。如果使用局域自旋密度近似，则

$$\mu_{xc} = \frac{\partial}{\partial \rho}(\rho \varepsilon_{xc}) \tag{3-13}$$

求解 Kohn-Sham 本征值方程可得：

$$E_t = \sum_i \varepsilon_i + \left\langle \rho(\boldsymbol{r}_1) \left[\varepsilon_{xc}[\rho] - \mu_{xc}[\rho] - \frac{V_\varepsilon(\boldsymbol{r}_1)}{2} \right] \right\rangle + V_{NN} \tag{3-14}$$

实际上，如果根据原子轨道来描述分子轨道，将会使表达式简化：$\varphi_i = \sum_{\mu} C_{i\mu} \chi_{\mu}$，其中 χ_{μ} 称为原子基函数，$C_{i\mu}$ 是分子轨道展开因子。有多种可以形成基组的函数可供利用，包括 Gaussian 函数、Slater 函数[10]、平面波函数[11]和数值轨道函数。由于原子轨道不像分子轨道一样是正交标准化的，所以 Kohn-Sham 方程可以变形为以下形式：

$$HC = SC\varepsilon \tag{3-15}$$

其中，$H_{\mu\nu} = \left\langle \chi_{\mu}(\boldsymbol{r}_1) \left| -\frac{1}{2}\nabla^2 - V_N + V_H[\rho] + V_{xc}[\rho] \right| \chi_{\nu}(\boldsymbol{r}_1) \right\rangle$，$S_{\mu\nu} = \langle \chi_{\mu}(\boldsymbol{r}_1) | \chi_{\nu}(\boldsymbol{r}_1) \rangle$。$\mu$ 表示第 μ 行，ν 表示第 ν 列。

由于 H 的求解依赖于变量 C，式（3-15）必须迭代求解。对于有机分子来说，其方程求解相对较易，而金属体系的求解比较困难，需要较多次数的迭代才能达到收敛标准。其中，$H_{\mu\nu}$ 的求解需要使用三维数值积分，矩阵元素需要利用有限加和近似：

$$H_{\mu\nu} \cong \sum_i \chi_{\mu}(\boldsymbol{r}_i) H_{\varepsilon ff}(\boldsymbol{r}_i) \chi_{\nu}(\boldsymbol{r}_i) w(\boldsymbol{r}_i) \tag{3-16}$$

LDA 忽略了电子密度梯度，因此在描述电子密度变化较大的系统时，其精度会受到限制。

在真正的分子体系中，电子气并不是密度均匀的，要考虑密度的不均匀性。对局域密度近似模型的改进可以通过密度梯度扩展的方式完成，这种方法有时也叫作非局域密度近似（non-local density approximation，NLDA）。在过去的数十年内，发展出了很多种计算交换相关能的 NLDA 方法用于分子性质的计算。

① 广义梯度近似（GGA）。GGA 是最常用的 NLDA 方法之一。它不仅考虑了局域自旋密度，还考虑了自旋密度的梯度。

$$E_{xc}^{GGA}[\rho_{\uparrow}, \rho_{\downarrow}] = \int d^3\boldsymbol{r}\rho(\boldsymbol{r})\varepsilon_{xc}^{GGA}[\rho_{\uparrow}(\boldsymbol{r}), \rho_{\downarrow}(\boldsymbol{r}), \nabla\rho_{\uparrow}(\boldsymbol{r}), \nabla\rho_{\downarrow}(\boldsymbol{r})] \tag{3-17}$$

式中，$E_{xc}^{GGA}[\rho_{\uparrow}, \rho_{\downarrow}]$ 表示 GGA 计算的交换相关能，它是自旋向上密度（$\rho_{\uparrow}$）和自旋向下密度（$\rho_{\downarrow}$）的泛函；$\rho(\boldsymbol{r})$ 表示总电子密度，它是自旋向上密度和自旋向下密度的总和；ε_{xc}^{GGA} 表示 GGA 交换关联能密度，它是自旋向上密度、自旋向下密度以及它们的梯度的函数；$\nabla\rho_{\uparrow}(\boldsymbol{r})$ 和 $\nabla\rho_{\downarrow}(\boldsymbol{r})$ 分别表示自旋向上和自旋向下密度的梯度。这使得 GGA 能够更好地描述自旋密度变化较大的体系，例如分子和表面。常见的 GGA 泛函包括 PW91（Perdew-Wang 91）[8]、PBE（Perdew-Burke-Ernzerhof）[12]等。

本研究的部分计算采用了 PBE 泛函进行。与许多其他泛函不同，PBE 泛函是基于物理原理而非经验拟合开发的，这使其具有更强的通用性和可移植性。PBE 泛函在各种体系中都表现良好，包括固体、分子和表面，计算成本相对较低，这使其适用于大型体系的计算。PBE 泛函在描述各种性质（如结构、能量和磁性）之间取得了良好的平衡。

② 混合泛函（hybrid functionals）。混合泛函将 DFT 交换能与 Hartree-Fock 交换能进行混合，如式（3-18）所示：

$$E_{xc}^{hybrid}=aE_{x}^{HF}+(1-a)E_{x}^{DFT}+E_{c}^{DFT} \tag{3-18}$$

式中，E_{xc}^{hybrid} 表示混合泛函计算的交换相关能；E_{x}^{HF} 表示 Hartree-Fock 交换能；E_{x}^{DFT} 表示 DFT 交换能（通常是 LDA 或 GGA 交换能）；E_{c}^{DFT} 表示 DFT 相关能（通常是 LDA 或 GGA 相关能）；a 表示 Hartree-Fock 交换能的混合比例，是一个常数，通常在 0 到 1 之间。这通常可以显著提高计算精度，尤其是在描述分子性质时。常见的混合泛函包括 B3LYP（Becke，3-parameter，Lee-Yang-Parr）[13,14]、PBE0、HSE06 等。

③ Meta-GGA。Meta-GGA 泛函的形式如式（3-19）所示：

$$E_{xc}^{Meta\text{-}GGA}[\rho_{\uparrow},\rho_{\downarrow}]=\int d^3\boldsymbol{r}\rho(\boldsymbol{r})\varepsilon_{xc}^{Meta\text{-}GGA}$$

$$[\rho_{\uparrow}(\boldsymbol{r}),\rho_{\downarrow}(\boldsymbol{r}),\nabla\rho_{\uparrow}(\boldsymbol{r}),\nabla\rho_{\downarrow}(\boldsymbol{r}),\nabla^2\rho(\boldsymbol{r}),\tau(\boldsymbol{r})] \tag{3-19}$$

与 GGA 泛函相比，Meta-GGA 泛函在交换关联能密度中引入了电子密度的二阶导数 $\nabla^2\rho(\boldsymbol{r})$ 和动能密度 $\tau(\boldsymbol{r})$ 。Meta-GGA 泛函，在某些情况下可以提供比 GGA 更高的准确性。常见的 Meta-GGA 泛函包括 TPSS（Tao-Perdew-Staroverov-Scuseria）、SCAN（strongly constrained and appropriately normed）、M06-2X[15]。

本研究的部分计算采用 M06-2X 泛函进行。M06-2X 是一种由明尼苏达大学特鲁拉（Truhlar）研究组开发的密度泛函，属于 M06 系列泛函。

M06-2X 泛函的一个显著特点是包含 54%的 Hartree-Fock 交换，这远高于许多其他流行的混合泛函（如 B3LYP 的 20%）。“2X”在名称中表示其非定域交换（即 HF 交换）的比例大约是 M06 泛函（27% HF 交换）的两倍。另外，M06-2X 泛函包含许多经验参数，这些参数是通过拟合大量的实验数据和高精度从头算计算数据（涵盖热化学、动力学、非共价相互作用等）来优化的。这使得它在拟合的数据类型范围内表现出色。另外，M06-2X 泛函的参数化主要集中在主族元素体系。因此，它在处理包含主族原子的分子和反应时通常表现良好。

由于其高比例的 HF 交换和细致的参数化，M06-2X 泛函在描述弱相互作用方面（如范德华力、氢键和 π-π 堆积）表现出色。这使其非常适合研究分子间相互作用、生物分子和材料科学。另外，它在预测分子热力学性质（如形成焓和反应能）方面也具有很高的准确性，对于化学反应的反应势垒的计算，M06-2X 泛函也能提供较好的结果。由于其复杂的数学形式和高比例的 Hartree-Fock 交换，M06-2X 泛函的计算成本相对较高。对于大型分子，计算可能非常耗时。

④ 范德华校正（vdW correction）。传统的 DFT 方法（包括 LDA 和 GGA）通常无法准确描述范德华相互作用。为了解决这个问题，人们开发了许多范德华校正方法，例如 DFT-D2/DFT-D3、vdW-TS、vdW-DF。这些方法通过在 DFT 能量中添加一个经验或非经验的范德华校正项，来改善对弱相互作用的描述。

3.1.3 基函数

在量子化学中，基函数是一组用来表示分子波函数的基本函数。这些函数通常用于有效地描述电子在原子核周围的分布。基组是这些基函数的集合。通过将复杂的分子波函数分解为一组简单的基函数的线性组合，可以大大简化薛定谔方程的求解过程。

完整的基组在理论上可以精确地表示波函数，但由于计算限制，在实际计算中必须使用有限的基组。将有限基组扩展到无限完整基组的过程被称为接近完整基组（CBS）极限。计算的准确性本质上受到所选基组的大小和质量的限制。

基函数在理论上可以是任何函数，但通常使用的是以原子为中心的基函数以及用于固态计算的平面波基函数。

(1) 以原子为中心的基函数

以原子为中心的基函数类型包括斯莱特型轨道（Slater-type orbital，STO）和高斯型轨道（Gaussian-type orbital，GTO）。

STO 的详细数学形式和参数为：

$$\chi_{\mathrm{STO}} = N \cdot \boldsymbol{r}^{n-1} \cdot \mathrm{e}^{-\zeta r} \cdot Y_{\mathrm{lm}}(\theta, \varphi) \tag{3-20}$$

式中，n 是主量子数，ζ 是与有效核电荷相关的斯莱特轨道指数，r 是到原子核的距离，$Y_{\mathrm{lm}}(\theta, \varphi)$ 是描述角度部分的球谐函数，N 是归一化常数。STO 为长程指数衰减，径向部分在原子核处存在的尖峰对于准确描述电子密度非常重要。

为了较准确地表达原子轨道，在径向部分需要 3～5 个 STO 函数来表达每一个轨道，系数则由变分法来确定，使得到的能量接近于 Hartree-Fock 方程的准确能量。为了简便，常常用两个 STO 函数来表达每个轨道已可满足化学上的一般要求，这种基本集就叫双 ξ 基组。最简单但准确性较差的就是用一个 STO 函数来表达每一个轨道，这种基集成为极小基组，它在定性上往往也能达到一般要求。

虽然 STO 函数适用于描述电子云的分布，但在计算多中心积分时非常复杂，在进行大型分子或复杂体系的计算时变得非常困难，在实际应用中并不常用。

Boys 在 1950 年提出用 GTO 函数来代替 STO 函数。GTO 函数和 STO 函数的差别仅在于径向部分用 $\mathrm{e}^{-\zeta r^2}$ 代替了 $\mathrm{e}^{-\zeta r}$，这样就产生了一个很好的数学性质：两个不同中心的 GTO 函数的乘积等于另一个中心的一个 GTO 函数的某个倍数，因此使多中心积分容易进行，从而解决了上述困难。但 GTO 函数在边界上缺乏像原子轨道那样的正确行为，在核区时不像 STO 函数那样具有渐进性，即在 $r=0$ 附近，STO 函数的微商不等于零，而 GTO 函数的微商却为零。在原子核区时 GTO 函数也衰减得太快。因此，不能用单个 GTO 函数来代替 STO 函数，必须使用更多的 GTO 函数来表达每一个 STO 函数。通过适当增加 GTO 函数的数量，可以逼近 STO 函数的准确性。至今多原子分子的波函数几乎都采用这种 GTO 函数作为基函数。

在从头计算中，基组的选择至关重要，它直接影响计算结果的精度和可靠性。最小基组包含最少的原子轨道，仅足以容纳基态原子的所有电子。最小基组，如 STO-3G，仅包含足以容纳基态原子所有电子的原子轨道。虽然计算成本低，但 STO-3G 使用 3 个 GTO 函数拟合一个 STO 函数，这种简化导致对分子极化、弱相互作用等性质的描述非常粗糙，从而限制了计算精度。

相比之下，分裂价基组如 3-21G、4-31G 和 6-31G，通过将价层轨道分裂为多组 GTO，能更灵活地描述化学键的形成和电子分布。以 4-31G 为例，内层核心轨道用 4 个 GTO 拟合，内层价轨道用 3 个 GTO 拟合，外层价轨道用 1 个 GTO 拟合。这种分裂提高了价层轨道描述分子中电子行为的灵活性。

然而，基组的选择并非越复杂越好。使用过大的基组，虽然能提高精度，但计算成本急剧增加。因此，基组的选择必须在计算精度和成本之间做出权衡，以确保在合理的时间内获得可靠的计算结果。

6-311G（d,p）基组是一种常用的高精度分裂价基组，在本研究中用于分子结构和能量的精确计算。6-311G 表示内层轨道由 6 个 GTO 函数拟合而成，价层轨道被分裂为三组 GTO 函数，分别由 3 个、1 个和 1 个 GTO 函数拟合。这使得价层轨道能够更灵活地描述分子中的化学键。d 表示在重原子（非氢原子）上添加了 d 型极化函数，而 p 表示在氢原子上添加了 p 型极化函数。极化函数能够描述成键过程中电子云的极化效应，显著提高计算精度。

（2）平面波基函数

对于三维周期性体系，可设想存在一个晶格矢量为 $\boldsymbol{\alpha}_i\ (i=1,2,3)$ 的晶体。例如，在一个简单立方晶胞中，可取晶格矢量 $\boldsymbol{\alpha}_1=(1,0,0)$；$\boldsymbol{\alpha}_2=(0,1,0)$；$\boldsymbol{\alpha}_3=(0,0,1)$。由于基函数必须保持晶体的平移对称性，因而必有

$$\chi_\mu(r)=\chi_\mu(r+\boldsymbol{R}) \tag{3-21}$$

式中，r 为晶体中的任一点，$\boldsymbol{R}=n_1\boldsymbol{\alpha}_1+n_2\boldsymbol{\alpha}_2+n_3\boldsymbol{\alpha}_3$，$n$ 为任意整数。

为了满足式（3-21）的要求，一种方法为引入保持晶体周期对称性的平面波来描述波函数：

$$\psi(\boldsymbol{k},r)=e^{jKR}\chi(r) \tag{3-22}$$

此波函数公式描述了在周期性晶体中电子的行为，它将波函数分解为描述电子传播的平面波和描述晶格内电子行为的周期性布洛赫函数。

从理论上来说，需要使用由波矢 $\boldsymbol{k}$（$\boldsymbol{k}$ 点）和晶格矢量 $\boldsymbol{R}$ 定义的无限多的平面波，才能精确描述整个电子空间。然而，在实际计算中，我们无法使用无限多的平面波。因此，我们需要通过一个截断动能来限制所使用的平面波的数量。这个截断动能决定了能够准确描述物理空间波函数所需的平面波的最大能量。通过增加平面波的数量，可以系统地提高计算精度。波矢（$\boldsymbol{k}$ 点）是计算能带结构的关键，通过合理的 $\boldsymbol{k}$ 点取样方案，使用相对较少的 $\boldsymbol{k}$ 点（通常在 1 到 100 个之间）就可以得到相当可靠的结果。另外，平面波基函数不以原子为中心，其形式不依赖于原子核的具体位置。这对于需要移动原子位置的计算（如分子动力学模拟、结构优化）非常有利，因为基组本身不随原子移动而改变，避免了基组叠加误差（BSSE）等问题。平面波天然适合描述具有周期性边界条件的晶体体系。

3.1.4 赝势方法

赝势方法（pseudopotential method）是固体物理和量子化学中一种重要的计算方法，主要用于简化复杂原子系统电子结构的计算。原子中的电子分为芯态电子（内层电子）和价态电子（外层电子）。芯态电子是紧密束缚在原子核周围的内层电子，能量低，受外界影响小，在化学反应中通常不活跃。价态电子能量高，参与化学键的形成，决定物质的许多性质。

在靠近原子核附近，由于库仑势是按照 $-1/r$ 发散的，所以该区域波函数的能量非常高，必须用非常多的平面波才可以展开，所需平面波的数目远远超出目前计算机的能力范围，直接使用平面波去展开实际物质的真实波函数是不可行的。为了解决这个问题，通常构造一个假的有效势，即赝势，来替代原子核及其周围的内层电子（芯电子）所产生的真实势，保证赝势在原子核附近不发散，从而使得晶体波函数变得比较平滑，在此基础上再用平面波展开求解能量本征值，从而大大减少平面波的个数，这就是赝势平面波方法。赝势的主要目标是去除核心电子的影响，并仅关注价电子的运动。这样不仅减少了计算复杂度，还能避免数值计算中的困难，例如波函数在核附近的剧烈振荡。

赝势方法的形式不是唯一的，早期的赝势一般都依赖于通过实验结果拟合的经验参数。现代的赝势则尽量不用经验参数，而使用从头算赝势。目前常用的赝势包括模守恒赝势（norm-conserving pseudopotentials，NCPP）和超软赝势（ultrasoft pseudopotentials，USPP）两种。

模守恒赝势的核心思想是使赝波函数在截断半径之外与全电子波函数完全一

致，并且保证赝波函数在截断半径内的电荷密度与全电子波函数相同，从而精确地模拟价电子在原子核外区域的行为。模守恒赝势通常具有较高的精度，适用于不同化学环境，但需要较多的平面波基函数，计算量相对较大。

超软赝势放宽了模守恒赝势的电荷密度守恒条件，允许赝波函数在截断半径内的电荷密度与全电子波函数不同。通过引入广义的模守恒条件，超软赝势能够显著减少所需的平面波基函数数量，降低计算量，从而可以处理较大的体系。在保证一定精度的前提下，能够显著提高计算效率。

投影缀加波（projector augmented wave，PAW）方法[16]是对赝势方法的改进。由于价电子波函数在离子核附近往往会快速振荡，这需要非常精细的网格才能精确地描述此处的波函数。PAW 方法通过引入缀加函数，将全电子波函数和赝波函数联系起来，使快速振荡的波函数转换为计算上更方便的平滑波函数，从而解决了这个问题。PAW 方法在保持计算精度的同时，可以降低计算量。PAW 方法是 VASP、ABINIT、GPAW、Quantum ESPRESSO 等现代第一性原理计算软件中占据主导地位的赝势方法之一，本研究即采用此方法。

3.1.5 范德华力矫正

范德华力是一种普遍存在的弱相互作用，它影响着分子晶体的结构、蛋白质的折叠以及材料的层间结合等，在分子间、分子内以及材料的各种性质中都起着关键作用。然而，传统的 DFT 方法，特别是那些基于局部密度近似（LDA）和广义梯度近似（GGA）的泛函，往往无法准确描述这些长程的弱相互作用，计算得到的分子间距、结合能等性质可能与实验结果存在显著差异。因此，引入范德华矫正显得尤为重要。

最常用的范德华矫正方法为 Stefan Grimme 提出的 DFT-D 系列方法[17]。它通过在 DFT 能量中添加一个经验色散校正项，来弥补 DFT 方法对范德华力的不足。Grimme 及其团队开发了 DFT-D2[17]、DFT-D3[18] 和 DFT-D4[19] 等多个版本的 DFT-D 方法，每个版本都在前一个版本的基础上进行了改进。

本研究在计算中采用了 DFT-D3 方法进行范德华力矫正。DFT-D3 方法采用式（3-23）的能量矫正项：

$$E_{\text{disp}}=-\frac{1}{2}\sum_{i=1}^{N_{\text{at}}}\sum_{j=1}^{N_{\text{at}}}\sum_{L'}\left[f_{d,6}(r_{ij,L})\frac{C_{6ij}}{r_{ij,L}^{6}}+f_{d,8}(r_{ij,L})\frac{C_{8ij}}{r_{ij,L}^{8}}\right] \tag{3-23}$$

式中，E_{disp} 表示计算得到的色散能量，即范德华相互作用的能量贡献。$r_{ij,L}$ 是原子 i 和 j 在晶胞 L 中的距离。$f_{d,6}(r_{ij,L})$ 和 $f_{d,8}(r_{ij,L})$ 是阻尼函数，用于调整短程的色散相互作用。它们确保在原子距离较短时，色散相互作用不会被过高估计。$r_{ij,L}^{6}$ 和 $r_{ij,L}^{8}$ 表示色散相互作用随原子间距离的衰减，6 次和 8 次项分别对应于偶极-

偶极和高阶的色散相互作用。DFT-D3 方法通过引入阻尼函数和高阶色散项，提高了对各种体系的适用性和精度。

vdW-DF 方法[20]是另一种在 DFT 计算中用于改善范德华相互作用描述的方法。范德华相互作用源于瞬时偶极矩之间的相互作用，而瞬时偶极矩又与电子密度的波动相关。vdW-DF 方法通过构建合适的非局域相关泛函，能够描述这种电子密度波动之间的相关性，直接将 vdW 相互作用纳入 DFT 计算框架中，从而准确地计算 vdW 相互作用，而非像 DFT-D 系列方法那样进行经验校正。

vdW-DF 泛函通常具有以下形式：

$$E_{\mathrm{c}}^{\mathrm{nl}}=\frac{1}{2}\iint\rho(\boldsymbol{r})\phi(\boldsymbol{r},\boldsymbol{r}')\rho(\boldsymbol{r}')d^3\boldsymbol{r}d^3\boldsymbol{r}' \tag{3-24}$$

式中，$E_{\mathrm{c}}^{\mathrm{nl}}$ 表示非局域相关能，$\rho(\boldsymbol{r})$ 表示电子密度，$\phi(\boldsymbol{r},\boldsymbol{r}')$ 表示非局域相关核。$\phi(\boldsymbol{r},\boldsymbol{r}')$ 是 vdW-DF 方法的核心，它决定了不同空间位置电子密度之间的相互作用强度。

与经验校正方法相比，vdW-DF 方法不需要经验参数，具有更强的理论基础，能够更准确地描述各种体系中的范德华相互作用，但其计算成本通常高于传统的 DFT 方法，也高于 DFT-D 方法。vdW-DF 方法的发展仍在不断完善中，不同的 vdW-DF 泛函在描述某些体系时可能存在差异。

3.2 计算软件

在众多的量子化学软件中，Gaussian 和 Quantum ESPRESSO 是两个极具代表性的软件。Gaussian 是一款功能强大的商业软件，广泛应用于分子体系的计算，而 Quantum ESPRESSO 是一款开源软件，擅长处理周期性体系和固体材料。本节将详细介绍这两款计算软件的特点、功能和应用领域。

3.2.1 Gaussian

Gaussian[21]是目前使用最广泛的综合性量子化学软件。其代码最初由理论化学家、1998 年诺贝尔化学奖得主约翰·波普（John. A. Pople）爵士在 20 世纪 70 年代编写，其名称来自波普在软件中所使用的高斯型（GTO）基组。使用高斯型基组是波普为简化计算过程、缩短计算时间所引入的一项重要近似。Gaussian 软件的出现降低了量子化学计算的门槛，使得从头计算方法广泛使用，极大地推动了其在方法学上的进展。最初，Gaussian 的著作权属于约翰·波普供职的卡内基梅隆大学，自 1987 年起其著作权持有者是 Gaussian 公司。目前 Gaussian 的最新版软件为 Gaussian 16。

Gaussian 是商业软件，需要有效的许可证才能使用。Gaussian 可在从个人计算机到超级计算机的各种平台上运行，并提供不同功能的版本。Gaussian 有 Windows 版本，但通常在 Linux 下的性能更优，并且支持多种 Linux 发行版，如 Red Hat、CentOS、Ubuntu 等。

Gaussian 软件的核心在于其能够对分子及化学反应进行精确的理论计算。Gaussian 主要功能包括：

① 能量与结构计算。计算分子的单点能、优化分子几何构型（包括寻找势能面上的极小点和过渡态）、键能和反应能。

② 分子轨道与电子性质。分析分子轨道、原子电荷分布、静电势等，帮助理解分子的成键情况和反应活性位点。

③ 光谱性质预测。计算红外（IR）光谱、拉曼（Raman）光谱、核磁共振（NMR）化学位移和耦合常数、紫外-可见（UV-Vis）光谱等，为实验光谱的解析提供理论依据。

④ 热力学性质计算。通过振动频率分析，计算体系的焓、熵、吉布斯自由能等热力学量。

⑤ 反应路径与机理研究。搜索过渡态结构，进行内禀反应坐标（IRC）计算，追踪化学反应的详细路径，阐明反应机理。

⑥ 激发态计算。研究分子的激发态性质，如激发能、跃迁偶极矩等，对光化学和光谱学研究至关重要。

⑦ 其他性质。计算分子的极化率、超极化率、旋光色散（VCD）等。

Gaussian 内置了多种成熟的理论计算方法，以满足不同精度和计算成本的需求：

① 分子力学（MM）。基于经典力学的经验力场方法，如 Amber、UFF、Dreiding 等，适用于大体系的快速构象搜索和初步优化。

② 半经验方法。采用部分经验参数简化计算，适用于较大体系的快速估算。

③ 从头算（Ab Initio）方法。

a. Hartree-Fock（HF）方法。自洽场（SCF）方法的基础。

b. 密度泛函理论（DFT）。应用最广泛的量子化学计算方法之一，在精度和效率之间取得了较好的平衡。Gaussian 支持多种交换关联泛函，如 B3LYP、PBE0、M06-2X 以及校正的 Cam-B3LYP 和双杂化泛函 B2PLYP 等。

c. 后 HF 方法（Post-HF）。在 HF 方法基础上考虑电子相关效应，以提高计算精度，如 Møller-Plesset 微扰理论（MPn）、耦合簇理论［CCSD，CCSD（T）］等。

④ 激发态方法。包括组态相互作用单激发（CIS）、含微扰校正的 CIS（D）、

含时密度泛函理论（TDDFT）、运动方程耦合簇方法（EOM-CCSD）、对称性匹配簇-组态相互作用方法（SAC-CI）等，用于研究激发态的性质。

⑤ 紧束缚密度泛函方法（DFTB）。

凭借其强大的功能和多样的计算方法，Gaussian 在化学、材料科学、生物学、药学等多个领域都有着广泛的应用：

a. 化学反应机理研究。阐明反应路径、确定过渡态结构、计算反应活化能。

b. 分子结构与性质预测。预测未知分子的结构、稳定性、光谱特征等。

c. 材料设计。研究新材料的电子结构、光学性质、催化性能等。

d. 药物设计。分析药物分子与靶点蛋白的相互作用、预测药物分子的活性。

e. 光谱学。辅助解析实验光谱，理解光谱与分子结构的关系。

Gaussian 的计算流程十分简单：

① 首先创建分子的结构信息（笛卡尔坐标或内坐标），可以借助 GaussView、Mercury、Avogadoro、Chem3D 等软件绘制分子的结构。初始结构可以来自实验数据、数据库或者基于化学直觉构建。

② Gaussian 的输入文件是纯文本文件，使用文本编辑器或 GaussView 等软件就可以创建 Gaussian 的输入文件，后缀为“. gjf”或“. com”。具体内容如下：

a. Link 0 命令。定义计算资源和环境。

%mem：指定可使用的内存量（如%mem=16GB）。合理设置内存对计算效率和成功率至关重要。

%nprocshared：指定使用的 CPU 核心数（如%nprocshared=8）。利用多核并行计算可以显著缩短计算时间。

%chk：指定检查点文件（checkpoint file）的名称（如%chk=molecule. chk）。该文件保存了计算过程中的波函数、几何结构等重要信息，可用于后续计算（如读取波函数、重启优化、频率计算）或分析。

b. 路由部分。以“#”开头，定义计算的核心参数。

计算类型：SP（单点能）、Opt（几何优化）、Freq（频率分析）、IRC（内禀反应坐标）、Scan（势能面扫描）、NMR（核磁共振性质）、Pop=NBO（自然键轨道分析）等。

理论方法：HF（Hartree-Fock）、DFT 方法（如 B3LYP、M062X、wB97XD）、MP2、CCSD（T）等。方法的选择取决于精度要求和计算成本。

基组：6-31G（d）、6-311+G（d，p）、cc-pVDZ、aug-cc-pVTZ、def2-TZVP 等。基组描述了原子轨道的数学形式，影响计算精度和速度。

其他关键词：SCF=XQC（尝试更强的收敛算法）、Integral=UltraFine（使用更精细的积分格点）、Opt=Tigh（使用更严格的优化收敛标准）等。

c. 标题部分。一行描述性的文字，会被写入输出文件，方便用户识别计算任务。Gaussian 程序会忽略此部分内容。

d. 分子规定部分。

电荷（Charge）：规定分子的总电荷。

自旋多重度（Multiplicity）：$2S+1$，其中 S 是总自旋量子数。对于闭壳层分子，$S=0$，多重度为 1。对于有一个未成对电子的自由基，$S=1/2$，多重度为 2。

原子坐标：紧接着电荷和多重度之后，给出第一步创建的分子几何结构的笛卡尔坐标或内坐标。

e. 其他部分。根据路由部分的关键词，可能需要提供额外的信息，例如自定义基组、读取波函数或几何结构（Guess＝Read、Geom＝Checkpoint）等。

③ 向 Gaussian 提交 Gaussian 输入文件。

使用命令行提交：

```
g16<input.gjf>output.log &
```

其中，g16 是 Gaussian 执行程序的名称。< input.gjf 表示将 input.gjf 文件的内容作为标准输入传给 Gaussian。> output.log 表示将 Gaussian 的标准输出重定向到 output.log 文件中。这个 .log 文件包含了计算过程的详细信息和结果。& 表示在后台运行作业，这样可以关闭终端而不中断计算。

在高性能计算集群上，通常需要编写一个提交脚本（如 Slurm、PBS、LSF 脚本），在脚本中指定所需的计算资源（节点数、核心数、内存、运行时间）并包含上述 Gaussian 执行命令，然后通过队列系统提交作业。

④ 验收与分析 Gaussian 输出文件。

主要输出文件如下。

.log 或 .out：最主要的输出文件，为文本文件。包含了输入文件的复述、计算过程的详细步骤（SCF 迭代、几何优化步骤等）、计算资源使用情况、最终结果（能量、几何结构、偶极矩、分子轨道能量、布居分析、频率、热力学数据等）以及重要的终止信息或错误信息。

.chk：二进制检查点文件。存储了波函数、密度矩阵、几何结构、力等信息。如果优化未完成，这个文件可以使用 Opt＝Restart 从断点处重启计算，还可用作后续计算的初始猜测波函数（Guess＝Read）或几何结构（Geom＝Checkpoint）。

3.2.2 Quantum ESPRESSO

Quantum ESPRESSO 基于密度泛函理论、平面波基组和赝势（包括模守恒赝势、超软赝势和投影缀加波方法）开发，是用于纳米级的电子结构计算和材料模拟的开源软件包。它在凝聚态物理、材料科学、化学和纳米科学等领域被广泛使用。

根据 GNU 通用公共许可证的条款，研究人员均可免费下载使用。它在凝聚态物理、材料科学、化学等领域被广泛应用，为研究人员提供了深入理解材料微观性质和预测新材料特性的强大工具。

Quantum ESPRESSO 的功能如下：

① 计算基态能量、原子受力、应力；

② 结构优化和寻找过渡态；

③ 分子动力学模拟（包括 Born-Oppenheimer 方法和 Car-Parrinello 方法）；

④ 计算电子能带结构、电子密度和磁化密度；

⑤ 计算声子频率和振动模式；

⑥ 模拟红外（IR）和拉曼（Raman）光谱；

⑦ 处理非线性磁性、自旋轨道耦合；

⑧ 计算电子-声子相互作用、弹道输运性质；

⑨ 计算准粒子能量（GW 方法）；

⑩ 计算光学性质和磁学性质；

⑪ 考虑范德华相互作用。

Quantum ESPRESSO 的核心理念在于“开放、模块化、高效和创新”。它并非一个单一的巨型程序，而是由一系列相互独立但又可以协同工作的模块组成。主要模块介绍如下：

① pw. x。pw. x 是 Quantum ESPRESSO 软件包中进行基态电子结构计算的核心程序，基于密度泛函理论（DFT），采用平面波基组和赝势方法。pw. x 可以计算体系在绝对零度下的总能量、原子受力以及应力张量，这些是理解材料力学性质和结构稳定性的基础。此外，它还能计算 Kohn-Sham 轨道的能带结构，揭示材料的电子传输特性。基于这些基本功能，pw. x 可以进行多种重要的计算，包括通过迭代求解 Kohn-Sham 方程实现自洽场（SCF）计算，找到体系的电子基态；在计算力的基础上进行原子位置的结构优化，找到体系能量最低的构型；以及进行 Born-Oppenheimer 分子动力学模拟，在模拟原子运动的同时，每个时间步都计算当前的电子基态，适用于模拟体系在有限温度下的性质和演化，例如相变、扩散等。

② cp. x。cp. x 模块实现了 Car-Parrinello 分子动力学（CPMD）方法，与 Born-Oppenheimer 分子动力学不同，CPMD 将离子的经典运动与电子的量子运动放在同一个动力学方程中处理，通过引入“虚假”的电子质量，电子轨道在一个虚假的时间演化中始终“跟随”离子运动，保持在近似的基态。这种方法特别适用于模拟需要长时间尺度的体系演化，或者在模拟过程中电子结构会发生显著变化的体系，例如化学反应、液态或无定形体系的动力学以及需要考虑电子激发对离子运动影响的情况。

③ pp. x。pp. x 是 Quantum ESPRESSO 软件包中用于后处理 pw. x 计算结果的主要工具。它能够读取 pw. x 生成的数据文件，提取或计算出多种物理量，例如电荷密度、各种势、局域态密度等。通过设置输入文件中的不同选项，pp. x 可以将这些数据输出为适用于各种可视化软件（如 VESTA、XCrySDen）的格式，帮助用户直观地分析计算得到的电子结构和性质。

④ dos. x。dos. x 是 Quantum ESPRESSO 中专门用于计算电子态密度（density of states，DOS）的后处理程序。它通常在完成 pw. x 的非自洽（nscf）计算后运行，利用非自洽计算得到的更密集的 ***k*** 点网格上的 Kohn-Sham 轨道能量和波函数信息，计算体系的总态密度以及分波态密度。计算结果会输出到文件中，用户可以利用这些数据绘制态密度图，分析材料的电子能级分布和导电性等。

⑤ bands. x。bands. x 是 Quantum ESPRESSO 中用于处理能带结构计算结果的后处理工具。在通过 pw. x 沿着高对称性 ***k*** 点路径完成能带计算（通常是非自洽计算）后，使用 bands. x 可以提取沿指定路径的 Kohn-Sham 轨道能量信息，并将其格式化输出。这些输出文件包含了绘制能带图所需的数据，用户可以结合其他绘图工具来可视化能带结构，从而分析材料的导带、价带、带隙等重要性质。

以下是一个典型的计算流程。

(1) 准备输入结构和赝势

① 定义原子结构。确定计算体系，包括晶格类型（原胞或超胞）、晶格常数、原子种类和它们在晶胞中的坐标。

② 选择和获取赝势。赝势文件描述了原子核和核心电子如何与价电子相互作用，是 DFT 计算的关键输入。体系中的每种原子都需要选择一个赝势文件，可以从 Quantum ESPRESSO 网站的赝势库获得。

(2) 创建输入文件

这是告诉 QE 要计算什么以及如何计算的核心文件。一个用于平面波自洽场计算的典型 pw. x 输入文件包含以下部分：

① &CONTROL Namelist。

calculation：指定计算类型，如'scf'（自洽计算）、'relax'（结构优化）、'vc-relax'（变晶胞结构优化）、'bands'（能带计算）等。

prefix：定义输出文件的前缀，用于区分不同计算。

pseudo _ dir：指定赝势文件所在的目录。

Outdir：指定临时文件和输出波函数/电荷密度等大文件存放的目录。

restart _ mode：控制是否以及如何从之前的计算重启。

② &SYSTEM Namelist。

ibrav：晶格类型参数（如果非零，则只需指定晶格常数；如果为 0，则需手动指定晶格矢量）。

celldm（1..6）或 a、b、c、cosab、cosac、cosbc：晶胞参数或长度和角度。

nat：原子总数。

ntyp：原子种类数。

ecutwfc：波函数的平面波截断能，这是极其重要的收敛参数。

ecutrho：电荷密度和势的截断能，通常是 ecutwfc 的 4 倍或更高。

occupations：设定电子占据方式，如'smearing'（适用于金属）或'fixed'（适用于绝缘体/半导体）。

smearing 和 degauss：如果使用 smearing，需要 degauss 设定展宽宽度。

input _ dft：指定交换相关泛函，默认从赝势文件读入，无需人为指定。

③ &ELECTRONS Namelist。

conv _ thr：SCF 收敛阈值。

mixing _ beta：SCF 迭代中电荷密度混合的参数。

diagonalization：对角化方法。

④ ATOMIC _ SPECIES Card。

列出体系中每种原子的标签、原子质量和对应的赝势文件名。

⑤ ATOMIC _ POSITIONS Card。

指定原子的坐标。

⑥ K _ POINTS Card。

指定如何在布里渊区中采样 **k** 点。

automatic：自动生成 Monkhorst-Pack 网格，只需指定网格密度 $nk_1\ nk_2\ nk_3$ 和偏移 $sk_1\ sk_2\ sk_3$。

gamma：只使用 Gamma 点。

crystal：手动指定 **k** 点列表及其权重。

⑦ CELL _ PARAMETERS Card。

仅当 ibrav=0 时需要手动指定晶格矢量。

(3) 运行计算

在准备好输入文件（如 input. in）和赝势文件后，在终端中运行相应的可执行程序。对于 SCF 计算，通常是 pw. x：

pw. x <input. in > output. out

如果是在集群上并行运行：

mpirun-np [N] pw. x-in input. in > output. out

其中 [N] 是要使用的 CPU 核心数。

(4) 检查输出和收敛性

计算完成后，需要检查输出文件 output. out，检查文件末尾是否有“JOB DONE.”字样，表明计算正常结束。另外，留意输出文件中的“Warning”信息，它们可能指出潜在的问题。

(5) 数据分析和可视化

使用自带的 pp. x、dos. x、bands. x 等后处理工具或第三方软件来分析和可视化能带图、态密度图、电荷密度图、结构等计算结果。

3.3 DFT 基准数据集制备

3.3.1 计算方法与参数设置

(1) Gaussian

为了获取气相分子的几何构型和对应的能量数据，本文使用 Gaussian 16 软件[22]，对第 2 章所述的典型煤结构与官能团的代表性分子模型进行了 DFT 计算。计算选用 M06-2X 泛函，该泛函被广泛认为在处理非共价相互作用及计算有机体系热化学数据方面表现优异。基组则选用 6-311G (d,p)，这是一个包含 d 型和 p 型极化函数的三重 ζ 基组。另外，使用 Grimme DFT-D3 方法进行范德华力矫正。这些设置旨在为分子结构和能量计算提供可靠的理论基础。

首先，对所有分子在不利用对称性且无额外结构约束的条件下进行了全几何优化，以定位其势能面上的稳定构型。随后，为构建相关势能面，沿特定的内坐标执行了约束优化扫描，通过固定或系统改变键、角、二面角等几何参数，生成能量随之连续变化的系列构型数据，用于为 ReaxFF 反应力场提供训练参数。

以下是一个典型的结构优化输入文件：

```
%nprocshared=8
%mem=6gb
%chk=butane.chk
# opt freq rm062x/6-311g(d,p) EmpiricalDispersion=GD3 nosymm
 int=grid=ultrafine scf=(maxcycle=200,tight)

 butane

0 1
```

```
H        1.00000000    0.44000000    0.00000000
C.3      1.00000000    1.54000000    0.00000000
C.3      2.45610000    2.04137000    0.00000000
H        0.47996000    1.89812000    0.90073000
H        0.47996000    1.89812000   -0.90073000
H        2.96402000    1.66627000   -0.90073000
H        2.96402000    1.66627000    0.90073000
C.3      2.45610000    3.58137000    0.00000000
C.3      3.91220000    4.08275000    0.00000000
H        1.93606000    3.93950000    0.90073000
H        1.93606000    3.93950000   -0.90073000
H        4.42012000    3.70764000   -0.90073000
H        4.42012000    3.70764000    0.90073000
H        3.91220000    5.18275000    0.00000000
```

以下是进行键长扫描的输入文件样本：

```
%nprocshared=10
%mem=20gb
%chk=CH3SCH3_S_C_s.chk
# opt=(modredundant,maxcyc=300) um062x/6-311g(d,p)
EmpiricalDispersion=GD3 nosymm int=grid=ultrafine scf=(maxcycle=300,tight)

CH3SCH3_S_C_s

0 1
S.3     -0.81504500   -0.34345600    0.63527500
C.3     -1.31634000    1.01379000    1.03098000
C.3      0.80306800    0.15019600   -0.01181900
H       -2.31199000    0.88257400    1.45260000
H       -1.38456000    1.67071000    0.16315800
H       -0.66941000    1.46199000    1.78581000
H        0.69218100    0.82762300   -0.85910100
H        1.30819000   -0.75460300   -0.34721500
H        1.40431000    0.62247300    0.76571200
```

```
1 2   S 20 0.10000
```

下面是进行键角扫描的输入文件样本：

```
% nprocshared=10
% mem= 20gb
% chk=butane_H_C_H_s.chk
#  opt=(modredundant,maxcyc=300) um062x/6-311g(d,p) EmpiricalDispersion=GD3 nosymm
   guess(mix,always)
   int=grid=ultrafine scf=(maxcycle=300,tight)

 butane_H_C_H_s

0 1
 H          0.96391800     0.42219800      0.00000000
 C.3        0.98938700     1.51348000      0.00000000
 C.3        2.42109000     2.04335000      0.00000000
 H          0.44635600     1.86196000      0.88232400
 H          0.44635600     1.86196000     — 0.88232400
 H          2.95652000     1.66278000     — 0.87661400
 H          2.95652000     1.66278000      0.87661400
 C.3        2.48406000     3.56963000      0.00000000
 C.3        3.91581000     4.09940000      0.00000000
 H          1.94880000     3.95045000      0.87661700
 H          1.62979000     4.17742000     — 0.31746600
 H          4.45897000     3.75107000     — 0.88232200
 H          4.45897000     3.75107000      0.88232200
 H          3.94135000     5.19072000      0.00000000

11 8 10   S 20 5.0
```

下面是进行二面角扫描的输入文件样本：

```
% nprocshared=10
% mem=20gb
% chk=Diethyl_ether_C_O_C_C_s.chk
#  opt=(modredundant,maxcyc=300) um062x/6-311g(d,p) EmpiricalDispersion=GD3 nosymm
   guess(mix,always)
   int=grid=ultrafine scf=(maxcycle=200,tight)
```

```
Diethyl_ether_C_O_C_C_s

0 1
 C.3      -0.43028500  -0.06886900   0.13994600
 C.3       1.07477000  -0.11318800  -0.08996600
 O.3      -1.06302000   1.01955000  -0.49836800
 H        -0.89848100  -0.96190400  -0.27721100
 H        -0.64817200  -0.05118000   1.21717000
 H         1.57577000   0.74049200   0.37241100
 H         1.49769000  -1.02286000   0.34201500
 H         1.28995000  -0.10170800  -1.16019000
 C.3      -0.75780300   2.29381000   0.03958300
 C.3       0.12437500   3.09379000  -0.90699700
 H        -0.27945000   2.18946000   1.02194000
 H        -1.70647000   2.81647000   0.19309200
 H        -0.35711300   3.16520000  -1.88341000
 H         1.09454000   2.61275000  -1.04163000
 H         0.28598600   4.10429000  -0.52409900

9 3 1 2  S 20 10.0
```

(2) Quantum ESPRESSO

此外，为增强煤分子 ReaxFF 反应力场在模拟复杂凝聚态环境时的准确性和可靠性，本研究还使用 Quantum ESPRESSO 软件包[23]对各种煤结构相关的周期性结构进行了 DFT 计算。为了平衡计算精度和效率，关键的 DFT 计算参数设置如下：

赝势类型：采用 PAW 赝势。

交换相关泛函：选用了 PBE 广义梯度近似泛函。

平面波截断能：设置为 500eV，以确保能量、力和结构优化结果的收敛性。

k 点取样：基于 Monkhorst-Pack 网格方案在布里渊区进行取样。

色散修正：引入 Grimme 的 DFT-D3 方法[24]处理范德华相互作用。

输入的样本文件如下所示：

```
! Created by BURAI
&CONTROL
! prepended to input/output filenames
    prefix ='graphite_opt'
    max_seconds  =  1.72800e+06
```

```
    nstep           =  200
    calculation   =  "vc-relax"
    etot_conv_thr =    1.0000000000d-06
    forc_conv_thr =    1.00000d-05
    tprnfor =  .true.
    tstress =  .true.
    restart_mode   =  "from_scratch"
/

&SYSTEM
    a              =    2.46000e+00
    c              =    6.80000e+00

! Cutoff
    ecutrho      =    4.00000e+02
    ecutwfc      =    5.00000e+01

    ibrav        =  4
    nat          =  4
    ntyp           =  1

! For insulators with a gap
!       occupations =  "fixed"

! For metal
    occupations =  "smearing"
    smearing      =  "gaussian"
    degauss      =    1.00000e-05

! For long range interaction
    vdw_corr      =  "dft-d3"
/
&ELECTRONS
! paste all
    conv_thr             =    4.00000d-09
    electron_maxstep =  200
```

```
        mixing_beta        =    7.00000e-01
        startingpot=   "atomic"
        startingwfc=   "atomic+random"
/

&IONS
        ion_dynamics =   "bfgs"
/

&CELL
! Change all
        cell_dofree      =   "ibrav"
        cell_dynamics    =   "bfgs"
        press             =    0.0          ! kpa
        press_conv_thr =     5.00000e-01
/

K_POINTS {automatic}
 7  7  2   0 0 0

ATOMIC_SPECIES
C        12.01070   C.pbe-n-kjpaw_psl.1.0.0.UPF

ATOMIC_POSITIONS {angstrom}
C        0.000000      0.000000    1.700000
C        0.000000      0.000000    5.100000
C        — 0.000012    1.420289    1.700000
C        1.230012      0.710134    5.100000
```

3.3.2 DFT 基准数据集组成

通过上述两类不同的 DFT 计算，本研究获得了兼具高精度与多样性的 DFT 基准数据集。这个数据集包含如下数据：

① 第 2 章中所示的 33 个气相分子使用 Gaussian 16 进行结构优化后的文件。图 3-1 是一个优化后的苯并[b]噻吩分子示例。

② 本研究针对 24 个选定的化学键键长进行了势能面扫描。扫描以结构优化后的平衡键长为基准，共设置 21 个数据点，扫描步长为 0.1Å，以覆盖键的压缩、拉

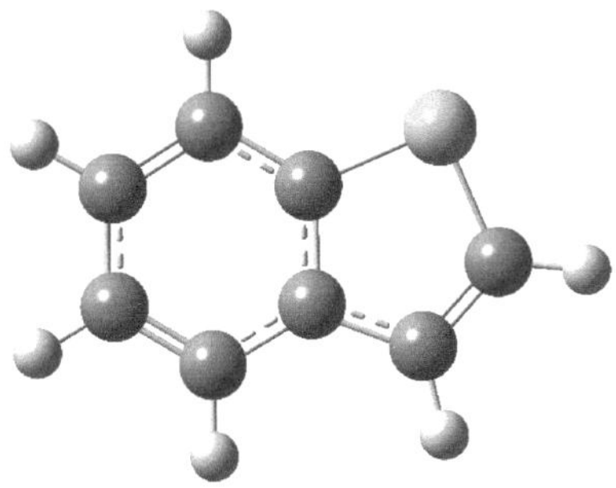

图 3-1 结构优化后的苯并[b]噻吩分子

伸直至断裂的过程。图 3-2 是苯并[b]噻吩分子的 C—S 键势能面扫描结果。由于部分扫描点的几何优化失败，最终成功计算的数据点可能少于预设的 21 个。

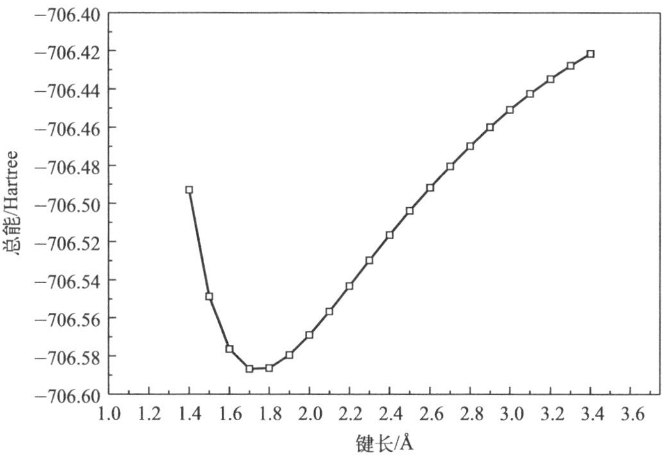

图 3-2 苯并[b]噻吩分子的 C—S 键势能面扫描

③ 对 21 个选定的键角进行势能面扫描。扫描以结构优化后的平衡键角为基准，共设置 21 个数据点，扫描步长为 5°，旨在覆盖键角的压缩和拉伸过程。图 3-3 是甲基胺分子 C—N—H 键角势能面扫描结果。由于部分扫描点的几何优化失败，最终成功计算的数据点可能少于预设的 21 个。

④ 对 17 个选定的二面角进行势能面扫描。扫描以结构优化后的平衡键角为基准，共设置 21 个数据点，扫描步长为 10°，旨在覆盖二面角的旋转过程。图 3-4 是苯甲酸分子 H—O—C—O 二面角势能面扫描结果。由于部分扫描点的几何优化失败，最终成功计算的数据点可能少于预设的 21 个。

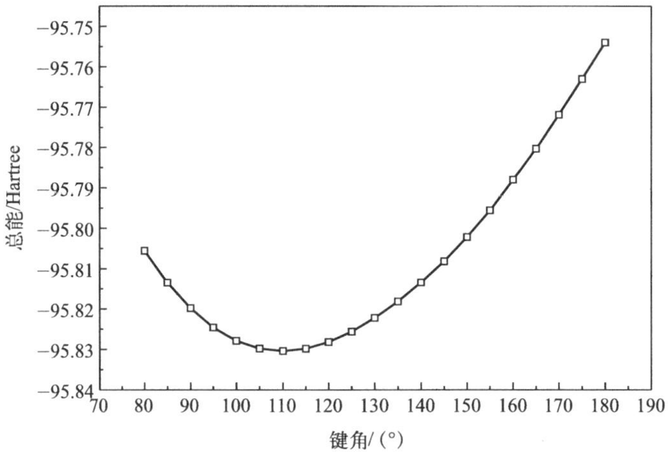

图 3-3　甲基胺分子 C—N—H 键角势能面扫描

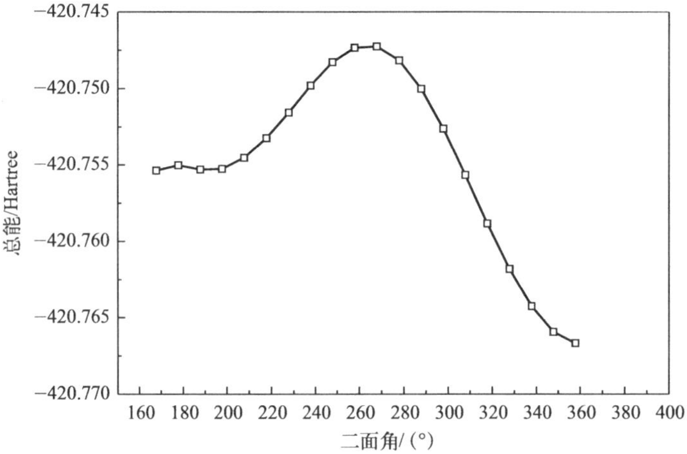

图 3-4　苯甲酸分子 H—O—C—O 二面角势能面扫描

⑤ 使用 Quantum ESPRESSO，对第 2 章中提到的 17 个凝聚相晶胞结构使用“vc-relax”关键词进行变胞松弛计算。此模式允许原子位置和晶格常数都发生变化，用于优化晶胞的形状和尺寸以及原子位置，以找到系统的最低能量结构。图 3-5 是优化后的乙酰苯胺晶体结构。

⑥ 另外，还对 17 个凝聚相晶胞结构的晶格常数进行了 20％的压缩和膨胀，以获得晶胞内分子在此两种状态时的结构和能量值。

上述计算既覆盖气相孤立分子，也考虑了周期性结构，为后续煤分子 ReaxFF 力场参数的训练提供了基础。

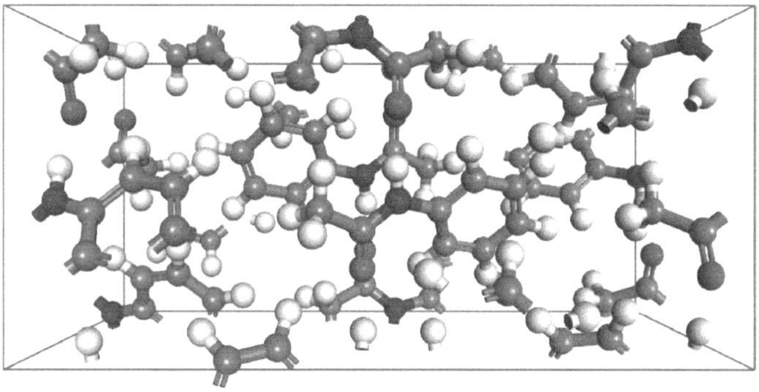

图 3-5 优化后的乙酰苯胺晶体结构

参考文献

[1] Hohenberg P, Kohn W. Inhomogeneous electron gas [J]. Physical Review, 1964, 136 (3B): B864-B871.

[2] Levy M. Universal variational functionals of electron-densities, 1st-order density-matrices, and natural spin-orbitals and solution of the v-representability problem [J]. Proceedings of the National Academy of Sciences of the United States of America, 1979, 76 (12): 6062-6065.

[3] Ceperley D M, Alder B J. Ground state of the electron gas by a stochastic method [J]. Physical Review Letters, 1980, 45 (7): 566-569.

[4] Slater J C. A simplification of the Hartree-Fock method [J]. Physical Review, 1951, 81 (3): 385-390.

[5] Vosko S H, Wilk L, Nusair M. Accurate spin-dependent electron liquid correlation energies for local spin-density calculations-A critical analysis [J]. Canadian Journal of Physics, 1980, 58 (8): 1200-1211.

[6] von Barth U, Hedin L. A local exchange-correlation potential for the spin polarized case. i [J]. Journal of Physics C (Solid State Physics), 1972, 5 (13): 1629-1642.

[7] Janak J F, Moruzzi V L, Williams A R. Ground-state thermomechanical properties of some cubic elements in the local-density formalism [J]. Physical Review B, 1975, 12 (4): 1257-1261.

[8] Perdew J P, Wang Y. Accurate and simple analytic representation of the electron-gas correlation energy [J]. Physical Review B, 1992, 45 (23): 13244-13249.

[9] Kohn W, Sham L J. Self-consistent equations including exchange and correlation effects [J]. Physical Review, 1965, 140 (4A): A1133-A1138.

[10] Versluis L, Ziegler T. The determination of molecular-structures by density functional theory-the evaluation of analytical energy gradients by numerical-integration [J]. Journal of Chemical Physics, 1988, 88 (1): 322-328.

[11] Payne M C, Teter M P, Allan D C, et al. Iterative minimization techniques for abinitio total-energy calculations-molecular-dynamics and conjugate gradients [J]. Reviews of Modern Physics, 1992, 64 (4): 1045-1097.

[12] Perdew J P, Burke K, Ernzerhof M. Generalized gradient approximation made simple [J]. Physical Review Letters, 1996, 77 (18): 3865-3868.

[13] Brooks B R, Laidig W D, Saxe P, et al. Analytic gradients from correlated wave functions via the two-particle density matrix and the unitary group approach [J]. The Journal of Chemical Physics, 1980, 72 (8): 4652-4653.

[14] Lee C, Yang W, Parr R G. Development of the Colle-Salvetti correlation-energy formula into a functional of the electron density [J]. Physical Review B, 1988, 37 (2): 785-789.

[15] Zhao Y, Truhlar D G. The M06 suite of density functionals for main group thermochemistry, thermochemical kinetics, noncovalent interactions, excited states, and transition elements: two new functionals and systematic testing of four M06-class functionals and 12 other functionals [J]. Theoretical Chemistry Accounts, 2008, 120 (1-3): 215-241.

[16] Blöchl P E. Projector augmented-wave method [J]. Physical Review B, 1994, 50 (24): 17953-17979.

[17] Grimme S. Semiempirical GGA-type density functional constructed with a long-range dispersion correction [J]. 2006, 27 (15): 1787-1799.

[18] Grimme S, Antony J, Ehrlich S, et al. A consistent and accurate ab initio parametrization of density functional dispersion correction (DFT-D) for the 94 elements H-Pu [J]. The Journal of Chemical Physics, 2010, 132 (15): 154104.

[19] Caldeweyher E, Ehlert S, Hansen A, et al. A generally applicable atomic-charge dependent London dispersion correction [J]. The Journal of Chemical Physics, 2019, 150 (15): 154122.

[20] Dion M, Rydberg H, Schröder E, et al. Van der Waals density functional for general geometries [J]. Physical Review Letters, 2004, 92 (24): 246401.

[21] Frisch M J, Trucks G W, Schlegel H B, et al. Gaussian 03 [CP]. Revision

C. 02. Wallingford CT: Gaussian, Inc., 2004.

[22] Frisch M J, Trucks G W, Schlegel H B, et al. Gaussian16 [CP]. Revision C. 01. Wallingford CT: Gaussian, Inc., 2016.

[23] Giannozzi P, Baroni S, Bonini N, et al. Quantum ESPRESSO: A modular and open-source software project for quantumsimulations of materials [J]. Journal of Physics: Condensed Matter, 2009, 21 (39): 395502.

[24] Moellmann J, Grimme S. DFT-D3 study of some molecular crystals [J]. The Journal of Physical Chemistry C, 2014, 118 (14): 7615-7621.

第 4 章
煤分子ReaxFF力场参数优化程序设计

4.1 ReaxFF 反应力场

传统分子力场在分子动力学模拟中假设化学键是固定的，无法准确描述化学键的生成与断裂，因此难以用于模拟复杂的分子结构重组和化学反应。量子化学计算（如密度泛函理论、耦合簇方法等）虽然能够精确计算电子结构，准确描述电子结构和势能面，然而其计算复杂度随体系规模呈指数级增长，导致计算资源需求巨大，难以应用于复杂体系的长时间动态模拟[1]。因此，在分子模拟研究中，传统分子力场和分子动力学方法因其对化学键固定的假设限制了反应过程的研究，而量子化学方法又因计算量过大难以适用于大体系，从而形成了计算化学中的“尺度鸿沟”。

4.1.1 ReaxFF 反应力场特征

ReaxFF 反应力场的出现弥补了传统经验性分子力场和量子化学计算的不足（图 4-1）。作为一种反应性分子力场，ReaxFF 力场能够在较大体系和较长时间尺度内动态模拟化学键的断裂与形成，同时计算成本远低于量子化学方法。其核心原理是引入键级（bond order）和原子配位数等动态变量，使能量能够随反应过程进行实时调整。相比于传统分子力场，ReaxFF 反应力场不再假设化学键是固定的，而是能够反应性地处理新旧键的变化，适用于复杂的多重化学反应路径。ReaxFF 反

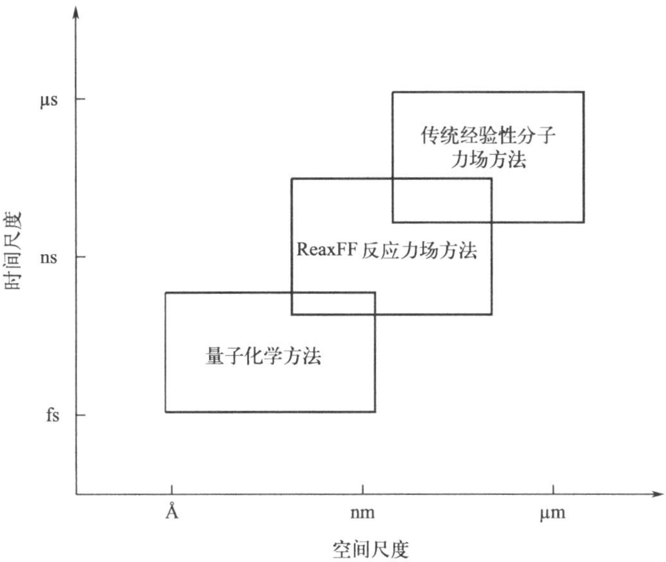

图 4-1 ReaxFF 反应力场在计算模拟方法中的位置，横轴表示空间尺度从埃（Å）逐渐拓展到微米（μm），纵轴表示时间尺度从飞秒（fs）拓展至微秒（μs）

应力场和传统力场的具体区别见表 4-1。相比于量子化学计算，ReaxFF 反应力场在保留了一定电子结构信息的基础上，采用近似方法处理电子相互作用（如动态键序、配位数、电荷转移等），既提升了计算效率，又在合理范围内保证了计算精度。ReaxFF 反应力场的出现为中等到大体系规模的化学反应动力学模拟发挥了重要作用，突破了计算化学领域传统方法的局限性。

表 4-1 ReaxFF 反应力场与传统力场的区别

特征	ReaxFF 力场	非反应分子力场
化学键处理	动态调整键级，允许键的断裂与形成	固定键连接，无法处理化学反应
能量函数复杂度	包含多个动态能量项（如键级、电荷极化）	仅包含静态固定相互作用项
应用范围	燃烧、热解、界面催化等包含反应的过程	有机物、蛋白质等非反应性体系

4.1.2 ReaxFF 反应力场函数形式

为支撑上述反应性模拟能力，ReaxFF 力场将势能函数分解为多个能量项，分别刻画原子间的不同相互作用形式，构成了 ReaxFF 的总能量表达式，如式（4-1）所示：

$$E_{system}=E_{bond}+E_{lp}+E_{over}+E_{under}+E_{val}+E_{pen}+E_{C2}+E_{coa}+E_{tors}+E_{conj}+E_{hb}+E_{vdWaals}+\begin{cases}E_{EEM}\\E_{ACKS2}\end{cases} \tag{4-1}$$

式中，E_{bond}、E_{val} 和 E_{tors} 用于描述关于键能、键角能和四体能；E_{lp} 表示孤对电子能；E_{over}、E_{under} 用来保证原子配位数；E_{pen} 用于修正非物理性键序或角度，防止在计算中出现不合理的能量极值；E_{C2} 表示 C2 矫正项；E_{coa} 表示三体共轭作用；E_{conj} 描述分子中 π-π 共轭系统的能量贡献；E_{hb} 表示氢键能量；$E_{vdWaals}$ 用于描述原子之间的范德华相互作用；E_{EEM} 和 E_{ACKS2} 是两种不同方案计算的带电原子之间的静电相互作用能。下面将介绍每个能量项的计算公式。

(1) 键能项 E_{bond}

在 ReaxFF 反应力场中，键级被用来描述原子间的连接性和相互作用强度。键级的一个最基本假设是，键级与原子间的距离存在一定的数学关系，如式（4-2）所示。通过原子间的距离，可以直接得到任意两个原子间的键级。这意味着，当两个原子之间的距离发生变化时，它们之间的键级也会随之改变，从而反映出原子间相互作用的动态变化，这正是 ReaxFF 反应力场区别于普通力场的地方。当键级增加时，表示原子间的相互作用增强，趋向于形成稳定的化学键，相应的能量值也会发生变化。以 C—C 为例，对于 σ 键（p_{bo1} 和 p_{bo2}），其键级在 1.5Å 以下保持为 1（完全成键状态），当原子间距超过 2.5Å 时键级趋近于零（可忽略）；第一个 π 键（p_{bo3} 和 p_{bo4}）在 1.2Å 内完全成键，1.75Å 以上失去作用；第二个 π 键（p_{bo5} 和 p_{bo6}）的有效成键范围更窄，仅在 1.0Å 内保持键级为 1，超过 1.4Å 即失效。

在计算键级之前，首先要计算未修正键级 BO'_{ij}，如式（4-2）所示：

$$BO'_{ij}=BO'^{\sigma}_{ij}+BO'^{\pi}_{ij}+BO'^{\pi\pi}_{ij}$$
$$=\exp\left[p_{bo1}\cdot\left(\frac{r_{ij}}{r_o^{\sigma}}\right)^{p_{bo2}}\right]+\exp\left[p_{bo3}\cdot\left(\frac{r_{ij}}{r_o^{\pi}}\right)^{p_{bo4}}\right]+\exp\left[p_{bo5}\cdot\left(\frac{r_{ij}}{r_o^{\pi\pi}}\right)^{p_{bo6}}\right] \tag{4-2}$$

式中，r_o^{σ} 是原子参与形成单键（σ 键）时所贡献的单键共价平衡距离。单键是两个原子之间最基本的共价连接，通过原子轨道沿键轴方向的头对头重叠形成。r_o^{σ} 用于确定两个原子形成单键时的平衡距离。

r_o^{π} 表示双键共价平衡距离。当原子参与形成双键时，除了 σ 键之外，还会形成一个 π 键。π 键是通过原子 p 轨道（或 d 轨道）侧向重叠形成的。r_o^{π} 代表原子在双键中 π 键部分所贡献的有效半径。由于 π 键的电子云分布在键轴两侧，其对原子间距离的影响与 σ 键略有不同。双键的平衡距离会受到 σ 键和 π 键半径的影响。

$r_o^{\pi\pi}$ 代表形成第二个 π 键部分所贡献的平衡距离。三键包含一个 σ 键和两个 π 键。形成第二个 π 键进一步改变了原子间的电子密度分布和相互作用，因此需要额外的半径参数来更准确地描述三键的键长。

这些共价半径参数在 ReaxFF 力场中主要用于以下方面：

① 初始键长估计。在模拟开始时或在键形成过程中，这些半径用于估计两个原子之间可能形成的共价键的初始距离。

② 键级计算的距离依赖性。ReaxFF 力场的键级计算是原子间距离的函数。共价半径作为计算键级的关键参数之一，决定了键级随距离变化的快慢。当两个原子之间的距离接近它们的共价半径之和时，键级趋向于变高；当距离增大时，键级迅速减小。

③ 排斥相互作用的控制。在非常短的距离内，原子之间的电子云会发生强烈的排斥。共价半径与 ReaxFF 力场中的排斥势函数相关联，帮助防止原子靠得太近。

p_{bo1} 是控制 σ 键键级整体大小的指数前因子参数。这个参数控制着原子 i 和 j 之间 σ 键对总键级的贡献。它影响 σ 键键级随距离衰减的速率和强度。不同的原子对具有不同的 p_{bo1} 值，反映了它们形成 σ 键的能力差异。p_{bo2} 是控制 σ 键键级随距离衰减速率的指数参数。

相应地，p_{bo3} 是控制第一个 π 键键级整体大小的指数前因子参数；p_{bo4} 是控制第一个 π 键键级随距离衰减速率的指数参数；p_{bo5} 是控制第二个 π 键键级整体大小的指数前因子参数；p_{bo6} 是控制第二个 π 键键级随距离衰减速率的指数参数。

ReaxFF 力场中，键级是一个动态变量，它随着原子间距离的变化而连续变化，而不是像传统力场那样预先定义键的连接性。键级与原子间距离之间呈现指数衰减的关系。当原子间距离 r_{ij} 接近相应的平衡距离（r_o^σ、r_o^π、$r_o^{\pi\pi}$）时，指数项接近于 1，键级贡献较大。随着距离增大，指数项迅速减小，键级贡献趋于零，表示键的断裂。

除了未修正键级，ReaxFF 力场还定义了过配位函数 Δ'_i、Δ'^{boc}_i［公式（4-3）、式（4-4）］来帮助矫正键级：

$$\Delta'_i = -\text{Val}_i + \sum_{j=1}^{\text{neighbours}(i)} BO'_{ij} \tag{4-3}$$

$$\Delta'^{\text{boc}}_i = -\text{Val}_i^{\text{boc}} + \sum_{j=1}^{\text{neighbours}(i)} BO'_{ij} \tag{4-4}$$

Δ'_i 是原子价，代表原子 i 的价态偏差；Val_i 是原子 i 的价电子数；$\sum_{j=1}^{\text{neighbours}(i)} BO'_{ij}$ 是与原子 i 相连的所有邻原子 j 之间总键级的加和。式（4-3）计算了原子 i 的实际成键电子数与它的价电子数的差异。$\Delta'_i=0$ 表示原子 i 的价电子完全用于成键；$\Delta'_i<0$ 表示成键电子不足（未饱和）；$\Delta'_i>0$ 表示成键电子过多。

Δ'^{boc}_i 是孤对电子修正项，代表原子 i 的高配位校正项。$\text{Val}_i^{\text{boc}}$ 是原子i 的键级优化价态。这个值会根据原子 i 周围的成键情况进行调整。$\sum_{j=1}^{\text{neighbours}(i)} BO'_{ij}$ 是经过一定修正的原子 i 与其邻原子 j 之间的键级加和。

利用上述的过配位定义，通过式（4-5）～式（4-13）所述的方案可对键级 BO_{ij} 进行修正。

$$BO_{ij} = BO_{ij}^\sigma + BO_{ij}^\pi + BO_{ij}^{\pi\pi} \tag{4-5}$$

$$BO_{ij}^\sigma = BO'^\sigma_{ij} \cdot f_1(\Delta'_i,\Delta'_j) \cdot f_4(\Delta'_i,BO'_{ij}) \cdot f_5(\Delta'_j,BO'_{ij}) \tag{4-6}$$

$$BO_{ij}^\pi = BO'^\pi_{ij} \cdot f_1(\Delta'_i,\Delta'_j)^2 \cdot f_4(\Delta'_i,BO'_{ij}) \cdot f_5(\Delta'_j,BO'_{ij}) \tag{4-7}$$

$$BO_{ij}^{\pi\pi} = BO'^{\pi\pi}_{ij} \cdot f_1(\Delta'_i,\Delta'_j)^2 \cdot f_4(\Delta'_i,BO'_{ij}) \cdot f_5(\Delta'_j,BO'_{ij}) \tag{4-8}$$

$$f_1(\Delta'_i,\Delta'_j) = \frac{1}{2} \times \left(\frac{\text{Val}_i + f_2(\Delta'_i,\Delta'_j)}{\text{Val}_i + f_2(\Delta'_i,\Delta'_j) + f_3(\Delta'_i,\Delta'_j)} + \frac{\text{Val}_j + f_2(\Delta'_i,\Delta'_j)}{\text{Val}_j + f_2(\Delta'_i,\Delta'_j) + f_3(\Delta'_i,\Delta'_j)} \right) \tag{4-9}$$

$$f_2(\Delta'_i,\Delta'_j) = \exp(-p_{\text{boc1}} \times \Delta'_i) + \exp(-p_{\text{boc1}} \times \Delta'_j) \tag{4-10}$$

$$f_3(\Delta'_i,\Delta'_j) = -\frac{1}{p_{\text{boc2}}} \times \ln\left\{\frac{1}{2} \times \left[\exp(-p_{\text{boc2}} \times \Delta'_i) + \exp(-p_{\text{boc2}} \times \Delta'_j)\right]\right\} \tag{4-11}$$

$$f_4(\Delta'_i,BO'_{ij}) = \frac{1}{1+\exp\left[-p_{\text{boc3}} \times (p_{\text{boc4}} \times BO'_{ij} \times BO'_{ij} - \Delta'^{\text{boc}}_i) + p_{\text{boc5}}\right]} \tag{4-12}$$

$$f_5(\Delta'_i, BO'_{ij}) \equiv f_4(\Delta'_j, BO'_{ij}) \tag{4-13}$$

式（4-5）表明，原子 i 和 j 之间的总键级 BO_{ij} 是由 σ 键键级 BO^{σ}_{ij} 、第一个 π 键键级 BO^{π}_{ij} 和第二个 π 键键级 $BO^{\pi\pi}_{ij}$ 三部分组成的。为了弱化对带有孤对电子原子的修正，在式（4-12）和式（4-13）中采用了第二个过配位定义 Δ'^{boc}_i [式（4-4）]，这使得氮、氧等原子（其价层填满后仍携带孤对电子）能够打破这些孤对电子，参与成键，而无须对键级进行完整的修正。这部分公式描述了 ReaxFF 力场中一个重要的环节：键级的修正。原始的键级计算仅仅依赖于原子间的距离。为了更准确地描述化学成键，ReaxFF 力场引入了依赖于原子价态偏差和周围成键环境的修正项。这些修正项通过一系列复杂的函数 [$f_1(\Delta'_i, \Delta'_j)$ 到 $f_5(\Delta'_i, BO'_{ij})$] 来实现，它们包含多个可调的键序修正相关参数（ p_{boc1} 到 p_{boc6}）。

过配位数键级 Δ_i 可通过式（4-14）计算得到：

$$\Delta_i = -\text{Val}_i + \sum_{j=1}^{\text{neighbours}(i)} BO_{ij} \tag{4-14}$$

通过上述公式得到修正后的键级 BO_{ij} 之后，就可以根据式（4-15）计算键能：

$$E_{\text{bond}} = -D^{\sigma}_{\text{e}} \times BO^{\sigma}_{ij} \times \exp\{p_{\text{be1}}[1-(BO^{\sigma}_{ij})^{p_{\text{be2}}}]\} - D^{\pi}_{\text{e}} \times BO^{\pi}_{ij} - D^{\pi\pi}_{\text{e}} \times BO^{\pi\pi}_{ij} \tag{4-15}$$

式中，D^{σ}_{e}、D^{π}_{e}、$D^{\pi\pi}_{\text{e}}$ 代表单键、双键、三键解离能，BO^{σ}_{ij}、BO^{π}_{ij}、$BO^{\pi\pi}_{ij}$ 代表单键、双键、三键修正键级，p_{be1}、p_{be2} 代表键能参数。

(2) 孤对电子能项 E_{lp}

ReaxFF 力场通过计算原子电荷来反映电子分布，孤对电子的存在会影响局部电荷，从而间接调整原子间的库仑相互作用。因此，ReaxFF 力场通过式（4-16）～式（4-19）来修正孤对电子能量，利用式（4-20）来计算孤对电子能量：

$$\Delta^{\text{e}}_i = -\text{Val}^{\text{e}}_i + \sum_{j=1}^{\text{neighbours}(i)} BO_{ij} \tag{4-16}$$

$$n_{\text{lp},i} = -\text{int}\left(\frac{\Delta^{\text{e}}_i}{2}\right) + \exp\left\{-p_{\text{lp1}} \times \left[2 + \Delta^{\text{e}}_i - 2 \times \text{int}\left(\frac{\Delta^{\text{e}}_i}{2}\right)\right]^2\right\} \tag{4-17}$$

$$\Delta^{\text{lp}}_i = n_{\text{lp,opt}} - n_{\text{lp},i} \tag{4-18}$$

$$n_{\text{lp,opt}} = \frac{1}{2} \times (\text{Val}^{\text{e}}_i - \text{Val}_i) \tag{4-19}$$

$$E_{\text{lp}} = \frac{p_{\text{lp2}} \times \Delta^{\text{lp}}_i}{1 + \exp(-75 \times \Delta^{\text{lp}}_i)} \tag{4-20}$$

Δ^{e}_i 表示原子 i 的形式价态偏差，它类似于之前的价态偏差 Δ_i ，但这里使用的是形式价电子数 Val^{e}_i。 $\sum_{j=1}^{\text{neighbours}(i)} BO_{ij}$ 同样是与原子 i 相连的所有邻原子 j 之间总键

级的加和。$n_{\mathrm{lp},i}$ 表示原子 i 周围的实际孤对电子数。$\mathrm{int}\left(\frac{\Delta_i^{\mathrm{e}}}{2}\right)$ 给出了至少存在的孤对电子对的数，乘 2 就是至少存在的孤对电子的数。p_{lp1} 代表价键角/孤对电子数参数。Δ_i^{lp} 表示原子 i 的最佳孤对电子数偏差。$n_{\mathrm{lp,opt}}$ 为原子 i 最佳孤对电子数，这个值是基于原子类型预设的。例如，氧的最佳孤对电子数是 2，氮是 1，碳和硅是 0。E_{lp} 表示孤对电子的能量贡献。p_{lp2} 是与孤对电子能量相关的力场参数，决定了能量的强度。式（4-20）分母中的指数项是一个 Sigmoid 函数，用于平滑地引入能量惩罚。

(3) 过配位能量项 E_{over} 和欠配位能量项 E_{under}

过配位能和欠配位能是 ReaxFF 力场中用于校正原子实际配位状态偏离理想值的能量项，其存在确保了化学键的动态变化符合物理化学规律。对于过配位原子（当 $\Delta_i>0$ 时），用式（4-21）、式（4-22）对系统施加能量惩罚：

$$E_{\mathrm{over,i}}=\frac{\sum_{j=1}^{n\,\mathrm{bond}} p_{\mathrm{ovun1}}\cdot D_{\mathrm{e}}^{\sigma}\cdot BO_{ij}}{\Delta_i^{\mathrm{lpcorr}}+\mathrm{Val}_i}\cdot\Delta_i^{\mathrm{lpcorr}}\cdot\left[\frac{1}{1+\exp(p_{\mathrm{ovun2}}\cdot\Delta_i^{\mathrm{lpcorr}})}\right] \tag{4-21}$$

$$\Delta_i^{\mathrm{lpcorr}}=\Delta_i-\frac{\Delta_i^{\mathrm{lp}}}{1+p_{\mathrm{ovun3}}\cdot\exp\left\{p_{\mathrm{ovun4}}\cdot\left[\sum_{j=1}^{\mathrm{neighbours}(i)}(\Delta_j-\Delta_j^{\mathrm{lp}})\cdot(BO_{ij}^{\pi}+BO_{ij}^{\pi\pi})\right]\right\}} \tag{4-22}$$

式中，$p_{\mathrm{ovun1}}\sim p_{\mathrm{ovun4}}$ 是与过配位相关的参数，Δ_i、Δ_j 代表原子 i、j 的过配位键级。

对于欠配位原子（当 $\Delta_i<0$ 时），需要考虑欠配位原子中心之间 π 电子共振的能量贡献，见式（4-23）。但这只针对欠配位原子 i 与其欠配位原子 j 之间具有 π 键的情况。

$$E_{\mathrm{under}}=-p_{\mathrm{ovun5}}\cdot\frac{1-\exp(p_{\mathrm{ovun6}}\cdot\Delta_i^{\mathrm{lpcor}})}{1+\exp(-p_{\mathrm{ovun2}}\cdot\Delta_i^{\mathrm{lpcor}})}\cdot\frac{1}{1+p_{\mathrm{ovun7}}\cdot\exp\left\{p_{\mathrm{ovun8}}\cdot\left[\sum_{j=1}^{\mathrm{neighbours}(i)}(\Delta_j-\Delta_j^{\mathrm{lp}})\cdot(BO_{ij}^{\pi}+BO_{ij}^{\pi\pi})\right]\right\}} \tag{4-23}$$

式中，$p_{\mathrm{ovun5}}\sim p_{\mathrm{ovun8}}$ 是与欠配位相关的参数。

(4) 键角能项 E_{val}

在 ReaxFF 反应力场中，键角能是势能函数的一个重要组成部分，用于模拟原子间相互作用和化学反应过程中键角的变化对体系稳定性的影响，它随着键级的变化而动态变化，键角能 E_{val} 计算公式见式（4-24）～式（4-30），角度单位为弧度：

$$E_{val}=\begin{cases} f_7(BO_{ij})\cdot f_7(BO_{jk})\cdot f_8(\Delta_j)\cdot \begin{Bmatrix} p_{val1}-p_{val1}\cdot \\ \exp\left[-p_{val2}(\Theta_0(BO)-\Theta_{ijk})^2\right] \end{Bmatrix}, & p_{val1}\geqslant 0 \\ f_7(BO_{ij})\cdot f_7(BO_{jk})\cdot f_8(\Delta_j)\cdot \begin{Bmatrix} -p_{val1}\cdot \\ \exp\left[-p_{val2}(\Theta_0(BO)-\Theta_{ijk})^2\right] \end{Bmatrix}, & p_{val1}<0 \end{cases} \tag{4-24}$$

$$f_7(BO_{ij})=1-\exp(-p_{val3}\cdot BO_{ij}^{p_{val4}}) \tag{4-25}$$

$$f_8(\Delta_j)=p_{val5}-(p_{val5}-1)\cdot\frac{2+\exp(p_{val6}\cdot\Delta_j^{angle})}{1+\exp(p_{val6}\cdot\Delta_j^{angle})+\exp(-p_{val7}\cdot\Delta_j^{angle})} \tag{4-26}$$

$$SBO=\sum_{n=1}^{neighbours(j)}(BO_{jn}^{\pi}+BO_{jn}^{\pi\pi})+\left[1-\prod_{n=1}^{neighbours(j)}\exp(-BO_{jn}^{8})\right]\cdot(-\Delta_j^{angle}-p_{val8}\cdot n_{lp,j}) \tag{4-27}$$

$$\Delta_j^{angle}=-\mathrm{Val}_j^{angle}+\sum_{n=1}^{neighbours(j)}BO_{jn} \tag{4-28}$$

$$SBO2=\begin{cases} 0, & SBO\leqslant 0 \\ SBO^{p_{val9}}, & 0<SBO<1 \\ 2-(2-SBO)^{p_{val9}}, & 1\leqslant SBO\leqslant 2 \\ 2, & SBO>2 \end{cases} \tag{4-29}$$

$$\Theta_0(BO)=\pi-\Theta_{0,0}\cdot\{1-\exp[-p_{val10}\cdot(2-SBO2)]\} \tag{4-30}$$

式中，$p_{val1}\sim p_{val10}$ 代表 ReaxFF 反应力场中的键角参数。

式（4-24）是键能公式。它基于键级（BO_{ij} 和 BO_{jk}）计算成键和断键过程中的能量变化，并通过 $f_7(BO_{ij})$ 和 $f_7(BO_{jk})$ 考虑成键过程中四面体角度的影响。公式中根据 p_{val1} 的正负区分成键和非成键两种情况。

式（4-25）定义了键级修正项 $f_7(BO_{ij})$，它是一个指数衰减函数，用于在键级接近其最大值时得到平滑的能量，避免能量突变。式（4-26）用于计算键角惩罚项 $f_8(\Delta_j)$，用于衡量实际键角与理想键角之间的偏差所带来的能量惩罚。式（4-27）用于计算体系的总键级和。式（4-28）定义了中心原子 j 周围键角偏差 Δ_j^{angle}。式（4-29）定义了三体相互作用屏蔽项，它是一个分段函数，用于在高键级区域减小三体相互作用的贡献，避免过度排斥。式（4-30）定义了平衡角度 Θ_0，它不是一个常数，会根据中心原子周围的化学键情况进行调整。具体来说，通过统计中心原子核心变量 SBO（总 π 键键级），系统就能判断中心原子的杂化状态：典型三配位体系（sp^3，π 键数＝0）呈现四面体特征角 109.47°；平面共轭体系（sp^2，π 键数＝1）对应理论键角 120°；线性构型体系（sp，π 键数＝2）的理想键角为 180°。当化学键接近断裂时，计算中会加入平滑过渡参数，防止能量突然变化。

(5) 能量惩罚项E_{pen}

为了维持含有共用原子双键体系（如丙二烯）的几何稳定性，ReaxFF 反应力场对这类体系施加了额外的能量惩罚项 E_{pen}，如式（4-31）和式（4-32）所示。其中，式（4-31）描述了中心原子 j 的过配位/欠配位对能量惩罚的影响。式（4-32）定义了过配位惩罚能量中的角度依赖项 $f_9(\Delta_j)$，其值取决于中心原子 j 周围的键角偏差 Δ_j^{angle}，从而使能量惩罚不仅依赖于键级，还受原子周围几何构型的影响。

$$E_{pen}=p_{pen1}\cdot f_9(\Delta_j)\cdot \exp\left[-p_{pen2}\cdot(BO_{ij}-2)^2\right]\exp\left[-p_{pen2}\cdot(BO_{jk}-2)^2\right] \tag{4-31}$$

$$f_9(\Delta_j)=\frac{2+\exp(-p_{pen3}\cdot\Delta_j^{angle})}{1+\exp(-p_{pen3}\cdot\Delta_j^{angle})+\exp(p_{pen4}\cdot\Delta_j^{angle})} \tag{4-32}$$

式中，p_{pen1} 代表能量惩罚参数，$p_{pen2}\sim p_{pen4}$ 代表双键/角度相关参数。

(6) C2 矫正项E_{C2}

为了准确描述 C2 分子的成键特性，ReaxFF 反应力场引入了一个额外的能量贡献项 E_{C2}。若无此项，力场将错误地预测 C2 中两个碳原子形成异常强的三键。然而，实际上，三键会因末端自由基电子的存在而变得不稳定，导致形成的碳-碳键强度并不高于双键。因此，该修正项对于捕捉 C2 的真实稳定性至关重要。方程式（4-33）显示了用于去稳定化 C2 分子的势函数：

$$E_{C2}=\begin{cases}k_{C2}(BO-\Delta_i-0.04\Delta_i^4-3), & BO-\Delta_i-0.04\Delta_i^4>3\\ 0, & BO-\Delta_i-0.04\Delta_i^4\leqslant 3\end{cases} \tag{4-33}$$

式中，Δ_i 是原子 i 上的欠/过配位水平，通过该原子周围的键级之和减去原子价态（碳为 4）得到；k_{C2} 是由此部分能量贡献的力场参数。

(7) 三体共轭能项E_{coa}

原始的 ReaxFF 反应力场在碳氢化合物体系中设置了四体共轭相互作用项，该共轭能量项可以满足常规共轭烃类体系的模拟需求。然而，ReaxFF 反应力场在表征含硝基（NO_2）官能团体系的共轭稳定效应时产生了显著偏差[2]。为弥补此类缺陷，ReaxFF 反应力场在原有势函数体系中特别引入三体共轭修正项，参见式（4-34）：

$$\begin{aligned}E_{coa}=&p_{coa1}\cdot\frac{1}{1+\exp(p_{coa2}\cdot\Delta_j^{val})}\cdot\exp\left[-p_{coa3}\cdot\left(-BO_{ij}+\sum_{n=1}^{neighbours(i)}BO_{in}\right)^2\right]\cdot\\&\exp\left[-p_{coa3}\cdot\left(-BO_{jk}+\sum_{n=1}^{neighbours(i)}BO_{kn}\right)^2\right]\cdot\exp\left[-p_{coa4}\cdot(BO_{ij}-1.5)^2\right]\cdot\\&\exp\left[-p_{coa4}\cdot(BO_{jk}-1.5)^2\right]\end{aligned} \tag{4-34}$$

式中，$p_{coa1}\sim p_{coa4}$ 表示价键角共轭参数。

(8) 四体能项E_{tors}

四体能项 E_{tors} 通常用于描述四个原子沿着连接它们的主键在空间扭转一定角度

所带来的能量变化。例如，假设有四个原子依次连接为 i-j-k-l，则扭转角是描述 i-j-k-l 四个原子连接中两个平面（i-j-k 与 j-k-l）之间夹角的量。ReaxFF 反应力场对四体能项 E_{tors} 的描述如式（4-35）～式（4-37）所示：

$$E_{tors}=f_{10}(BO_{ij},BO_{jk},BO_{kl})\cdot h(\Theta_{ijk},\Theta_{jkl})_{\sin}\cdot \left[\begin{array}{c}\frac{1}{2}V_1\cdot(1+\cos w_{ijkl})+V_2\cdot\exp\{p_{tor1}\cdot[1-(BO_{jk}^{\pi}-1+f_{11}(\Delta_j,\Delta_k))]^2\}\cdot \\ (1-\cos 2w_{ijkl})+V_3\cdot(1+\cos 3w_{ijkl})\end{array}\right] \tag{4-35}$$

$$f_{10}(BO_{ij},BO_{jk},BO_{kl})=[1-\exp(-p_{tor2}\cdot BO_{ij})]\cdot [1-\exp(-p_{tor2}\cdot BO_{jk})]\cdot[1-\exp(-p_{tor2}\cdot BO_{kl})] \tag{4-36}$$

$$f_{11}(\Delta_j,\Delta_k)=\frac{2+\exp[-p_{tor3}\cdot(\Delta_j^{angle}+\Delta_k^{angle})]}{1+\exp[-p_{tor3}\cdot(\Delta_j^{angle}+\Delta_k^{angle})]+\exp[p_{tor4}\cdot(\Delta_j^{angle}+\Delta_k^{angle})]} \tag{4-37}$$

式中，V_1、V_2、V_3 是键扭转的势能参数，用于描述势能扭转曲线的形状和高度；$p_{tor1}\sim p_{tor4}$ 为扭转角相关力场参数，用于调整扭转势能曲线的形状。

(9) 四体共轭能量项 E_{conj}

四体共轭能量项 E_{conj} 是 ReaxFF 反应力场在描述高阶电子效应（尤其是 π 电子离域）时引入的关键修正。它主要针对 i-j-k-l 这四个连接原子中若出现双键或多键共轭的情况而设计，通过一组键序判定与二面角函数评估，获得在不同扭转构象下额外的稳定（或不稳定）能量贡献。式（4-38）和式（4-39）描述了四体共轭效应对分子能量的贡献：

$$E_{conj}=f_{12}(BO_{ij},BO_{jk},BO_{kl})\cdot p_{cot1}\cdot[1+(\cos^2 w_{ijkl}-1)\cdot\sin\Theta_{ijk}\cdot\sin\Theta_{jkl}] \tag{4-38}$$

$$f_{12}(BO_{ij},BO_{jk},BO_{kl})=\begin{cases}\left[\sin(BO_{ij}\cdot\frac{\pi}{2})\sin(BO_{jk}\cdot\frac{\pi}{2})\sin(BO_{kl}\cdot\frac{\pi}{2})\right]^4, & \text{相隔两个键的原子间}\\ \exp\left[-p_{cot2}\left(BO_{ij}-1\frac{1}{2}\right)^2\right]\cdot\exp\left[-p_{cot2}(BO_{jk}-1\frac{1}{2})^2\right]\cdot\exp\left[-p_{cot2}(BO_{kl}-1\frac{1}{2})^2\right], \\ \text{其他情况}\end{cases} \tag{4-39}$$

式中，$f_{12}(BO_{ij},BO_{jk},BO_{kl})$ 是一个平滑的切换函数，代表两个键的共轭程度，范围在 0～1，只有当相邻键都接近双键时才会有显著的共轭能贡献。p_{cot1} 和 p_{cot2} 为共轭力场参数。

(10) 氢键能量项E_{hb}

氢键能量项 E_{hb} 是力场针对传统范德华相互作用和静电相互作用之外，对体系中特有的、部分带有方向性与极性特征的氢键相互作用所做的附加修正和补充。式(4-40) 描述了氢键能量项：

$$E_{hb}=p_{hb1}\cdot\left[1-\exp(p_{hb2}\cdot BO_{XH})\right]\cdot\exp\left[p_{hb3}\left(\frac{r_{hb}^{o}}{r_{HZ}}+\frac{r_{HZ}}{r_{hb}^{o}}-2\right)\right]\cdot\sin^{4}\left(\frac{\Theta_{XHZ}}{2}\right) \tag{4-40}$$

式中，$p_{hb1}\sim p_{hb3}$ 代表氢键相关的力场参数。BO_{XH} 是氢原子（H）与共价连接原子（X）之间的键阶，用以表示现有共价键对氢键强度的影响。r_{HZ} 是氢原子（H）与受体原子（Z）之间的距离，受体原子是接受氢键的原子。r_{hb}^{o} 是 H 和 Z 之间形成最佳氢键时的距离，太远或太近都会减弱相互作用。Θ_{XHZ} 是 X—H 键和 H 与 Z 之间的氢键的角度。氢键具有方向性，当 X—H…Z 角度接近 180°时，氢键通常是最强的。这个角度项考虑了氢键的方向偏好。总之，由于式（4-40）考虑了氢键的强度和几何特征，包括氢键供体-受体距离和角度依赖性，从而能够更准确地描述氢键在分子间或分子内的特殊作用，改善氢键相关的结构与性质的模拟。

(11) 范德华能量项$E_{vdWaals}$

在 ReaxFF 反应力场中，范德华能量项 $E_{vdWaals}$ 是描述原子之间中程或远程非键合相互作用（非共价作用）的重要一环，用来作为键能、键角能等与化学键相关的短程作用的补充。在传统分子力场中，范德华相互作用通常由类似于 Lennard-Jones（LJ）[3]或 Buckingham 势[4]等函数来描述，而在 ReaxFF 反应力场中，为了兼顾反应过程中的短程排斥与长程引力，并与键级概念相结合，对范德华函数做了额外修正，并采用了屏蔽处理，如式（4-41）和式（4-42）所示：

$$E_{vdWaals}=Tap(\boldsymbol{r}_{ij})\cdot D_{ij}\cdot\left\{\exp\left[\alpha_{ij}\cdot\left(1-\frac{f_{13}(\boldsymbol{r}_{ij})}{\boldsymbol{r}_{vdW}}\right)\right]-2\cdot\exp\left[\frac{1}{2}\cdot\alpha_{ij}\cdot\left(1-\frac{f_{13}(\boldsymbol{r}_{ij})}{\boldsymbol{r}_{vdW}}\right)\right]\right\} \tag{4-41}$$

$$f_{13}(\boldsymbol{r}_{ij})=\left[\boldsymbol{r}_{ij}^{p_{vdW1}}+\left(\frac{1}{\boldsymbol{\gamma}_{\omega}}\right)^{p_{vdW1}}\right]^{\frac{1}{p_{vdW1}}} \tag{4-42}$$

式中，p_{vdW1} 代表范德华屏蔽参数；D_{ij} 表示范德华能量参数，决定了能量阱的深度，或者说相互作用的强度；$\boldsymbol{r}_{vdW}$ 代表范德华半径参数，表示原子之间范德华相互作用的最佳距离；α_{ij} 表示范德华参数，控制着能量阱的形状，影响相互作用随距离变化的快慢；$Tap(\boldsymbol{r}_{ij})$ 的含义将在下面说明。

(12) Taper 函数

为了保证能量的连续性，ReaxFF 反应力场还引入了 Taper 函数（截断函数）。

Taper 函数是一种数学平滑工具，用于消除势能函数在截断半径处的不连续跳变，确保原子间相互作用力随距离衰减时能量与力的连续性。该函数通常作用于非键相互作用（如范德华力、库仑力）的计算区域边界，通过多项式插值在截断半径附近构造平滑过渡区，避免模拟中因能量突变导致的数值不稳定问题。如式（4-43）所示：

$$Tap=\begin{cases}Tap_7\cdot \boldsymbol{r}_{ij}^7+Tap_6\cdot \boldsymbol{r}_{ij}^6+Tap_5\cdot \boldsymbol{r}_{ij}^5+Tap_4\cdot \boldsymbol{r}_{ij}^4+Tap_3\cdot \boldsymbol{r}_{ij}^3+\\ Tap_2\cdot \boldsymbol{r}_{ij}^2+Tap_1\cdot \boldsymbol{r}_{ij}+Tap_0,\ \boldsymbol{r}_{ij}<R_{\rm cut}\\ 0,\ \boldsymbol{r}_{ij}>R_{\rm cut}\end{cases} \tag{4-43}$$

ReaxFF 反应力场的 Taper 函数采用高阶多项式（7 次多项式）实现，其导数可保证三阶连续（C^3 连续性），确保力场在截断边界处的能量、力及高阶导数的平滑收敛。这种设计对反应动力学模拟的运行稳定性至关重要，尤其适用于化学键断裂/形成过程中电荷与键序的动态耦合计算。具体计算如式（4-44）～式（4-52）所示：

$$Tap_7=\frac{20}{D^7} \tag{4-44}$$

$$Tap_6=-70\cdot\frac{(swa+swb)}{D^7} \tag{4-45}$$

$$Tap_5=84\cdot\frac{(swa^2+3\cdot swa\cdot swb+swb^2)}{D^7} \tag{4-46}$$

$$Tap_4=-35\cdot\frac{(swa^3+9\cdot swa^2\cdot swb+9\cdot swa\cdot swb^2+swb^3)}{D^7} \tag{4-47}$$

$$Tap_3=140\cdot\frac{(swa^3\cdot swb+3\cdot swa^2\cdot swb^2+swa\cdot swb^3)}{D^7} \tag{4-48}$$

$$Tap_2=-210\cdot\frac{(swa^3\cdot swb^2+swa^2\cdot swb^3)}{D^7} \tag{4-49}$$

$$Tap_1=140\cdot\frac{swa^3\cdot swb^3}{D^7} \tag{4-50}$$

$$Tap_0=\frac{(-35\cdot swa^3\cdot swb^4+21\cdot swa^2\cdot swb^5+7\cdot swa\cdot swb^6+swb^7)}{D^7} \tag{4-51}$$

$$D=swb-swa \tag{4-52}$$

式中，swa 为下截断距离，swb 等于 $R_{\rm cut}$，$R_{\rm cut}$ 表示非键合截断半径。

(13) 电荷能计算方案

① 电负性均衡化方法（EEM）。

ReaxFF 反应力场包含一个用于描述电荷分布的能量项。这些电荷会在分子动力学模拟的每个时间步长针对每个新的几何结构进行重新优化。ReaxFF 反应力场可以与两种电荷分布模式一起使用：电负性均衡化方法（EEM）和原子凝聚二阶 Kohn-Sham DFT 近似（ACKS2），它们的方程将在下面详细说明。

电负性均衡化方法（EEM）最初由 Mortier 等在 1986 年提出[5]。这种模型还有另一个常用名称，即电荷均衡法（QEq），它是 Rappé 等[6]引入的一种变体，用 1s Slater 型轨道电荷密度取代了静电点电荷相互作用。QEq 中的第二个修改是氢原子自能项的三阶项，ReaxFF 反应力场中未使用。后来，Njo 等[7]提出了 1s Slater 型轨道电荷密度之间相互作用的简单解析近似，ReaxFF 反应力场中使用了该近似。

$$E_{\mathrm{EEM}}=\min_{q:\ \sum q_i=q_{\mathrm{tot}}}\left[\sum_{i=1}^{\mathrm{natom}}\chi_i q_i+\frac{1}{2}\sum_{i=1,\ j=1}^{\mathrm{natom}}\eta_{ij}q_iq_j\right] \tag{4-53}$$

式中，χ_i 代表本征原子电负性，即本征原子化学势的负值；$\boldsymbol{\eta}_{ij}$ 代表原子硬度，计算方式参见式（4-54）：

$$\boldsymbol{\eta}_{ij}=Tap(\boldsymbol{r}_{ij})\frac{1}{4\pi\varepsilon_0}\frac{q_i\times q_j}{\left[\boldsymbol{r}_{ij}^3+(\gamma_i\gamma_j)^{-\frac{3}{2}}\right]^{\frac{1}{3}}} \tag{4-54}$$

式中，q 代表原子分数电荷；γ 代表原子短程静电相互作用阻尼常数。

通过在参数校准期间施加以下不等式约束，可以避免任何几何结构的极化灾难：

$$\boldsymbol{\eta}_{ij}>\frac{\gamma_i}{4\pi\varepsilon_0}\text{或}\boldsymbol{\eta}_{ij}>\frac{\gamma_i}{8\pi\varepsilon_0} \tag{4-55}$$

当所有原子硬度和短程阻尼参数对都满足此条件时，硬度矩阵 $\boldsymbol{\eta}_{ij}$ 始终是正定的。

除了约束系统的总电荷外，还可以将系统划分为片段，并约束每个片段的电荷为固定值。这将导致 EEM 方程中每个片段都有一个拉格朗日乘数，而不是只有一个用于总电荷。

② 原子凝聚二阶 Kohn-Sham DFT 近似（ACKS2）。

ACKS2 模型是 EEM 的扩展，增加了由于 Kohn-Sham 动能产生的额外项[8]：

$$E_{\mathrm{ACKS2}}=\min_{q:\ \sum_{i=1}^{\mathrm{natom}}q_i=\sum_{i=1}^{\mathrm{natom}}q_i^0}\left\{\begin{aligned}&\sum_{i=1}^{\mathrm{natom}}\chi_i q_i+\frac{1}{2}\sum_{i=1,\ j=1}^{\mathrm{natom}}\boldsymbol{\eta}_{ij}q_iq_j+\\&\max_{u_i:\ \sum_{i=1}^{\mathrm{natom}}u_i=0}\left[\sum_{i=1}^{\mathrm{natom}}u_i(q_i-q_i^0)-\frac{1}{2}\sum_{i=1,\ j=1}^{\mathrm{natom}}X_{ij}u_iu_j\right]\end{aligned}\right\} \tag{4-56}$$

ACKS2 是 SQE 模型的推广[9]，并且它修复了 EEM 的以下弱点。

当分子片段解离时，片段的净电荷等于片段中原子参考电荷的总和。这可用于强制孤立片段带有整数电荷，而 EEM 允许解离片段中出现分数电荷。

使用 ACKS2 模型时，材料可以具有有限的介电常数。EEM 受到金属极化率标度的影响，这与极化灾难无关。EEM 的这种人为现象可能导致一个模拟中两个固有电负性不同的相之间的大量电荷转移。这种现象在 ACKS2 中不存在。

额外的参数（键柔度，SQE 中键硬度的倒数）具有合理的物理意义：它是 Kohn-Sham DFT 中非相互作用响应核的凝聚性质，并且它与介电常数直接相关。

ACKS2 也存在一些局限性。首先，与 EEM 不同，ACKS2 必须设置原子参考电荷，而 EEM 可以通过变量变换消除这些参考电荷。其次，尽管 ACKS2 方程组更为稀疏，但其规模是 EEM 的两倍。

ACKS2 在 EEM 的基础上，又引入了电子-核相互作用、电子-空穴相互作用以及原子中心与电子/空穴之间距离相关的参数。

u_i 是相对于孤立原子的 Kohn-Sham 原子有效势变化。

$$\boldsymbol{X}_{ij}=\begin{cases}X_{\text{soft}}\left(\dfrac{2\boldsymbol{r}_{ij}}{C_i+C_j}\right)^3\left(1-\dfrac{2\boldsymbol{r}_{ij}}{C_i+C_j}\right)^6\text{，如果}\boldsymbol{r}_{ij}<\dfrac{C_i+C_j}{2}\\0\text{，如果 }\boldsymbol{r}_{ij}\geqslant\dfrac{C_i+C_j}{2}\end{cases}$$

$$\text{否则}\boldsymbol{X}_{ij}=-\sum_{j=1,\ j\neq i}^{\text{natom}}\boldsymbol{X}_{ij}$$

其中，X_{soft} 是原子的通用软度参数，C_i 是原子的软度截断参数。

$$q_i^0=\begin{cases}\text{氧化状态，通常为零} & \text{原子}\\-1 & \text{电子，表示原子的参考电荷}\\+1 & \text{空穴}\end{cases}$$

除了上述 EEM 的要求之外，通过在参数化过程中施加 $X_{\text{soft}}>0$ 的不等式约束，可以避免任何系统几何结构的极化灾难。这将保证 $\boldsymbol{X}$ 矩阵始终是负半定的，这是响应核的预期行为。

除了约束系统的总电荷外，还可以将系统划分为不同片段，约束每个片段的电荷为固定值。这可以通过将 $\boldsymbol{X}$ 矩阵中对应于不同片段中原子对的所有非对角块置零来实现。这将强制所有片段带有等于参考电荷之和的电荷。这样的实现方式与 EEM 中使用额外拉格朗日乘数的方法不同。

(14) 库仑贡献$\boldsymbol{E}_{\text{coulomb}}$

库仑贡献 E_{coulomb} 负责描述原子间的静电相互作用，是 EEM 或 ACKS2 能量的一部分。与传统分子力场中常见的固定分数电荷不同，ReaxFF 反应力场的电荷分布会在模拟过程中动态调整（典型方法是 QEq[6] 和 EEM[5] 算法），因此库仑能量项也相应地需要与此动态电荷分配方案相适应，具体计算公式参见式（4-57）：

$$E_{\text{coulomb}}=\frac{1}{2}\sum_{i\neq j}^{\text{natom}}\boldsymbol{\eta}_{ij}\tag{4-57}$$

请注意，ReaxFF 反应力场中没有实现 Ewald 求和，也没有实现任何更高级的替代方法，如 SPME。静电相互作用使用 Taper 函数在截断半径 R_{cut} 处截断，类似于 Wolf 求和。在周期性系统中，如果考虑的原子在截断范围内，会考虑与它们的静电相互作用。对于小型周期性系统，这可能意味着库仑能量的对角项中存在库仑贡献，即原子与其自身的周期性影响之间作用的贡献。这些对角贡献会影响总能量和维里张量，但不会影响力的计算。ReaxFF 反应力场计算输出的电荷能量是 EEM 或 ACKS2 能量减去库仑贡献项。

4.2 深度学习

4.2.1 从机器学习到深度学习

机器学习（machine learning，ML）是一种通过从有限的观测数据中学习一般性规律，并利用这些规律对未知数据进行预测的方法。它是人工智能的重要分支，并逐渐成为推动人工智能发展的关键因素。

传统的机器学习主要关注如何学习预测模型。其一般流程为：首先，将数据表示为一组特征，特征的表示形式可以是连续的数值、离散的符号或其他形式；然后，将这些特征输入到预测模型中，并输出预测结果。这类机器学习可以看作是浅层学习，其重要特点是不涉及特征学习，特征主要依赖人工经验或特征转换方法来提取，即手动选择对预测有用的数据特征。传统的机器学习算法包括线性回归、决策树、支持向量机等。

深度学习（deep learning，DL）是机器学习的一个子领域，它使用多层人工神经网络来模拟人脑的学习方式。与传统的机器学习方法相比，深度学习能够自动从大量数据中学习复杂的特征表示，从而在处理图像识别、自然语言和语音识别等任务时表现出卓越的性能。以下是深度学习的一些关键特点。

(1) 多层神经网络

深度学习模型由多个层次的神经网络组成，每个层次都能够学习到不同抽象程度的特征。这种分层结构使得深度学习模型能够处理非常复杂的数据。

(2) 自动特征学习

传统的机器学习方法通常需要人工提取数据的特征，而深度学习模型能够自动从数据中学习有用的特征。这大大简化了机器学习的应用，并提高了模型的性能。

(3) 大数据依赖

深度学习模型通常需要大量的数据进行训练，才能达到良好的性能。随着大数据时代的到来，深度学习的应用也越来越广泛。

(4) 强大的表示能力

深度学习模型具有强大的表示能力，能够学习到数据中非常复杂的模式。这使得深度学习在处理图像、语音和文本等复杂数据时表现出色。

深度学习的应用非常广泛，在图像识别、自然语言处理、语音识别、自动驾驶、医疗诊断等领域取得了显著的成果。

4.2.2 人工神经网络

(1) 引言

人工神经网络（artificial neural networks，ANNs）简称神经网络，是人工智能（AI）领域的重要组成部分，也是深度学习的基础。其核心思想是模拟人类大脑处理信息的方式。

ANNs 由分层的相互连接的“人工神经元”（或称节点）构成。每个节点执行简单的计算，并将结果传递给下一层。整个网络通过处理大量数据进行训练，以调整连接强度（权重）和偏差，从而学习识别模式、分类数据、进行预测或决策，无须针对特定任务进行显式编程。这种自适应的学习过程使 ANNs 能够从错误中学习并持续改进，解决复杂的现实问题，例如文档摘要或面部识别。

人工神经网络的架构灵感直接来源于人类大脑的生物神经元网络。人脑是高度复杂的器官，由约 860 亿个神经元通过数万亿个突触相互连接，形成庞大而复杂的网络。生物神经元是信息传递的基本单元，通过接收信号（树突）、处理信号（胞体），并在信号总和超过阈值时产生电脉冲，通过轴突和突触将信息传递给其他神经元。人脑神经网络具有可塑性，能够通过改变突触连接的强度来实现学习。

类比生物神经元，ANNs 中的输入节点接收数据，隐藏层节点进行计算处理，输出层节点产生最终结果。人工神经元本质上是执行数学运算的软件模块。ANNs 通过监督学习等方式，根据训练数据调整连接的权重和偏差，以优化输出。尽管人工神经网络是对生物神经系统的简化模拟，但这种模仿提供了构建能够自适应学习和解决问题的智能系统的强大概念框架。

一个基本的人工神经网络由三层相互连接的人工神经元组成：输入层、隐藏层和输出层。信息从输入层进入人工神经网络。输入节点处理数据，对其进行分析或分类，然后传递给下一层。隐藏层从输入层或其他隐藏层接收输入。人工神经网络可以有大量的隐藏层。每个隐藏层分析前一层的输出，对其进行进一步处理，然后传递给下一层。输出层给出人工神经网络所有数据处理的最终结果，它可以有单个或多个节点。例如，对于二元（是/否）分类问题，输出层将有一个输出节点，结果为 1 或 0。然而，对于多分类问题，输出层可能包含多个输出节点。深度神经网络（或称深度学习网络）具有多个隐藏层，其中包含数百万个相互连接的人工神经元。连接一个节点和另一个节点的连接用一个称为“权重”的数字表示。如果一个节点激发另一个节点，则权重为正数；如果一个节点抑制另一个节点，则权重为负数。具有较高权重的节点对其他节点具有更大的影响。理论上，深度神经网络可以将任何输入类型映射到任何输出类型上。然而，与其他机器学习方法相比，它们需要更多的训练，可能需要数百万个乃至更多的训练数据示例，而简单的网络可能只需要数百或数千个。神经网络通过不断调整其权重和偏差来学习，这些权重和偏差决定了连接的强度和影响。

(2) 学习机制

人工神经网络通过使用校正反馈环路不断学习，以提高其预测分析能力。简而言之，数据通过神经网络中的许多不同路径从输入节点流向输出节点。只有一条路径是将输入节点映射到正确输出节点的正确路径。为了找到这条路径，神经网络使用一个反馈环路，其工作方式如下：每个节点对路径中的下一个节点进行猜测，并检查猜测是否正确。节点为导致更多正确猜测的路径分配更高的权重值，为导致不正确猜测的节点路径分配较低的权重值。对于下一个数据点，节点使用较高权重的路径进行新的预测，然后重复上述步骤。这个学习过程的目标是最小化网络预测的误差。这通常通过一个称为“梯度下降”的过程来实现，网络迭代地调整其权重和偏差，以最小化其预测的误差。随着时间的推移，网络学会识别数据中的模式，并可以基于这些模式做出准确的预测或决策。在监督学习环境中，人工神经网络通过调整神经元的权重和偏差水平来学习和改进。损失函数（或成本函数）用于衡量网络预测与实际值之间的误差。优化算法（如梯度下降）用于找到最小化损失函数的权重和偏差。学习率是一个重要的超参数，它控制优化过程中权重调整的步长。

(3) 权重、偏差和激活函数

人工神经元从多个来源接收输入。每个输入都与一个权重相关联，该权重决定了输入的重要性。神经元计算其输入的加权和，通常还会加上一个偏差项。然后，将激活函数应用于该加权和，以确定神经元的输出。激活函数引入了非线性，这使得网络能够模拟数据中的复杂关系。常见的激活函数包括 Sigmoid 函数［将输入映射到 0～1 的范围，常用于传统神经网络，如式（4-58）所示］、ReLU［Rectified Linear Unit，用于深度学习，对于正值返回输入，对于负值返回零，如式（4-59）所示］和双曲正切（tanh）函数［将输入映射到－1～1 的范围，如式（4-60）所示］。激活函数是神经网络学习非线性模式的关键组成部分，这在解决现实世界中的问题至关重要。如果没有非线性，整个神经网络本质上就像一个线性模型，这将严重限制其解决复杂任务的能力。

$$\sigma(x)=\frac{1}{1+e^{-x}} \tag{4-58}$$

$$\mathrm{ReLU}(x)=\max(0,\ x) \tag{4-59}$$

$$\tanh(x)=\frac{e^{x}-e^{-x}}{e^{x}+e^{-x}} \tag{4-60}$$

(4) 信息处理

信息从输入层通过隐藏层流向输出层。每个神经元处理其输入并将结果传递给下一层。这种单向的数据流被称为前向传播。在没有循环的非循环网络中，信息总是单向移动。前向传播的机制简化了信息的处理，使得这些网络在许多任务中都非常高效。缺乏反馈回路使计算变得直接，并且在某些架构中允许并行处理。

(5) 反向传播

反向传播是人工神经网络学习中使用的关键技术。它涉及计算损失函数相对于权重和偏差的梯度。然后，该梯度用于减小损失的方向来更新权重和偏差。误差通过网络从输出层向输入层反向传播。微积分的链式法则用于有效地计算这些梯度。反向传播是大多数现代人工神经网络中驱动学习的关键引擎，它使得网络能够有效地调整其内部参数，以将输入映射到所需的输出上。该算法提供了一种有效的方法来计算权重和偏差的变化如何影响网络的整体误差，从而实现有效学习。

(6) 网络架构

① 前馈神经网络（feedforward neural networks，FNNs）。

前馈神经网络是一种信息单向流动的架构，从输入层到输出层，没有循环。它们通常由输入层、一个或多个隐藏层以及输出层组成。前馈神经网络也称为多层感知器（multi-layer perceptrons，MLPs）或深度前馈网络。每一层都由相互连接的神经元组成。前馈架构的简单性使其成为深度学习的基础模型，通常作为更复杂架构的构建块。其直接的设计使其易于理解和实现，是学习神经网络的良好起点。

在前馈神经网络中，神经元的输出是其输入的加权和，然后通过激活函数传递。多层结构允许逼近复杂的函数。反向传播用于通过调整权重来训练网络。数学公式为理解前馈神经网络内部的计算以及学习如何发生提供了一种精确的方法。这种数学基础对于高级理解以及开发新的网络架构和训练方法至关重要。

前馈神经网络广泛应用于分类和回归任务。它们也用于模式识别、图像识别和时间序列预测以及自然语言处理和医学成像、交易算法和内容推荐系统等各种应用。广泛的应用范围展示了前馈网络在解决各种问题方面的多功能性和有效性。尽管与其他架构相比相对简单，但前馈神经网络仍然是许多机器学习任务的强大工具。

② 卷积神经网络（convolutional neural networks，CNNs）。

卷积神经网络专门设计用于处理网格状数据。它们由卷积层、池化层和全连接层组成。卷积层应用滤波器来提取特征，而池化层则减小了特征图的维度，全连接层进行最终的预测。卷积层的输出是特征图。卷积神经网络的特定架构专为处理空间数据而设计，使其在计算机视觉任务中非常有效。卷积层和池化层使卷积神经网络能够自动学习图像中的分层特征，这对于图像识别等任务至关重要。

卷积层使用滤波器（或称为卷积核）来检测边缘、纹理和形状等特征。这些滤波器在输入图像上滑动，执行卷积操作。滤波器中的共享权重减少了参数的数量并提高了效率。使用具有共享权重的滤波器是卷积神经网络的一项关键创新，它使得网络能够学习平移不变性特征，这意味着它们可以检测到特征，而不管其在图像中的位置如何。这种参数共享显著降低了模型的复杂性，并使得训练更加可行，尤其对于高分辨率图像而言。

卷积神经网络受到人脑视觉处理机制的启发。视觉皮层中的感受野类似于卷积层中的滤波器。早期的层检测简单的特征，而更深的层检测更复杂的特征，这反映了大脑中的分层处理。来自视觉皮层的生物学灵感为卷积神经网络处理视觉信息的架构和功能提供了基础。这种类比突出了分层特征提取的有效性，这是生物和人工视觉系统中的基本原理。

卷积神经网络广泛应用于图像分类和目标检测以及面部识别、医学图像分析和自动驾驶汽车等。它们还应用于视频分析、自然语言处理和推荐系统，并广泛应用于市场营销、医疗保健、零售和金融等各个行业。卷积神经网络的广泛应用突显了其对各个领域的变革性影响，尤其是在处理视觉数据的领域。由于卷积神经网络能够自动从原始像素数据中学习相关特征，它们已成为许多计算机视觉任务中最先进的技术。

③ 循环神经网络（recurrent neural networks，RNNs）。

循环神经网络专为处理顺序数据而设计，其中元素的顺序至关重要。它们利用循环连接，其中神经元在某个时间步的输出被反馈作为下一个时间步的输入。循环神经网络维护一个在每个时间步更新的隐藏状态（或称为记忆）。循环神经网络的关键特征是其维护内部状态（记忆）的能力，这使得它们能够处理数据序列并捕获时间依赖性，这与前馈网络不同。这种记忆机制使得循环神经网络非常适合处理那些先前元素上下文对于理解当前元素至关重要的任务。

循环神经网络非常适合处理文本、语音和时间序列等顺序数据。它们广泛应用于自然语言处理，语言建模和机器翻译等任务以及语音识别和时间序列预测。正是由于其能够处理顺序数据，循环神经网络才成为那些依赖时间信息顺序的应用中不可或缺的工具。这包括理解句子的含义、预测时间序列中的未来值以及转录口语单词。

标准的循环神经网络可能遭受梯度消失问题，限制了它们学习长期依赖关系的能力。长短期记忆网络（LSTM）和门控循环单元（GRU）的开发就是为了解决这个问题。LSTM 使用门（输入门、输出门、遗忘门）来控制信息在其记忆单元中的流动。GRU 具有更简单的架构，带有更新门和重置门。双向循环神经网络在正向和反向处理输入，以捕获来自过去和未来的上下文信息。这些进步显著扩展了循环神经网络在需要长期记忆和上下文理解的任务中的适用性。

循环神经网络广泛应用于语言建模和文本生成，对于语音识别和手写识别至关重要。它们还应用于机器翻译、情感分析和图像描述以及预测股票价格和检测时间序列数据中的异常。循环神经网络的多样化应用突显了其在处理各种领域（包括语言、音频和时间数据）的顺序数据方面的重要性。正是由于其从序列中学习的能力，循环神经网络才在那些需要理解上下文和预测序列未来元素的任务中扮演至关重要的角色。

④ Transformer 网络。

Transformer 模型基于多头自注意力机制。与循环神经网络按顺序处理数据不同，Transformer 模型并行处理所有数据点，从而提高了效率。这使得模型在处理每个部分时能够权衡输入的不同部分的相关性，并能更有效地捕获长距离依赖。自注意力机制是一项革命性的概念，它使得 Transformer 模型能够有效地处理序列并理解不同元素之间的关系，而不管它们在序列中的距离如何。这克服了循环神经网络的关键限制，并使 Transformer 模型在许多与序列相关的任务中取得了良好的结果。

许多 Transformer 模型遵循编码器-解码器架构。编码器将输入序列处理成一种表示形式，而解码器则基于编码器的表示形式生成输出序列。编码器-解码器架构为序列到序列的任务（如机器翻译）提供了一个强大的框架，其中一种语言的输入序列被转换为另一种语言的输出序列。这种架构允许模型首先理解整个输入序列，然后生成相应的输出序列。

由于 Transformer 模型并行处理数据，因此使用位置编码来提供序列中标记顺序的信息。位置编码被添加到输入嵌入中。位置编码使得 Transformer 模型既具有并行处理能力，也能理解数据的顺序性质。通过显式提供每个标记位置的信息，模型可以正确解释句子中单词或序列中元素的顺序。

Transformer 模型在自然语言处理任务中取得了良好表现。它们也应用于计算机视觉任务，如图像分类和目标检测。Transformer 模型还用于语音识别、文本生成和推荐系统，并为大型语言模型（LLMs），如 GPT，提供支持。Transformer 模型彻底改变了深度学习领域，尤其是在自然语言处理方面，并且越来越多地影响着计算机视觉等其他领域，展示了它们的多功能性和强大功能。它们处理长序列和并行处理的能力促进了各种人工智能应用的重大突破。

总之，人工神经网络是一种强大的计算范式，它从人脑的结构和功能中汲取灵感，用于解决各种复杂问题。它们通过相互连接的神经元层处理信息，并通过调整神经元之间的连接强度（权重）以及每个神经元的激活阈值（偏差）来学习。学习过程通常涉及使用反向传播算法来最小化网络预测与实际结果之间的误差。从图像和语音识别到自然语言处理和自动驾驶汽车，人工神经网络正在改变我们生活的许多方面。

4.2.3 深度学习框架

由于在深度学习中一般通过误差反向传播算法来进行参数学习，采用手工方式计算梯度，再写代码实现的方式会非常低效，并且容易出错。此外，深度学习模型需要的计算机资源比较多，一般需要在 CPU 和 GPU 之间不断进行切换，开发难度也比较大。因此，一些支持自动梯度计算、无缝 CPU 和 GPU 切换等功能的深度学习模型构建框架应运而生。

以下是一些比较有代表性的深度学习框架。

(1) Apache MXNet

Apache MXNet 是一个由亚马逊、华盛顿大学和卡内基梅隆大学等开发维护的深度学习框架，以其对多种编程语言的支持和在分布式系统中的出色扩展性而闻名。MXNet 的设计理念强调速度和效率，使其在处理大规模数据集和复杂模型时表现卓越。它能够很好地支持多 GPU 计算和分布式训练，这使得它在工业界，特别是在需要高性能和可扩展性的场景中得到了广泛的应用。此外，MXNet 的 Gluon 接口提供了更高级别的抽象，使得模型构建和训练变得更加直观，从而简化了开发流程。

(2) Caffe

Caffe（convolutional architecture for fast feature embedding）是一个由加州大学伯克利分校开发的专注于计算机视觉的深度学习框架。它的主要特点是速度快和效率高，尤其在图像处理任务中表现突出。Caffe 主要使用 C++编写，但也提供了 Python 和 MATLAB 等接口，方便用户使用。Caffe 的模型定义和训练过程通常通过配置文件进行，这种方式在某些情况下简化了模型的部署。尽管 Caffe 在深度学习早期发展中扮演了重要角色，但随着其他更灵活的框架的出现，其在研究领域的应用逐渐减少。不过，它在一些特定的工业应用中仍然保持着影响力，特别是在那些对性能有较高要求的计算机视觉相关领域。

(3) TensorFlow

TensorFlow 是一个由谷歌开发的开源机器学习框架，它提供了一个全面的生态系统，用于构建和训练机器学习模型。TensorFlow 的核心是其灵活的架构，它允许开发者使用数据流图来表示各种计算，这使得它能够支持从简单的线性回归到复杂的深度神经网络等各种机器学习任务。TensorFlow 具有强大的跨平台能力，可以在各种硬件设备上运行，包括 CPU、GPU 和 TPU，这使得它在研究和生产环境中都得到了广泛应用。它还提供了一系列工具和库，如 Keras 和 TensorBoard，以简化模型开发和可视化过程，使得开发者能够更高效地构建和部署机器学习应用。

(4) Keras

Keras 是一个高级神经网络 API，它可以运行在 TensorFlow、JAX 和 PyTorch 上。它旨在简化深度学习模型的构建和训练过程，让开发者能够专注于模型设计和实验。Keras 具有高度的模块化和用户友好的界面，它提供了简洁的 API，使得构建复杂的神经网络变得容易。Keras 的灵活性和易用性，使得它成为快速原型设计和教学的理想选择。

PyTorch 是本研究使用的构建深度学习模型的框架，将在下文详细介绍。目前来看，TensorFlow 和 PyTorch 框架是业界使用最为广泛的两个深度学习框架，TensorFlow 框架在工业界拥有完备的解决方案和用户基础，PyTorch 框架得益于其精简灵活的接口设计，可以快速设计和调试网络模型，在学术界获得好评。

4.2.4 PyTorch

PyTorch 是由 Facebook、NVIDIA、Twitter 等公司开发维护的深度学习框架，其前身为 Lua 语言的 Torch。在现代计算化学和分子模拟研究中，Python 语言因其高效的科学计算生态、丰富的开源工具库和良好的可扩展性，已成为开发计算化学应用的重要编程语言。PyTorch 使用 Python 编写，于 2017 年以开源形式发布，对于非专业软件开发者而言，学习和使用起来相对简单。PyTorch 的独特之处在于，它完全支持 GPU，并且使用反向模式自动微分技术，是基于动态计算图的框架，在需要动态改变神经网络结构的任务中有着明显的优势。

PyTorch 的一些重要特性包括：

① 采用 Python 编写，并集成了热门的 Python 库，例如用于科学计算的 NumPy、SciPy 和用于将 Python 编译为 C 以提高性能的 Cython。由于 PyTorch 的语法和用法类似于 Python，因此对于 Python 开发者来说，学习起来相对容易。

② 脚本语言在即时模式下易于使用且灵活。从 Python 调用运算时立即执行运算，但也可以在 C++运行环境中转换为图形模型，以提高速度和实现优化。

③ PyTorch 支持 CPU、GPU、并行处理以及分布式训练。这意味着计算工作可以在多个 CPU 和 GPU 核心之间分配，并且可以在多台机器上的多个 GPU 上进行训练。

④ PyTorch 支持动态计算图形，能够在运行时更改网络行为，相比于大多数机器学习框架，提供了更大的灵活性。

⑤ 新自定义组件可创建为标准 Python 类的子类，并且可以轻松导入和在代码中直接使用。

PyTorch 框架的基础主要包括以下几个核心概念和组件：

(1) 张量 (tensor)

张量是 PyTorch 中的基本数据结构，类似于 NumPy 中的数组，但功能更加强大。它可以是标量（0 维）、向量（1 维）、矩阵（2 维）或更高维的数组，支持多种数据类型，并能在 CPU 或 GPU 上高效运算。PyTorch 张量可以跟踪操作历史，用于自动求导，这对于构建和训练神经网络至关重要。张量支持丰富的数学运算、索引、切片和形状变换等操作，并且可以与 NumPy 数组相互转换。在深度学习中，张量用于表示数据、模型参数和中间计算结果，是 PyTorch 进行数值计算和构建神经网络的基础。

(2) 自动微分 (autograd)

自动微分是一种在保持数值精度的同时，高效计算函数导数的关键技术[10]。它可以将复杂函数分解为一系列基本运算，并利用链式法则自动计算导数，适用于各类可导函数。这一过程基于计算图，它精确记录了数据之间的依赖关系与运算路径。自动微分主要分为前向和反向两种模式。其中，反向模式因其在计算多输入单输出函数导数时的高效性，已成为深度学习和参数优化的核心技术。

现代科学计算框架，如 TensorFlow、PyTorch 和 JAX[11] 等，均集成了自动微分。它极大简化了能量最小化、模型拟合等优化任务的实现流程，是现代机器学习与科学建模的基础工具。在 PyTorch 中，自动微分功能通过跟踪张量运算，自动构建计算图并计算梯度，这对于反向传播算法至关重要。

(3) 神经网络模块 (torch. nn)

PyTorch 的 torch. nn 模块是构建神经网络的核心工具包，它提供了一系列预定义的类和函数，用于创建各种神经网络层和模型。这个模块的设计理念是模块化和灵活性，允许用户通过组合不同的层来构建复杂的网络结构。

torch. nn 模块的核心是 torch. nn. Module 类，它是所有神经网络模块的基类。用户可以继承 Module 类，并重写 __init__ 方法来定义网络的结构，以及重写 forward 方法来定义数据在网络中的传播方式。torch. nn 模块还提供了许多常用的神经网络层，如线性层（torch. nn. Linear）、卷积层（torch. nn. Conv2d）、循环层（torch. nn. LSTM）等以及各种激活函数（如 ReLU、Sigmoid）和损失函数（如交叉熵损失、均方误差损失）。

(4) 优化器（torch. optim)

torch. optim 模块是实现各种优化算法的核心组件。它的主要作用是根据神经网络在训练过程中计算出的梯度，来更新模型的参数，以最小化损失函数。简单来说，优化器负责调整神经网络的权重，使其能够更好地拟合训练数据。

torch. optim 提供了多种常用的优化算法，例如：

SGD（随机梯度下降)。这是最基础的优化算法，通过迭代更新参数，但可能收敛速度较慢。

Adam（自适应矩估计)。一种自适应学习率的优化算法，通常能更快地收敛，并且对参数设置不太敏感。

RMSprop（均方根传播)。也是一种自适应学习率的优化算法，适用于处理非平稳目标。

通过选择合适的优化器，并调整学习率等超参数，可以显著提高神经网络的训练效果。

(5) 数据集和数据加载器（torch. utils. data)

torch. utils. data 模块提供了用于处理数据集和数据加载的关键工具，它们对于高效的深度学习模型训练至关重要。torch. utils. data. Dataset 类用于封装数据集，它允许以统一的方式访问数据样本及其标签。而 torch. utils. data. DataLoader 类则在此基础上，提供了批量加载、数据打乱、多线程加载等功能，极大地简化了数据预处理和加载的流程。

具体来说，Dataset 负责数据的存储和组织，可以自定义 Dataset 类来处理各种类型的数据。DataLoader 则负责从 Dataset 中批量取出数据，并将其提供给模型进行训练。通过设置 DataLoader 的参数，可以控制数据的加载方式，例如批量大小、是否打乱顺序以及使用多少个线程进行加载。这些工具的结合使用，使得 PyTorch 能够高效地处理大规模数据集，并为模型训练提供稳定的数据流。

4. 3 GPU 加速技术

4. 3. 1 引言

图形处理单元（GPU）最初是为满足日益增长的计算机图形渲染和视频处理需求而设计的。其核心任务是高效处理大规模的像素操作、纹理映射和几何转换，从而在屏幕上呈现流畅、逼真的视觉效果。然而，随着技术的发展，研究人员和工程师们逐渐认识到，GPU 内部蕴含的强大并行计算能力远不止于此。特别是当英伟达（NVIDIA）推出 CUDA（compute unified device architecture）和 Khronos Group 推出 OpenCL（open computing language）等并行计算框架后，GPU 的应用领域开始发生革命性的转变。这些框架允许开发者直接利用 GPU 进行通用目的计算（GPGPU），将其从专用的图形硬件转变为强大的并行计算加速器。GPU 凭借其出色的矩阵运算和浮点处理能力，迅速成为高性能计算（HPC）领域，尤其是深度神经网络和复杂科学模拟中不可或缺的关键工具。

4.3.2 GPU 计算架构

与传统的中央处理器（CPU）相比，GPU 在设计哲学和架构上有着显著的差异，这些差异正是其强大并行计算能力的来源。CPU 通常被设计为通用处理器，其核心数量相对较少（几个到几十个），但每个核心都非常强大，拥有复杂的控制逻辑、较大的缓存，并擅长处理复杂的指令序列、分支预测和任务切换。CPU 的设计目标是尽可能降低单个任务的执行延迟。

相比之下，GPU 采用了大规模并行架构。它拥有成百上千个相对简单的处理核心（有时称为流处理器或 CUDA 核心）。这些核心虽然在单个处理能力和复杂指令处理上不如 CPU 核心，但它们能够以“单指令多数据流”（SIMD）或“单指令多线程”（SIMT）的方式协同工作，同时对大量数据执行相同的操作。GPU 的设计目标是最大化整体数据吞吐量，而非最小化单个操作的延迟。

深度学习和许多科学计算任务的核心在于大规模的矩阵运算（如矩阵乘法、卷积）和浮点数计算。GPU 的架构恰好完美契合了这类计算密集型任务。其众多的处理核心可以并行处理矩阵中的各个元素或数据点，极大地加速了这些运算过程。例如，在深度神经网络的训练中，前向传播和反向传播都涉及大量的矩阵乘法和向量运算，GPU 的并行处理能力能够将这些计算的耗时从 CPU 上的数天或数周缩短到数小时甚至数分钟。

除了计算核心数量众多之外，GPU 通常配备了高带宽的专用内存（如 GDDR6、HBM2）。这种高带宽内存对于并行计算至关重要，因为它能够快速地为众多计算核心供给数据并取回计算结果，有效避免了因数据传输速度跟不上计算速度而产生的“数据瓶颈”问题。CPU 虽然拥有快速的缓存系统，但其主内存带宽相对于 GPU 来说要低得多，这在处理大规模数据集时会成为性能限制因素。GPU 的高内存带宽确保了计算单元能够持续高效工作，进一步提升了整体计算效率。

4.3.3 GPU 在深度神经网络中的作用

在深度神经网络领域，GPU 的引入并非简单的性能提升，而是一场革命，它使得许多过去因计算量过大而难以实现的想法成为可能。

(1) 加速模型训练

深度神经网络的训练过程，尤其是基于梯度下降的反向传播算法，本质上是一个高度迭代和计算密集的过程。每一次迭代都需要在前向传播中计算网络输出，然后通过反向传播计算损失函数对网络参数的梯度，并据此更新参数。这些步骤中包含着大量的矩阵乘法、卷积运算和非线性激活函数的计算。

GPU 的并行计算能力能够同时批量地处理样本，并在每个样本的计算中并行处理网络各层之间的神经元连接和权重运算。这使得原本在 CPU 上可能耗时数周甚至数月的复杂模型训练，在 GPU 上可以在几天甚至几小时内完成。训练时间的显著缩短，使得研究人员可以更快地迭代模型、尝试更复杂的网络结构和更大的数据集，极大地推动了深度学习算法的进步和应用落地。

(2) 支持更大更复杂的模型

随着 GPU 算力的增强和显存容量的提升，研究人员能够构建和训练更大、更深、更复杂的神经网络模型。例如，在自然语言处理领域的 Transformer 模型（如 BERT、GPT 系列）和计算机视觉领域的深层卷积网络（如 ResNet、EfficientNet)，其参数量动辄达到数百万、数千万甚至数十亿。若没有 GPU 提供的强大算力支持，这类模型的训练和部署几乎是不可能完成的任务。GPU 使得处理高维度输入数据和学习复杂特征表示成为现实。

(3) 提升推理效率

除了训练阶段，GPU 在模型的推理（部署）阶段同样扮演着重要角色。虽然单个推理任务的计算量可能不如整个训练过程，但在需要大规模部署或实时响应的应用场景（如自动驾驶、实时语音识别、高并发的在线推荐系统)，GPU 能够提供必要的低延迟和高吞吐量处理能力。针对推理优化的 GPU 和相关软件库（如 NVIDIA TensorRT)，能够进一步压缩模型、量化参数并优化计算图，从而在保持精度的同时最大化推理速度。

(4) GPU 在科学计算领域的应用扩展

GPU 的并行计算能力不仅在深度学习中大放异彩，也在众多科学计算和工程模拟领域展现出巨大潜力，显著加快了数据处理和模型计算的过程。

① 分子动力学模拟。在化学、生物和材料科学领域，分子动力学模拟是研究物质微观行为的重要工具。这类模拟需要计算大量粒子间的相互作用力以及它们随时间的运动轨迹。在参数优化中，GPU 可以加速梯度计算、矩阵乘法计算和能量函数的批量计算。尤其是在高维参数空间和大规模训练集（例如，包含数百万原子或分子的系统）条件下，GPU 的优势更加明显。它能够将模拟的时间尺度和系统

规模提升到新的水平，使得研究人员能够观察到更复杂、更长时间尺度的物理或化学现象。

② 计算流体动力学（CFD）。CFD 通过数值方法求解流体控制方程，广泛应用于航空航天、汽车设计、气象预报等领域。CFD 模拟通常涉及复杂的偏微分方程求解和大规模网格计算。GPU 的并行架构非常适合处理这类网格点上的并行计算任务，能够大幅缩短仿真时间，提高设计和分析效率。

③ 计算物理与天体物理。在粒子物理、核物理以及天体物理等领域，研究人员经常需要处理海量实验数据或进行大规模的宇宙演化模拟。例如，在大型强子对撞机（LHC）的实验数据分析中，GPU 被用于加速粒子径迹重建和事件筛选。在天体物理模拟中，GPU 可以加速 N 体问题的求解，模拟星系形成和演化等复杂过程。

④ 其他领域。此外，GPU 还在信号处理、图像重建（如医学成像中的 CT、MRI）、密码学、金融建模（如期权定价）、地质勘探数据分析等多个领域展现出强大的加速能力。只要问题可以被有效地分解为大量并行的子任务，GPU 通常都能提供显著的性能提升。

4.3.4 GPU 加速实践

为了简化 GPU 编程的复杂性，并使更广泛的开发者能够利用 GPU 的强大能力，现代深度学习框架提供了对 GPU 的原生支持和高级抽象。上文提到的 PyTorch 框架和 TensorFlow 框架是当前最流行的两大深度学习框架，它们都内置了对 NVIDIA GPU（通过 CUDA）的全面支持。这些框架能够智能地将张量（tensor）运算（深度学习中的基本数据结构）映射到 GPU 的并行计算核心上。无论是卷积层、全连接层、循环层还是激活函数，框架都会调用经过高度优化的 GPU 内核库（如 cuDNN、cuBLAS）来执行这些计算，从而充分利用 GPU 的并行计算能力。对于非常大的模型或需要进一步缩短训练时间的场景，这些框架支持在多块 GPU 上进行并行训练。常见的数据并行策略是将一个批次的数据切分到多个 GPU 上，每个 GPU 独立计算梯度，然后汇总梯度进行参数更新。模型并行则是将模型的不同部分放到不同的 GPU 上执行。

为了进一步提升训练速度并减少显存占用，现代 GPU 支持使用较低精度的浮点数（如 FP16 半精度）进行部分计算，同时保持 FP32 单精度的权重副本以维持数值稳定性。为了避免 GPU 在等待数据从 CPU 加载或预处理时产生空闲，框架通常支持异步数据加载机制。这意味着数据加载和预处理可以和 CPU 上与 GPU 上的模型计算并行进行，从而最大化 GPU 的利用率。

从最初的图形渲染引擎到如今高性能计算的核心驱动力，GPU 的演进深刻地改变了计算科学的面貌。其大规模并行架构、强大的浮点运算能力和高内存带宽，使其在处理深度神经网络训练与推理、复杂科学模拟等计算密集型任务时展现出无与伦比的优势。通过 PyTorch 框架、TensorFlow 框架等主流深度学习框架，开发者可以便捷地利用 GPU 加速模型开发和部署，推动了人工智能技术的飞速发展和广泛应用。同时，GPU 在分子模拟、流体力学、物理学等众多科学计算领域也扮演着越来越重要的角色，使得研究人员能够探索更大规模、更复杂的问题，成为深度学习和科学计算领域不可或缺的重要技术组成部分。

4.4 ReaxFF 反应力场参数优化程序设计

4.4.1 引言

ReaxFF 反应力场的参数并非普适，而是需要针对特定的化学体系和反应环境进行优化，以确保模拟结果的准确性。用于多组分系统的 ReaxFF 反应力场，由于其复杂性，往往包含数百个相互关联的参数。因此，如此庞大的参数集和参数之间的相关性使得 ReaxFF 反应力场的参数优化成为一项极具挑战性的任务。

反应力场的开发高度依赖于对底层化学的深入理解，需要非常专业的研究人员才能进行。早期，van Duin 等[12] 在开发 ReaxFF 反应力场时提出了序贯抛物线参数插值法（sequential one-parameter parabolic interpolation method，SOPPI）。SOPPI 是一种用于一维函数优化的直接搜索方法，特别适用于目标函数计算成本较高的情况。其核心思想是在每次优化一个参数时，固定其他所有参数，将误差函数视为仅与当前参数相关的函数，并用一个抛物线来近似该函数，然后找到抛物线的最小值来更新该参数。该方法是序贯的，因为在每次迭代中，都会用新的更优点替换掉原来的三个点中的一个，并重复抛物线拟合的过程。该方法简单且易于实现，在 ReaxFF 参数优化过程中被广泛应用。然而，这种优化方法也存在几个缺点，最主要的是它将全局优化问题转变为连续的一维局部抛物线最小化问题，可能导致远离全局最小值的局部最小值。此外，由于一次只优化一个参数，该过程需要多轮重复直到收敛。如果初始猜测不是很好，则得到的力场参数将收敛到质量较差的解。因此，开发高效、自动化的 ReaxFF 反应力场参数优化方法是一个活跃的研究领域。

Furman 等[13]提出了一种改进的全局优化算法，用于连续变量的非线性、多模态函数。该算法基于著名的粒子群优化（PSO）算法的旋转不变公式，并通过引入各向同性变异算子来增强搜索能力。新算法在多个基准函数和 ReaxFF 模型训练集上表现出优于其他优化算法的性能。Shchygol 等[14]使用了三个训练集，评估了三种参数优化算法：蒙特卡罗力场优化器（MCFF）、协方差矩阵自适应进化策略（CMA-ES）和遗传算法（GA）。结果表明，在仅执行单次优化运行的情况下，它们中的任何一个都不可靠。不同优化算法各有优缺点。例如，CMA-ES 能够找到两个训练集中的最低误差，但并不系统。相反，GA 更具可重复性，但可能会系统地收敛到更高的误差值或表现出不切实际的缓慢收敛。MCFF 的整体表现令人失望，即使使用很慢的冷却速率和更多的迭代次数，与 CMA-ES 相比，其性能也较差。他们认为，结合不同算法的优点以获得一种普遍可靠的方法可能是一个更可取的解决方案。

近年来，ReaxFF 参数优化中机器学习和深度学习算法使用越来越普遍[15,16]。例如，Kaymak 等[17]将 Google 开发的 JAX 软件引入反应力场参数优化中，开发了 JAX-ReaxFF 软件。JAX-ReaxFF 通过整合 JAX 的自动微分（autodiff）与硬件加速能力，革新了 ReaxFF 反应力场参数优化的模式。其核心在于利用 JAX 的梯度函数直接计算势能函数对数百个力场参数的梯度，结合 L-BFGS-B 等局部优化算法实现高效参数更新。通过几何聚类对齐、单指令流多数据流（SIMD）并行化及加速线性代数（XLA）静态图编译，JAX-ReaxFF 在 GPU 上实现了 20 倍的加速，将优化时间从传统黑盒方法的数天缩短至分钟级。同时，创新性地采用几何优化解耦与双精度补偿策略，有效抑制了数值噪声对梯度计算的干扰，确保了高维参数空间的稳定搜索。该软件优化后的力场在分子动力学模拟中精准复现了实验与量子力学数据。这些研究证实，利用人工智能算法与 GPU 加速，可有效提高反应力场参数优化的效率和精度，为本研究提供了借鉴。

4.4.2 程序架构

为了提高 ReaxFF 反应力场在煤分子结构模拟中的准确性和可靠性，本研究基于 PyTorch 深度学习框架，使用 Python 语言开发了 ReaxFF 参数自动优化程序，用于优化调整力场参数，以便其能够更好地模拟煤分子结构及其相关的化学反应。下面将详细介绍程序的设计与实现方案。

本程序的整体架构如图 4-2 所示，此图左侧为程序的模块结构图，右侧展示了程序的计算流程图。程序通过左侧各模块的紧密协作，依次完成数据处理、能量计算、参数优化和结果输出的任务。右侧的流程图展示了程序的执行顺序，每一个流程步骤都与左侧的模块对应。以下是对整个程序流程的简要介绍。

（1）初始启动设置（run. py）

程序从 run. py 模块开始执行。此模块负责读取输入文件（包括初始力场文件 ffield、训练数据 trainset、参数配置文件 params 和分子结构文件 geo），并初始化程序所需的超参数，如学习率、最大迭代次数等。它相当于一个训练任务的调度控制器，贯穿整个力场开发流程，连接了 data _ processing. py、energy _ calculation. py、optimizer. py、output. py 等所有核心模块。该模块本身不定义独立函数，而是作为流程驱动脚本串联调用各个子模块的函数。程序加载完这些输入文件后，进入数据预处理模块。

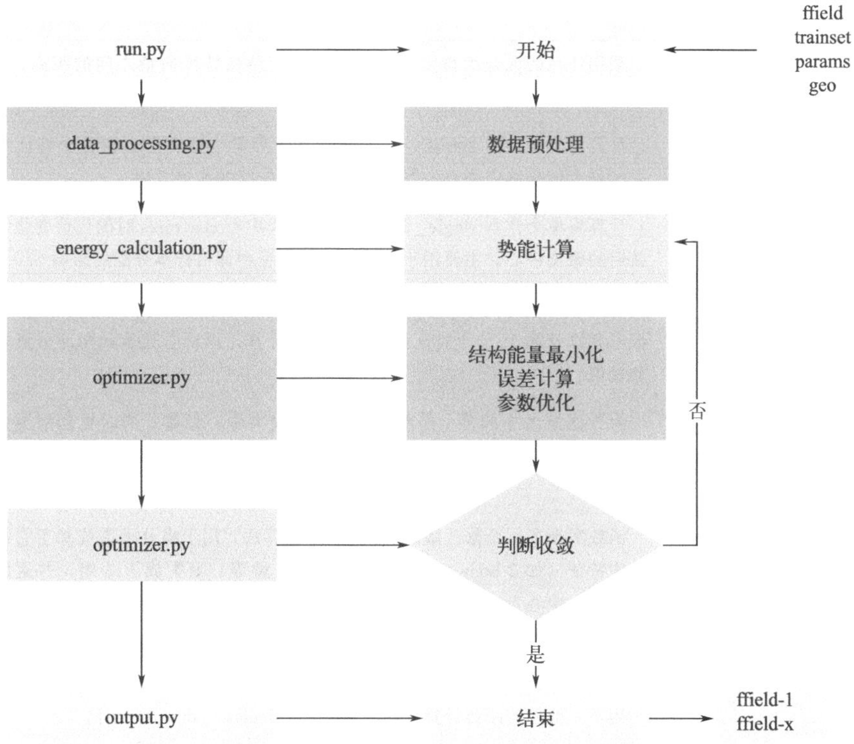

图 4-2　ReaxFF 参数优化程序计算流程及模块结构图

（2）数据预处理（data _ processing. py）

data _ processing. py 模块负责数据的读取、清洗与预处理工作。该模块的主要任务是解析输入的训练数据文件，进行特征提取与聚类划分，旨在对大规模结构数据集进行降维、去冗余和聚合优化。聚类的核心目的是通过对结构复杂度的量化描述，将具有相似结构特征的系统分到同一类中，从而选取具有代表性的结构作为训练或模拟样本，以显著降低训练过程中的计算成本。模块采用基于结构统计特征（如原子数、键数、角度、周期性平移数量等）的距离度量，并使用改进的 KMeans 聚类策略进行样本划分。不同于传统欧几里得距离度量和均值中心更新方法，本方法使用最大值更新策略和非线性复杂度放大因子，更适用于处理 ReaxFF 模型中高度异构的结构体系。另外，通过提取分子结构信息（如原子坐标、类型、晶胞参数），构建出用于 ReaxFF 势能计算所需的各种二体、三体、四体及氢键交互数据，生成邻接矩阵、键的连接方式、角度等分子结构特征。表 4-2 列出了该文件中的主要函数及其功能。

表 4-2　data _ processing. py 主要函数及其功能

函数名	功能说明
calculate _ dist ()	采用特殊的混合距离度量方式定义两个结构特征向量之间的距离。前 4 维采用 L1 范数，后 2 维使用特殊的二次项距离计算，体现非线性结构差异
calc _ cost _ and _ centers ()	计算每个聚类的中心点，它通过取每个聚类中所有样本在各个特征维度上的最大值来确定中心位置，而不是使用传统的均值方法
calculate _ cost _ and _ new _ centers ()	计算将单个样本 single _ X 加入已有聚类中心 centroids 时的代价变化和更新后的聚类中心，主要用于增量式聚类过程中评估样本分配的影响
calculate _ total _ cost ()	计算聚类的总代价，通过对每个聚类中心的前 4 个特征值与样本数的乘积求和以及第 5、6 个特征的特殊二次项计算，返回总代价和两部分成本的分量值
assign _ labels ()	为数据集 X 中的每个样本分配最近的聚类中心标签，同时更新聚类中心 centroids 和每个聚类的样本计数，返回样本标签、计数和更新后的聚类中心
modified _ kmeans ()	函数实现了一个修改版的 kmeans 聚类算法，用于将分子系统基于它们的结构特征（如 2-body、3-body、4-body 数量等）聚类成 k 个组，并返回聚类标签、中心点、计数和总代价
calculate _ distance ()	计算两个原子间距离，通过计算两点坐标差的平方和再开方实现
calculate _ 2 _ body _ distance ()	用于一般性的距离计算，实现方式和 calculate _ dist () 不同
calculate _ valence _ angle ()	计算 3 个空间点 pos1、pos2、pos3 之间的夹角，其中 pos2 为中心点，返回角度的余弦值
calculate _ 3 _ body _ angles ()	计算给定 3 个原子位置之间的键角，通过处理原子位置和周期性边界条件，返回所有三体相互作用的夹角值
calculate _ body _ 4 _ angles _ single ()	计算 4 个原子之间的二面角，返回与二面角相关的 5 个值：两个键角的余弦值、两个键角的正弦值以及二面角的余弦值
calculate _ body _ 4 _ angles _ new ()	四体角矢量化版本，计算四体相互作用的角度，通过给定的 4 个原子位置，计算并返回相关的角度值
calculate _ global _ hbond _ angles _ and _ dist ()	计算氢键相关的几何参数，具体计算给定氢原子与其周围原子之间的键角以及氢原子与受体原子之间的距离
create _ distance _ matrices ()	计算三维空间中所有原子对之间的距离矩阵，通过考虑周期性边界条件，使用正交化矩阵将原子位置投影到正确的空间中

续表

函数名	功能说明
create _ distance _ matrices _ single ()	计算原子间距离矩阵，通过将原子位置与平移后的原子位置进行比较，返回一个包含所有原子对之间欧氏距离的矩阵
create _ local _ neigh _ list ()	创建一个局部邻居列表，它遍历原子对之间的距离，当两个原子距离小于截断半径时将它们添加为邻居，并返回邻居列表和每个原子的邻居数量
find _ and _ update _ inter _ id ()	在当前原子的邻居列表中查找目标原子，如果找到且位移向量匹配，则更新对应的相互作用 ID
create _ global _ body _ 2 _ inter _ list ()	创建二体相互作用列表，通过遍历所有原子对，根据它们的类型、距离和力场参数检查是否存在键合作用，返回包含相互作用信息的数组和相关掩码
create _ body _ 3 _ inter _ list ()	创建三体相互作用列表，通过遍历原子对、检查原子类型和键角，构建和返回包含三体相互作用信息（如原子索引、键角、键 ID 等）的数组和相关掩码
create _ body _ 4 _ inter _ list _ fast ()	创建四体相互作用列表，通过遍历原子邻居、检查距离和键合条件，返回包含四体相互作用的列表（含原子索引、键索引和位移信息）和相关掩码
create _ global _ hbond _ inter _ list ()	用于创建氢键相互作用列表，通过遍历原子对，判断氢键条件（原子类型、距离、成键情况），返回包含氢键相互作用信息的列表及相关的位移和掩码数组
flatten _ no _ inter _ list ()	将结构对象的基本属性（周期性、原子数量、原子类型、位置）打包成一个元组，但不包含相互作用列表相关的信息
flatten ()	将结构对象的关键属性（原子类型、掩码、距离矩阵、二体/三体/四体相互作用列表）打包成一个列表，用于后续计算

(3) 势能计算（energy _ calculation. py）

energy _ calculation. py 是 TorchReaxFF 程序中最核心的模型实现模块。在 energy _ calculation. py 模块中，程序通过 ReaxFF 反应力场训练中的参数计算训练体系的总能量，并细致拆解出所有的能量贡献项。这些能量项包括共价键能、孤对电子能、过配位能、欠配位能、键角能、能量惩罚项、C2 矫正能、三体共轭能、四体能、四体共轭能、氢键能、范德华能、静电能。每一个能量项都与具体的分子结构特征（如原子间的距离和角度）紧密相关，计算结果为后续的优化步骤提供所需的能量数据。表 4-3 列举了该文件中的主要函数及其功能。

表 4-3 energy _ calculation. py 主要函数及其功能

函数名	功能说明
calculate _ total _ energy ()	核心函数：计算系统的总能量，通过计算和累加各种相互作用（如共价键、库仑、范德华、孤对电子、键角、二面角、氢键等）的能量贡献，返回总能量和原子电荷

续表

函数名	功能说明
calculate _ total _ energy _ single ()	包装函数：接收力场参数和单个分子系统作为输入，通过调用 calculate _ total _ energy 计算该系统的总能量，包括所有类型的相互作用（如键合、键角、二面角、氢键等）
calculate _ total _ energy _ multi ()	向量化处理：反应力场能量计算的主要函数，它接收多个系统作为输入，计算每个系统的总能量（包括键合、非键、库仑、范德华等相互作用）和原子电荷
calculate _ total _ energy _ for _ minim ()	计算能量最小化总能量，它接收原子位置、类型等参数，计算二体/三体/四体相互作用以及键/键角/扭转角约束能，并返回系统的总能量
calculate _ covbon _ pot ()	计算共价键能量和键级（包括单键、双键、三键），通过处理原子间距离、过渡金属修正等因素，返回总能量以及各种类型的键级值（bo、bopi、bopi2、abo）
calculate _ vdw _ pot ()	计算范德华能量，通过处理原子间距离、屏蔽和抑制因子，返回系统的总范德华相互作用能
calculate _ eem _ charges ()	通过求解 EEM（电负性均衡法）方程组来计算原子电荷，该方法考虑了原子间的库仑相互作用、电负性和电荷守恒，返回系统中所有原子的平衡电荷值
calculate _ coulomb _ pot ()	计算系统中的库仑相互作用能，通过处理原子电荷、屏蔽效应和周期性边界条件，返回总的库仑势能
calculate _ charge _ energy ()	计算原子电荷能，通过原子的电负性、电荷和幂等参数，返回带权重的总电荷能
calculate _ lonpar _ pot ()	计算孤对电子能量，通过处理原子的价电子数、配位数和孤对电子参数，返回孤对电子作用能及孤对电子数
calculate _ ovcor _ pot ()	计算系统中的过配位和欠配位能量修正，主要通过处理原子的成键信息、孤对电子和配位数来计算过度配位和欠配位的能量贡献
calculate _ valency _ pot ()	计算分子中的价键角能量，包括计算键角弹性能、共轭效应能和惩罚能，通过处理原子间的键角、键序和相关的力场参数来计算总的价键角相互作用能
calculate _ torsion _ pot ()	计算分子中的扭转势能和共轭效应能，通过处理 4 个原子间的二面角、键级和相关力场参数来计算总的扭转能量和共轭效应能
calculate _ hb _ pot ()	计算氢键相互作用能量，通过氢键几何参数（键角、距离）和相关原子类型的力场参数（如 rhb、dehb、vhb 等），返回体系的总氢键势能
calculate _ bond _ restraint _ energy ()	计算键长约束的能量，通过原子对之间的实际距离与目标距离的差异，结合力常数和指数函数计算约束能量惩罚项
calculate _ angle _ restraint _ energy ()	计算键角约束能量，通过比较实际键角与目标键角的差异，结合力常数和指数函数计算约束能量惩罚项
calculate _ torsion _ restraint _ energy ()	计算分子中的扭转角约束能量，通过比较实际二面角与目标二面角的差异，结合力常数和指数函数来计算相应的惩罚能量

续表

函数名	功能说明
vectorized _ cond ()	条件向量化函数，它接收一个布尔条件、两个函数和一个操作数，根据布尔条件的真假分别应用不同的函数到操作数上，实现向量化的条件操作
detach _ numpy ()	将 PyTorch 张量转换为 NumPy 数组，通过分离计算图、转移到 CPU、移除梯度跟踪，并处理特殊的梯度跟踪张量，实现张量到 NumPy 数组的安全转换
smooth _ lone _ pair _ casting ()	对孤对电子数量进行平滑处理，通过四个临界点（l1、l2、r1、r2）将电子数分段处理，使用正切函数和 Taper 函数实现平滑过渡

(4) 参数优化 (optimizer. py)

optimizer. py 模块整合了基于 PyTorch 的自动微分机制和 ReaxFF 势能函数，是训练流程中的核心组件之一，负责力场参数的更新、结构能量最小化、梯度计算以及基于位置的几何优化。通过计算损失函数（即模型计算的能量与目标能量之间的差异）来评估当前的力场参数是否合适。优化算法通过反向传播算法计算损失函数的梯度，基于计算的梯度对力场参数进行调整，逐步使力场模型的能量预测结果与目标值接近。表 4-4 列举了该文件中的主要函数及其功能。

表 4-4 optimizer. py 主要函数及其功能

函数名	功能说明
calculate _ dist _ and _ angles ()	计算分子系统中所有原子间的距离和角度（包括二体距离、三体角度、四体角度和氢键角度），通过调用 data _ processing 模块中的相关方法并返回计算结果列表
update _ positions ()	更新分子系统中所有原子的位置坐标，接收新的原子位置数组作为输入，同时更新相关的距离矩阵和相互作用列表以保持数据一致性
update _ list _ positions ()	更新原子位置列表，通过处理梯度、学习率和原子移动限制，对每个系统中的原子位置进行更新并返回新的位置列表
update _ list _ positions _ SG _ w _ momentum ()	使用带动量的随机梯度下降方法更新分子系统中所有原子的位置，通过处理梯度、动量项和学习率来计算新的原子位置
update _ grads ()	处理并更新原子的梯度列表，通过计算原子的均方根梯度（RMSG）并根据最小化步数和终止条件（end _ RMSG）进行过滤，返回更新后的梯度列表和 RMSG 值列表
select _ energy _ minim ()	函数接收一个布尔列表，遍历每个子列表找出值为 True 的元素索引，将这些索引组织成元组形式返回，用于选择需要进行能量最小化的系统
get _ minim _ lists ()	根据能量最小化的索引列表，从原始数据中提取需要进行能量最小化的系统数据（包括原子位置、类型、相互作用列表等），返回这些子系统的数据列表

续表

函数名	功能说明
train _ FF ()	训练反应力场的主要函数，通过优化力场参数和能量最小化来拟合目标数据（能量、电荷、几何结构和力等），同时使用神经网络和梯度下降等方法进行参数优化
energy _ minim _ with _ subs ()	使用子集数据进行能量最小化，它从完整系统中提取需要优化的部分，对这些子系统进行能量最小化后，再将优化后的原子位置更新回完整系统中
energy _ minimizer ()	能量最小化优化器，通过梯度下降方法迭代更新原子位置，使用动态学习率和神经网络来最小化体系的总能量，同时考虑各种相互作用（包括键合、非键相互作用等）
energy _ minim _ gradients ()	计算能量最小化过程中的梯度，通过遍历所有系统并调用梯度计算函数，返回每个系统的梯度和相应的损失值列表
loss ()	计算力场参数优化过程中的总损失值，通过汇总能量、电荷、几何结构（原子间距离、键角、二面角）以及原子力等各项预测值与目标值之间的加权均方误差得到
loss _ w _ sel _ params ()	对所选参数计算损失值，将力场参数应用到模型中，然后通过相互作用能量（如键合、键角、二面角、氢键等）和训练数据的差异来计算总的损失函数值
use _ selected _ parameters ()	将指定的参数值更新到力场扁平化数组中，通过参数索引将参数值赋给力场参数数组的对应位置
add _ noise _ to _ params ()	对力场参数添加随机噪声，通过在参数允许的边界范围内添加均匀分布的噪声，用于帮助优化过程跳出局部最小值
calculate _ params _ from _ grad ()	根据梯度和学习率更新力场参数，计算公式为：新参数值＝旧参数值－梯度×学习率
update _ parameters ()	对优化参数值进行更新，通过将新参数值限制在给定边界范围内，返回满足约束的更新后的参数值
controlled _ update ()	接收新的参数值及其上下边界，通过 torch. clip 函数将参数值限制在指定的范围内，确保参数更新后不会超出有效范围
create _ random _ order ()	创建一个随机排列的序列，通过使用 NumPy 的 arange 和 shuffle 函数，生成一个打乱后的数字序列

（5）收敛判断

在每次优化迭代中，程序都会检查优化是否收敛。收敛判断的标准是损失函数小于预设阈值，或优化次数达到最大限制。如果满足收敛条件，优化过程结束；如果没有收敛，程序将返回到能量计算和优化计算步骤，继续优化参数，直到达到收敛条件。所使用功能由表 4-4 所列的 train _ FF ()、energy _ minimizer ()、update _ grads ()、loss () 函数的功能实现。train _ FF () 函数管理整个训练过程，检查损失值变化是否小于阈值以判断是否收敛。energy _ minimizer () 函数执行能量最小化过程，通过检查迭代次数和梯度均方根来判断是否收敛。update _ grads () 函数更新梯度并检查是否达到终止条件，从而控制优化继续或停止。loss () 函数计算当前参数下的总损失值，用于判断优化效果和收敛情况。这些函数配合工作，共同实现了优化过程的收敛控制。

(6) 结果输出 (output. py)

优化完成后，output. py 模块负责将最终优化后的力场参数保存到文件中，并记录优化过程中的误差报告信息。最终的力场文件（如 ffield-1、ffield-x）将被输出，可用于后续的分子结构优化模拟。表 4-5 列举了该文件中的主要函数及其功能。

表 4-5 output. py 主要函数及其功能

函数名	功能说明
produce _ error _ report ()	生成训练误差报告，记录每个训练项（能量、电荷、力等）的目标值、预测值、误差值和累积误差
parse _ and _ save _ force _ field ()	将优化后的力场参数写入新的力场文件，保持力场文件的原有格式并更新参数值

通过这 6 个模块的协作，程序能够自动化地完成力场参数的优化任务，并输出最终优化结果。这一流程从数据加载到结果输出，形成一个循环，每一步都为下一步的计算提供必需的支持。接下来将介绍主要模块的设计思路和实现方案。

4.4.3 数据预处理模块

在 ReaxFF 反应力场参数优化程序中，数据预处理模块至关重要。它的主要任务是将原始的分子结构数据（如原子坐标、化学键信息、角度等）及其他输入数据，转换为适用于优化算法和能量计算模块的结构化数据。在这一过程中，所有数据均通过 PyTorch 张量进行统一管理和处理。

张量（tensor）是 PyTorch 中用于存储和操作数据的基本结构，支持 GPU 加速和自动微分，特别适用于大规模数据处理和梯度计算任务。张量在参数优化流程中贯穿始终，如图 4-3 所示，图中直观地展示了在数据预处理阶段张量的应用，从而为后续的能量计算与参数优化过程提供数据。

程序首先需要从多个文件中读取输入数据，这些文件包括力场文件（ffield）、参数文件（params）、训练集文件（trainset. in）和几何结构文件（geo）。每个文件包含了不同类型的数据，程序需要根据文件格式和内容使用不同的函数进行读取和解析。

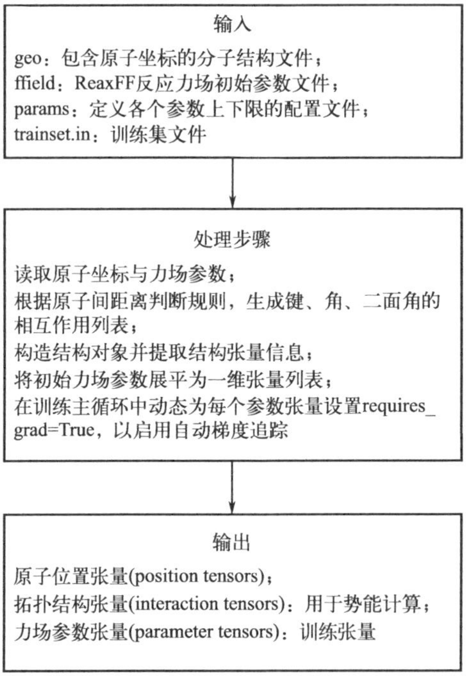

图 4-3　数据预处理阶段的张量形成机制

(1) 力场文件

力场文件中包含 ReaxFF 反应力场描述原子间相互作用的各种参数（表 4-6）。力场输入文件的第一行指定了力场标识符。随后，该力场被组织成七个不同的部分，这些部分分别定义了通用参数、原子参数、化学键参数、交叉项参数、价键角参数、扭转角参数以及氢键参数。

表 4-6　ReaxFF 反应力场的参数类别和数量

类别	参数数量
通用（general）参数	39
原子（atomic）参数	32
化学键（bond）参数	16
交叉项（off-diagonal）参数	6
价键角（valence）参数	7
扭转角（torsion）参数	7
氢键（hydrogen bond）参数	4

① 通用参数。力场的第一部分包含通用参数，这些参数影响所有相互作用，

而与原子类型无关，如图 4-4 所示。ffield 文件的第一行包含 npar，即力场文件中存在的通用参数的数量（格式 i3），随后是 npar 行，每行包含一个参数值和一个参数标识符。特别值得注意的是，上限截断半径（upper taper radius）参数，它描述了非键相互作用的截断半径；键级截断（cutoff for bond orders）参数，它描述了键级阈值，超过该阈值的原子被认为是连接的。这两个参数对 ReaxFF 计算速度有重大影响；减小上限截断半径参数或增加键级截断参数可以显著加快 ReaxFF 的运行速度。然而，这些参数对力场的描述有重大影响，因此，在不对力场的其他部分进行重新参数化的情况下，不建议随意更改。每个参数的含义见表 4-7。

```
Reactive MD-force field: second-generation water force field-2017
 39       ! Number of general parameters
   50.0000 !Overcoordination parameter
    9.5469 !Overcoordination parameter
   26.5405 !Valency angle conjugation parameter
    1.7224 !Triple bond stabilisation parameter
    6.8702 !Triple bond stabilisation parameter
   60.4850 !C2-correction
    1.0588 !Undercoordination parameter
    4.6000 !Triple bond stabilisation parameter
   12.1176 !Undercoordination parameter
   13.3056 !Undercoordination parameter
  -70.5044 !Triple bond stabilization energy
    0.0000 !Lower Taper-radius
   10.0000 !Upper Taper-radius
    2.8793 !Not used
   33.8667 !Valency undercoordination
    6.0891 !Valency angle/lone pair parameter
    1.0563 !Valency angle
    2.0384 !Valency angle parameter
    6.1431 !Not used
    6.9290 !Double bond/angle parameter
    0.3989 !Double bond/angle parameter: overcoord
    3.9954 !Double bond/angle parameter: overcoord
   -2.4837 !Not used
    5.7796 !Torsion/BO parameter
   10.0000 !Torsion overcoordination
    1.9487 !Torsion overcoordination
   -1.2327 !Conjugation 0 (not used)
    2.1645 !Conjugation
    1.5591 !vdWaals shielding
    0.1000 !Cutoff for bond order (*100)
    2.1365 !Valency angle conjugation parameter
    0.6991 !Overcoordination parameter
   50.0000 !Overcoordination parameter
    1.8512 !Valency/lone pair parameter
    0.5000 !Not used
   20.0000 !Not used
    5.0000 !Molecular energy (not used)
    0.0000 !Molecular energy (not used)
    2.6962 !Valency angle conjugation parameter
```

图 4-4　ReaxFF 反应力场文件的通用参数示例

表 4-7　ReaxFF 反应力场文件的通用参数含义

序号	参数	注释
1	p_{boc1}	过配位参数（overcoordination parameter）
2	p_{boc2}	过配位参数（overcoordination parameter）
3	p_{coa2}	键角共轭参数（valency angle conjugation parameter）
4	p_{trip4}	三键稳定化参数（triple bond stabilization parameter）

续表

序号	参数	注释
5	p_{trip3}	三键稳定化参数（triple bond stabilization parameter）
6	k_{C2}	C2-修正（C2-correction）
7	p_{ovun6}	欠配位参数（undercoordination parameter）
8	p_{trip2}	三键稳定化参数（triple bond stabilization parameter）
9	p_{ovun7}	欠配位参数（undercoordination parameter）
10	p_{ovun8}	欠配位参数（undercoordination parameter）
11	p_{trip1}	三键稳定化能量（triple bond stabilization energy）
12	R_{tap}	Taper 函数下限-半径（lower taper-radius）
13	R_{cut}	Taper 函数上限-半径（upper taper-radius）
14	p_{fe1}	Fe 二聚体修正（Fe dimer correction）
15	p_{val6}	价键欠配位（valency undercoordination）
16	p_{lp1}	价键角/孤对参数（valency angle/lone pair parameter）
17	p_{val9}	价键角参数（valency angle parameter）
18	p_{val10}	价键角参数（valency angle parameter）
19	p_{fe2}	Fe 二聚体修正（Fe dimer correction）
20	p_{pen2}	双键/角参数（double bond/angle parameter）
21	p_{pen3}	双键/角参数：过配位（double bond/angle parameter. overcoord）
22	p_{pen4}	双键/角参数：过配位（double bond/angle parameter. overcoord）
23	p_{fe3}	Fe 二聚体修正（Fe dimer correction）
24	p_{tor2}	扭转/键级参数（torsion/BO parameter）
25	p_{tor3}	扭转过配位（torsion overcoordination）
26	p_{tor4}	扭转过配位（torsion overcoordination）
27	p_{elho}	共轭 0，不使用［conjugation 0（not used）］
28	p_{cot2}	共轭（conjugation）
29	p_{vdW1}	VdW 屏蔽（VdW shielding）
30	cutoff * 100	键级截断（* 100）［cut off for bond order（* 100）］
31	p_{coa4}	价键角共轭参数（valency angle conjugation parameter）
32	p_{ovun4}	过配位参数（overcoordination parameter）
33	p_{ovun3}	过配位参数（overcoordination parameter）
34	p_{val8}	价键/孤对参数（valency/lone pair parameter）
35	X_{soft}	ACKS2 软度参数（ACKS2 softness parameter）

续表

序号	参数	注释
36	unused	n/a
37	n/a	分子能量，不使用［molecular energy（not used）］
38	n/a	分子能量，不使用［molecular energy（not used）］
39	p_{coa3}	价键角共轭参数（valency angle conjugation parameter）

② 原子参数。力场的第二部分包含原子参数（图 4-5）。该部分以力场中存在的原子类型数量开始，随后是四行参数标识符。之后，每个原子跟随四行数据，第一行包含原子名称和 8 个参数值（格式为 1x a2 8f9.4），随后三行每行包含 8 个参数值（格式为 3x 8f9.4）。ffield 文件中的 n.u. 标识符表示“未使用”。具体含义见表 4-8。

```
 3       ! Nr of atoms; cov.r; valency;a.m;Rvdw;Evdw;gammaEEM;cov.r2;#
           alfa;gammavdW;valency;Eunder;Eover;chiEEM;etaEEM;n.u.
           cov r3;Elp;Heat inc.;n.u.;n.u.;n.u.;n.u.
           ov/un;val1;n.u.;val3,vval4
 H    0.8930   1.0000   1.0080   1.3550   0.0930   0.8203  -0.1000   1.0000
      8.2180  33.2894   1.0000   0.0000 121.1250   3.7248   9.6093   1.0000
     -0.1000   0.0000  61.6606   3.0408   2.4197   0.0003   1.0698   0.0000
    -19.4571   4.2733   1.0338   1.0000   2.8793   0.0000   0.0000   0.0000
 O    1.2450   2.0000  15.9990   2.3808   0.1038   1.0950   1.0548   6.0000
      9.7942  11.7301   4.0000  37.5000 116.0768   8.5000   8.3134   2.0000
      0.9049   0.1000  59.0626   3.5357   0.6653   0.0021   0.9745   0.0000
     -3.6039   2.7952   1.0493   4.0000   2.9225   0.0000   0.0000   0.0000
 X   -0.1000   2.0000   1.0080   2.0000   0.0000   1.0000  -0.1000   6.0000
     10.0000   2.5000   4.0000   0.0000   0.0000   8.5000   1.5000   0.0000
     -0.1000   0.0000  -2.3700   8.7410  13.3640   0.6690   0.9745   0.0000
    -11.0000   2.7466   1.0338   2.0000   2.8793   0.0000   0.0000   0.0000
```

图 4-5 ReaxFF 反应力场文件的原子参数示例

表 4-8 ReaxFF 反应力场文件的原子参数含义

序号	参数	注释
1	r_0^σ	Sigma 键共价半径（Sigma bond covalent radius）
2	Val_i	价（valency）
3	n/a	原子质量（atomic mass）
4	r_{vdW}	范德华半径（van der Waals radius）
5	D_{ij}	范德华离解能（van der Waals dissociation energy）
6	gamma_i	gammaEEM；EEM 屏蔽（gammaEEM；EEM shielding）

续表

序号	参数	注释
7	r_0^{π}	Pi 键共价半径（Pi bond covalent radius）
8	val_i^e	价电子数（number of valence electrons）
9	$alpha_{ij}$	范德华参数（van der Waals parameter）
10	$1/gamma_w$	范德华屏蔽（van der Waals shielding）
11	val_j^{angle}	1,3-BO 修正的价（valency for 1,3-BO correction）
12	p_{ovun5}	欠配位能量（undercoordination energy）
13	p_i^{xel2}	eReaxFF，原子类型参数（eReaxFF，atom type parameter），未使用
14	chi_i	EEM 电负性（EEM electronegativity）
15	eta_i	EEM 硬度（EEM hardness）
16	n/a	氢键中的供体或受体开关（donor or acceptor switch in H-bonds）
17	r_0_{π}	双 pi 键共价半径（double pi bond covalent radius）
18	p_{lp2}	孤对能量（lone pair energy）
19	n/a	原子生成热（Atomic heat of formation）
20	p_{boc4}	键级校正（bond order correction）
21	p_{boc3}	键级校正（bond order correction）
22	p_{boc5}	键级校正（bond order correction）
23	C_i	原子软度截断参数（atomic softness cutoff parameter）
24	alpha，$alpha_i$	eReaxFF，常数，取决于原子类型（eReaxFF，constant，dependent on atom type），未使用
25	p_{val2}	价键角参数（valence angle parameter）
26	p_{val3}	价键角参数（valence angle parameter）
27	beta，$beta_i$	eReaxFF，常数，取决于原子类型（eReaxFF，constant，dependent on atom type），未使用
28	val_i^{boc}	孤对数（number of lone pairs）
29	p_{val5}	价键角参数（valence angle parameter）
30	p_{c1}	内壁 vdW 排斥参数（inner wall vdW repulsion parameter）
31	p_{c2}	内壁 vdW 排斥参数（inner wall vdW repulsion parameter）
32	p_{c3}	内壁 vdW 排斥参数（inner wall vdW repulsion parameter）

③ 化学键参数。力场的第二部分包含化学键参数。本部分以力场中定义的键类型数量开始，随后是两行参数标识符。接下来，每个键类型都有两行，其中第一行（格式为 2i3 8f9.4）包含两个原子类型标识符，后跟 8 个参数值。原子类型标识符定义了键。例如，“11”描述了原子 1 和原子 1 之间的键（在示例图 4-6 中为 H—H 键，因为 H 是原子部分中定义的第一个原子类型）。第二行（格式为 6x 8f9.4）包含另外 8 个参数值。如果在模拟的任何阶段发现力场文件中未定义的键类型，将无法进行使用 ReaxFF 反应力场的计算。表 4-9 给出了反应力场中化学键参数的含义。

```
  3      ! Nr of bonds; Edis1;LPpen;n.u.;pbe1;pbo5;13corr;pbo6
         pbe2;pbo3;pbo4;n.u.;pbo1;pbo2;ovcorr
  1  1 153.3934   0.0000   0.0000  -0.4600   0.0000   1.0000   6.0000   0.7300
         6.2500   1.0000   0.0000   1.0000  -0.0790   6.0552   0.0000   0.0000
  2  2 142.2858 145.0000  50.8293   0.2506  -0.1000   1.0000  29.7503   0.6051
         0.3451  -0.1055   9.0000   1.0000  -0.1225   5.5000   1.0000   0.0000
  1  2 167.2086   0.0000   0.0000  -0.5770   0.0000   1.0000   6.0000   0.6019
         1.1413   1.0000   0.0000   0.0000  -0.0924   4.2778   0.0000   0.0000
```

图 4-6　ReaxFF 反应力场文件的化学键参数示例

表 4-9　ReaxFF 反应力场文件的化学键参数含义

序号	参数	注释
1	D_e^{σ}	Sigma 键离解能
2	D_e^{π}	Pi 键离解能
3	$D_e^{\pi\pi}$	双 Pi 键离解能
4	p_{be1}	键能参数
5	p_{bo5}	双 Pi 键参数
6	val'^{boc}_i	1,3-键级校正
7	p_{bo6}	双 Pi 键级
8	p_{ovun1}	过配位罚分
9	p_{be2}	键能参数
10	p_{bo3}	Pi 键级参数
11	p_{bo4}	Pi 键级参数
12	unused	未使用
13	p_{bo1}	Sigma 键级
14	p_{bo2}	Sigma 键级
15	Δ_i	未校正的 BO 过配位
16	unused	未使用

④ 交叉项参数。本部分允许定义键级和范德华对相互作用的交叉项值。默认情况下，ReaxFF 反应力场使用组合规则和原子参数计算这些项，但交叉项部分允许定义不同的值。交叉项部分给出的任何值都将覆盖从组合规则获得的值。

交叉项部分以反应力场中定义的交叉项类型数量开始，同一行后跟参数标识符。然后，每个交叉项类型都有一行（格式为 2i3 6f9.4），以类型标识符开始（示例图 4-7 中的“1 2”定义了 H—O 交叉项参数），后跟 6 个参数。表 4-10 给出了交叉项参数的含义。

```
 1    ! Nr of off-diagonal terms; Ediss;Ro;gamma;rsigma;rpi;rpi2
  1  2   0.0320    1.2896   10.9108    0.9215   -1.0000   -1.0000
```

图 4-7 ReaxFF 反应力场文件的交叉项参数示例

表 4-10 ReaxFF 反应力场文件的交叉项参数含义

序号	参数	注释
1	D_{ij}	范德华能量（vdW energy）
2	r_{vdW}	范德华半径（vdW radius）
3	α_{ij}	范德华参数（vdW parameter）
4	r_0^σ	Sigma 键长（Sigma bond length）
5	r_0^π	Pi 键长（Pi bond length）
6	$r_0^{\pi\pi}$	Pi-Pi 键长（Pi-Pi bond length）

⑤ 价键角参数。力场文件的第五部分包含价键角参数。本部分以包含力场中定义的价键角数量的行开始，随后是参数标识符。之后，每个价键角类型都有一行。这些行中的每一行（格式为 3i3 7f9.4）都以价键角标识符开始（例如，图 4-8 中的“1 1 1”，它定义了 H—H—H 价键角），后跟 7 个参数。ReaxFF 反应力场将忽略模拟中力场文件中未定义的价键角。表 4-11 给出了价键角参数的含义。

```
 6      ! Nr of angles;at1;at2;at3;Thetao,o;ka;kb;pv1;pv2
  1  1  1   0.0000  27.9213   5.8635   0.0000   0.0000   0.0000   1.0400
  2  2  2  80.7324  30.4554   0.9953   0.0000   1.6310  50.0000   1.0783
  1  2  2  75.6935  50.0000   2.0000   0.0000   1.0000   0.0000   1.1680
  1  2  1  85.1864   8.5843   2.2985   0.0000   2.9142   0.0000   2.0521
  2  1  2   0.0000  11.8475   2.7571   0.0000   0.0000   0.0000   2.9000
  1  1  2   0.0000   6.4269   2.8500   0.0000   0.0000   0.0000   1.0772
```

图 4-8 ReaxFF 反应力场文件的价键角参数示例

表 4-11　ReaxFF 反应力场文件的价键角参数含义

序号	参数	注释
1	$\Theta_{0,0}$	平衡键角＝180－$\Theta_{0,0}$
2	p_{val1}	价键角参数
3	p_{val2}	价键角参数
4	p_{coa1}	价键共轭
5	p_{val7}	欠配位
6	p_{pen1}	惩罚能量
7	p_{val4}	价键角参数

⑥ 扭转角参数。力场文件的第六部分包含扭转角参数。本部分以包含反应力场中定义的扭转角数量和参数标识符的行开始。之后，每个扭转角类型都有一行。这些行中的每一行（格式为 4i3，7f9.4）都以扭转角标识符开始，后跟 7 个参数。有两种类型的扭转角参数标识符可用：仅通过中心键识别；通过扭转角中的所有 4 个原子识别。例如，示例图 4-9 中扭转角部分的第二行上的“1 2 2 2”标识符定义了 H—O—O—O 扭转角参数，而标识符两侧如果有字母 O，则仅通过中心键识别扭转角。4 个原子标识符会覆盖中心键标识符的定义。ReaxFF 反应力场将忽略力场文件中未定义的扭转角。表 4-12 给出了扭转角参数的含义。

```
 6    ! Nr of torsions;at1;at2;at3;at4;;V1;V2;V3;V2(BO);vconj;n.u;n
  1  2  2  1   2.5000  -4.0000   0.9000  -2.5000  -1.0000   0.0000   0.0000
  1  2  2  2   0.8302  -4.0000  -0.7763  -2.5000  -1.0000   0.0000   0.0000
  2  2  2  2  -2.5000  -4.0000   1.0000  -2.5000  -1.0000   0.0000   0.0000
  0  1  1  0   0.0000   0.0000   0.0000   0.0000   0.0000   0.0000   0.0000
  0  1  2  0   0.0000   0.1000   0.0200  -2.5415   0.0000   0.0000   0.0000
  0  2  2  0   0.5511  25.4150   1.1330  -5.1903  -1.0000   0.0000   0.0000
```

图 4-9　ReaxFF 反应力场文件的扭转角参数示例

表 4-12　ReaxFF 反应力场文件的扭转角参数含义

序号	参数	注释
1	V_1	V_1-扭转势垒
2	V_2	V_2-扭转势垒
3	V_3	V_3-扭转势垒
4	p_{tor1}	扭转角参数
5	p_{cot1}	共轭能量

续表

序号	参数	注释
6	unused	未使用
7	unused	未使用

⑦ 氢键参数。力场的第七部分为氢键参数。该部分以包含力场中描述的氢键类型数量和参数标识符的行开始。随后，每个氢键类型都有一行。此行（格式为 3i3，4f9.4）首先定义氢键类型，然后是 4 个参数值。示例图 4-10 中氢键部分的第二行中的标识符“2 1 2”指的是 O—H—O 氢键。ReaxFF 反应力场将忽略 ffield 文件中未定义的氢键。表 4-13 给出了氢键项参数的含义。

```
1    ! Nr of hydrogen bonds;at1;at2;at3;Rhb;Dehb;vhb1
  2  1  2   2.1653  -3.6983   1.7831  17.0964
```

图 4-10 ReaxFF 反应力场文件的氢键项参数示例

表 4-13 ReaxFF 反应力场文件的氢键项参数含义

序号	参数	描述
1	r_{hb0}	氢键平衡距离
2	p_{hb1}	氢键能量
3	p_{hb2}	氢键/键序
4	p_{hb3}	氢键参数

力场参数在训练阶段被编成一组独立的张量列表，每个张量代表一个可训练参数项并通过 requires _ grad=True 激活 PyTorch 自动微分机制。这种结构设计在便于梯度计算与优化器调用的同时提升了参数控制的灵活性与训练的可维护性。

(2) 参数文件

params 参数文件告知 ReaxFF 反应力场参数优化程序哪些力场参数将被纳入力场优化方案。图 4-11 展示了 params 文件的格式。每行（格式为 3i3，3f8.4）以三个整数开始，用于定义力场参数。第一个整数定义参数类型：1—通用参数，2—原子参数，3—化学键参数，4—交叉项参数，5—价键角参数，6—扭转角参数，7—氢键参数。第二个整数指定给定部分内的块，或者对于通用参数（1）指定项目索引。第三个整数指定块内的项目索引，对于通用参数（1）则忽略第三个坐标。例如，图 4-11 中 params 的最后一行标识了参数“6 3 4”，这表示要优化图 4-9 显示的 ffield 文件中 O—O—O—O（2—2—2—2）扭转角的第 4 个参数。这 3 个整数后面的值定义了力场优化过程中搜索参数值的区间，包括搜寻步长、该特定力场参数允许的最大值和最小值（可互换位置）。

```
1 2 1  0.010  10.000   9.00  !2nd general parameter
2 2 5  0.010   0.020   0.030 !2nd section, 2nd type, 5th parameter
6 3 4  0.050  −2.000  −5.000 !6th section, 3rd type, 4th parameter
```

图 4-11 ReaxFF 反应力场训练 params 文件示例

因此，图 4-9 的最后一行指示程序对 O—O—O—O 扭转角的第 4 个参数执行参数搜索。该扭转角参数的初始值为－2.5000（图 4-9）；ReaxFF 反应力场参数优化程序将通过 0.050 的因子在最大值－2.000 和最小值－5.000 区间增加和减少其值，计算成本函数，基于对训练集的拟合确定最佳值。

（3）训练集文件

训练集文件（trainset.in）包含了量子化学计算的目标数据，用于与 ReaxFF 反应力场预测的数据进行对比。程序通过加载训练集数据为优化过程提供标准数据。该文件允许用户生成训练集或成本函数，可用于优化力场参数。trainset.in 使用在 geo 文件（bgf 格式）中的 DESCRP 字段中定义的标识符，将力场导出的几何结构和能量差与 DFT 计算值进行比较。trainset.in 是自由格式的，但它确实要求字段以空格分隔。此外，符号“－”“＋”“/”在 trainset.in 文件中具有特殊含义，不应在标识符中使用。示例图 4-12 展示了如何使用此文件设置成本函数。

```
GEOMETRY
#Keys                 Weight At1 At2 At3 At4 Lit#
1_Methylpyrrole        1.00   1   6           1.448
CELL PARAMETERS
#Keys                  Weight Type  Lit#
5_5_opt                0.05    a   10.182
ENERGY
#Weight op1 Key1 n1 op2 Key2 n2 op3 Keys n3 op4 Key4 n4 op5 Key5 n5 Lit#
# N=C bond in 1_Methylpyrrole
15.0 + 1_Methylpyrrole /1- 1_Methylpyrrole_N_C_s1 /1        −61.921
```

图 4-12 ReaxFF 反应力场训练 trainset.in 文件示例

trainset.in 文件分为七个部分，每个部分向 ReaxFF 传递特定的数据类型。每个部分都以关键字（CHARGE、HEATFO、GEOMETRY、CELL PARAMETER 和 ENERGY）开头，后跟数据行，并以 END［关键字］行结尾。在 CHARGE、

HEATFO、GEOMETRY 和 CELL PARAMETER 部分中，数据行以结构标识符开头，后跟数据点的权重。然后是类型标识符（CHARGE 部分的原子编号，GEOMETRY 部分的键/价键角/扭转角定义以及 CELL PARAMETER 部分的 a/b/c/alpha/beta/gamma），最后是用于与 ReaxFF 反应力场计算数据进行比较的目标值。比较 ReaxFF 生成热数据与目标数据的 HEATFO 部分不需要类型标识符。在 ENERGY 部分，trainset.in 允许比较结构之间的 ReaxFF 能量差，并与目标值对比。在这种情况下，每个数据行都以数据点的权重开头，后跟最多 5 个运算符、标识符或“/”符，并以目标值结尾。运算符为“+”或“−”（“+”为默认值）。与标识符关联的能量除以除数，允许将凝聚相结构与单体进行比较，如 ENERGY 部分的数据所示，其将 1 _ Methylpyrrole 的能量减去 1 _ Methylpyrrole _ N _ C _ s1 结构的能量，与−61.921kcal/mol 进行比较。ENERGY 部分数据行中的“/”字符是可选的。

(4) 几何结构文件

几何结构文件 geo 使用 .bgf 文件格式（Biosym/Insight Ⅱ Graphics Format），用于存储原子坐标、分子连接性以及其他与分子结构相关信息的文件格式。这些数据被模块解析来生成邻接矩阵、原子坐标张量，并为后续的能量计算提供所需的几何信息。.bgf 文件是一个文本文件，其结构遵循特定的规则。图 4-13 是一个示例的部分 geo 文件。以此文件为例，介绍 geo 文件的主要组成部分和关键特征。

① 文件头部分。

BIOGRF-200：标识文件格式的版本。这里是 BIOGRF 版本 200。

DESCRP：描述信息。这里是 1 _ Methylpyrrole。这里的描述信息需要避免出现“−”“/”“+”等特殊字符，因为这部分内容会在训练集文件中出现，用于标识各个训练体系，会与其中的数学操作符相混淆。另外，还应避免使用特殊字符和空白符。这些字符在 shell 或其他程序中往往有特殊含义，可能导致命令行操作复杂，需要转义，甚至引发不可预测的错误。

REMARK：额外的注释信息。这里记录了创建者和创建时间：1 _ Methylpyrrole created by Zhang on 2022-11-30 11:17:45。

RUTYPE：运行类型或相关信息。这里应为 NORMAL RUN。

FORMAT：定义原子记录的格式。

ATOM：表示这是一个原子记录。

(a6，1x，i5，a5，1x，a3，1x，a1，1x，a5，3f10.5，1x，a5，i3，i2，1x，f8.5)：这是一个 Fortran 格式描述符，定义了每个原子记录中各个字段的类型和宽度。

a6：6 个字符的原子名称。

1x：1 个空格。

i5：5 个字符的原子索引。

a5：5 个字符的残基名称。

1x：1 个空格。

a3：3 个字符的原子类型。

1x：1 个空格。

a1：1 个字符的电荷类型。

1x：1 个空格。

a5：5 个字符的原子标签。

3f10.5：三个浮点数，每个占据 10 个字符，小数点后保留 5 位，分别代表 X、Y、Z 坐标。

1x：1 个空格。

a5：5 个字符的段标识符。

i3：3 个字符的原子连接数。

i2：2 个字符的原子杂化类型。

1x：1 个空格。

f8.5：8 个字符的原子部分电荷，小数点后保留 5 位。

② 原子记录。

以 HETATM 开头，表示这是一个杂原子（在生物分子中，通常指非蛋白质或核酸的原子，但在通用分子模拟中，常用于描述分子中的所有原子）。每一行描述一个原子，字段按照 FORMAT 中定义的顺序排列。文件中列出了所有构成 1-甲基吡咯的原子及其坐标、类型、连接信息和电荷。

③ 连接记录。

以 CONNECT 开头，描述原子之间的化学键连接。每一行定义了一个原子与其连接的其他原子。例如，CONNECT 1 2 5 6 表示原子索引为 1 的原子与原子索引为 2、5 和 6 的原子相连。文件中列出了所有原子之间的连接关系，定义了分子的拓扑结构。ReaxFF 反应力场训练程序不读取这个信息。

④ 能量和单位信息。

UNIT ENERGY kcal：定义能量的单位是千卡每摩尔（kcal/mol）。

ENERGY：存储计算得到的能量值。本例中为－156449.445475kcal/mol。这个值通常是在力场训练过程中计算得到的参考能量。ReaxFF 反应力场训练程序并不读取这个信息，而直接以 params 文件的能量参考值进行训练。

⑤ 文件结束。

END：标识文件的结束。

```
BIOGRF 200
DESCRP 1_Methylpyrrole
REMARK 1_Methylpyrrole created by Zhang on 2022-11-30 11:17:45
RUTYPE NORMAL RUN
FORMAT ATOM   (a6,1x,i5,1x,a5,1x,a3,1x,a1,1x,a5,3f10.5,1x,a5,i3,i2,1x,f8.5)
HETATM   1 N       0.10018    −1.56222    0.05764   N  1 1  0.00000
HETATM   2 C       0.88958    −2.67789   −0.01356   C  1 1  0.00000
HETATM   3 C       2.20359    −2.27737   −0.03352   C  1 1  0.00000
HETATM   4 C       2.20892    −0.85803    0.02120   C  1 1  0.00000
HETATM   5 C       0.89798    −0.45037    0.07247   C  1 1  0.00000
HETATM   6 C      −1.34707    −1.55441    0.00589   C  1 1  0.00000
HETATM   7 H       0.44799    −3.66145   −0.03954   H  1 1  0.00000
HETATM   8 H       3.06151    −2.92907   −0.07069   H  1 1  0.00000
HETATM   9 H       3.07173    −0.21189    0.03411   H  1 1  0.00000
HETATM  10 H       0.46379     0.53561    0.12158   H  1 1  0.00000
HETATM  11 H      −1.72980    −2.46101    0.47395   H  1 1  0.00000
HETATM  12 H      −1.70832    −1.50386   −1.02385   H  1 1  0.00000
HETATM  13 H      −1.72398    −0.69428    0.55884   H  1 1  0.00000
FORMAT CONNECT (a6,12i6)
CONNECT   1    2    5    6
CONNECT   2    1    3    7
CONNECT   3    2    4    8
CONNECT   4    3    5    9
CONNECT   5    1    4   10
CONNECT   6    1   11   12   13
CONNECT   7    2
CONNECT   8    3
CONNECT   9    4
CONNECT  10    5
CONNECT  11    6
CONNECT  12    6
CONNECT  13    6
UNIT ENERGY   kcal
ENERGY      −156449.445475
END
```

图 4-13　ReaxFF 反应力场训练 geo 文件示例

4.4.4　势能计算模块

势能计算模块是整个 ReaxFF 反应力场优化流程中的核心。它的作用是将前期数据预处理模块生成的张量数据，结合当前优化迭代下的力场参数，计算出每个训练样本的总势能值。

在本程序中，势能项的计算全部在 energy _ calculation. py 模块中实现，依托于 PyTorch 张量操作框架构建自动可导的能量函数表达式，使得后续的梯度计算和优化过程得以顺利进行。ReaxFF 反应力场是基于键级的反应型力场，它的能量函数由多个物理意义明确的部分组成。程序根据这些能量项的定义，依次从结构特征张量中获取原子类型、坐标、电荷以及力场参数等信息，通过 ReaxFF 反应力场函数关系进行数值计算，并最终对各项进行加和得到总势能。该过程以完全张量化的方式实现，可直接在 GPU 上批量处理多个结构。

在实现机制上，势能计算模块接收来自结构处理模块的原子类型张量、相互作用索引张量（如二体、三体、四体）以及与其对应的结构特征张量（如键长、键角、扭转角）。每一个能量项都由其独立的子函数进行处理。这些子函数根据力场中的参数方程式，分别计算不同的能量贡献，并以 PyTorch 张量形式输出。整个模块的最外层函数 compute _ totalenergy（）会聚合所有子项结果，返回使用 ReaxFF 反应力场计算的系统总能量张量 Etotal。为了数值稳定性，本模块会向距离矩阵添加一个小的数值，以防止出现除以零的错误。另外，使用 torch. clamp 将数值限制在特定范围内，以避免溢出。具体的张量应用过程见图 4-14。

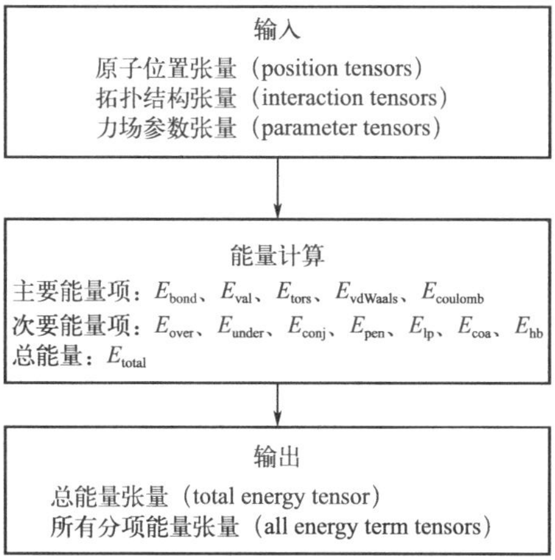

图 4-14　势能计算阶段的张量使用与能量组成

以键能为例，程序会首先从 bond _ tensor 中读取所有键对之间的距离，通过 ReaxFF 反应力场中的 bond order 公式将其转化为对应的键级，并利用该键级与力场中相关参数项计算出每个键的能量贡献。由于 ReaxFF 反应力场允许键断裂与生成，键级的动态变化是实现反应模拟的关键。程序在计算中实现了 ReaxFF 反应力场特有的 tapering 函数，来平滑地切断长程相互作用，避免了能量函数的不连续性。角能与扭转能的计算依赖于三体和四体相互作用列表，其对应的角度或二面角由向量代数方式获得后代入能量公式中。

对于非键相互作用，范德华势和库仑势的计算则涉及原子间更远距离的相互作用。程序在邻接关系构建阶段已经筛选出这些非键相互作用对，并建立了必要的掩码结构以避免重复计算或来自相互作用的干扰。静电能项则需要根据力场中给定的电荷分布参数进行电荷求解或使用拟合值。

势能计算模块设计的另一个关键是其可导性，基于本程序使用的 PyTorch 框架，所有涉及参数的能量函数都使用可微张量表达构建，这使得最终损失函数对参数的导数可以通过自动求导系统获得，这种做法极大简化了梯度计算的复杂性并提升了程序的可扩展性。例如在添加新的能量项或修改势函数表达式时，仅需保持其计算图连续，程序便可无缝支持反向传播过程。

从整体流程上看，势能计算模块贯穿了结构-参数-能量之间的映射路径。结构输入经由结构张量编码后传入各类能量函数，结合当前迭代下的参数数值，输出用于优化的能量预测结果。

4.4.5 参数优化模块

为了提升大规模样本下的计算效率与参数训练速度，本程序基于 PyTorch 框架，全面支持 GPU 加速计算。在模型训练过程中，所有张量结构（包括结构张量、力场参数张量、预测能量、损失函数）均以 torch. Tensor 形式构建，并可通过 . to (device) 自动分发至 GPU 设备，从而减少训练耗时。这种设计确保了能量计算、损失构建及梯度反向传播等关键步骤始终在同一设备上完成，有效避免了频繁的 CPU-GPU 数据交换，显著提升了整体训练速度。

ReaxFF 反应力场参数优化的核心步骤就是以最小化损失函数为目标，通过迭代优化不断调整参数，逐步逼近全局最优解。损失函数是连接势能计算模块与优化器的桥梁，是实现“预测值”向“目标值”逼近的直接指标。通过损失函数构造，程序能够在优化迭代中持续评估当前力场参数的优劣，并以此为导向调整参数方向。损失函数不仅体现了模型输出与训练数据之间的误差，还决定了整个优化路径的收敛性、稳定性与可信性。本程序损失函数设计如式（4-61）所示：

$$\text{Error}=\sum_{i=1}^{N}\left(\frac{X_{i,\text{ReaxFF}}-X_{i,\text{DFT}}}{w_i}\right)^2 \tag{4-61}$$

式中，$X_{i,\text{ReaxFF}}$ 表示优化程序计算得到的预测值，$X_{i,\text{DFT}}$ 表示训练集给出的目标值，w_i 为数据的权重。

在本程序中，损失函数的构建与评估主要在 optimizer. py 模块中完成。其核心功能包括：计算预测能量与目标能量之间的差异、整合各类能量项误差、支持梯度反向传播以驱动参数更新等，详细的流程图如图 4-15 所示。为保障 ReaxFF 参数训练的数值稳定性和收敛效果，本程序在优化器模块的设计中引入了多个关键控制方法，分别从优化器选择、梯度处理、边界控制、收敛判据和结果输出等方面进行系统构建。

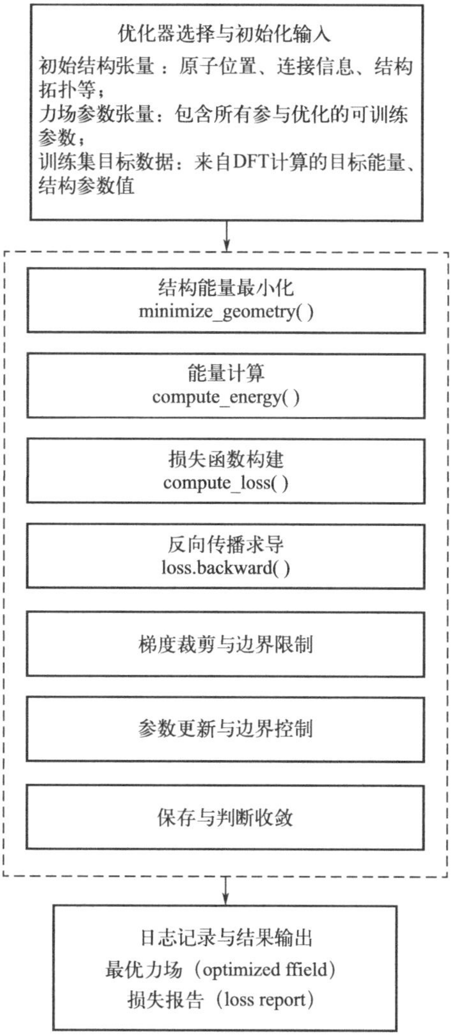

图 4-15　参数优化流程图

（1）优化器选择与初始化

优化器是人工智能和深度学习领域的核心工具，负责根据损失函数的梯度自动更新模型参数，从而使模型预测结果逐步逼近目标值。在 ReaxFF 反应力场参数优化中，优化器的主要功能有四项：①读取损失函数对参数的梯度［由 loss. backward（）自动计算］；②根据梯度调整每个参数的值；③控制学习率、正则化，防止梯度爆炸等；④在每一轮迭代后更新参数并保存结果。

目前已有多项 ReaxFF 参数优化研究采用了 Adam（adaptive moment estimation）优化器[15,16,18]。Adam 优化器通过计算梯度的一阶矩估计和二阶矩估计，并对它们进行偏差校正，然后利用这些估计值自适应地调整每个参数的学习率的优化方法[18]，广泛应用于深度学习与高维非线性系统的参数训练[19,20]。然而，由于其将权重衰减（weight decay）项直接混入梯度更新过程，违背了传统 L2 正则化仅作用于参数本身的数学原理，Adam 在实现上存在一定的物理一致性问题。这一设计可能导致两个后果：一是扰乱参数更新方向，使其偏离最优路径；二是降低正则化项的效果，尤其在动量估计下易产生累积误差。

为克服上述问题，本程序采用 AdamW 优化器[21]。AdamW 优化器在 Adam 优化器的基础上进行了改进，将权重衰减项从梯度估计中分离，分别作用于参数更新与正则化过程，避免了正则化失效或梯度混乱的问题。

设学习率为 η，一阶矩衰减率为 β_1，二阶矩衰减率为 β_2，权重衰减系数为 λ，数值稳定性系数为 ϵ，时间步长为 t，算法流程如下：

① 初始化。$m_0=0$，$v_0=0$，$t=0$。

② 计算梯度。$g_t=\nabla_\theta L(\theta_t)$。

③ 更新一阶矩。$m_t=\beta_1 m_{t-1}+(1-\beta_1)g_t$。

④ 更新二阶矩（自适应学习率项）。$v_t=\beta_2 v_{t-1}+(1-\beta_2)g_t^2$。

⑤ 偏差校正。$m_t=\dfrac{m_t}{1-\beta_1^t}$，$v_t=\dfrac{v_t}{1-\beta_2^t}$。

⑥ 参数更新（解耦权重衰减）。$\theta_t=\theta_{t-1}-\eta\left(\dfrac{m_t}{\sqrt{v_t}+\epsilon}\right)-\eta\lambda\theta_{t-1}$。

相比于 Adam 优化器，AdamW 优化器在参数量大、分布跨度广、训练轮次多、易过拟合的 ReaxFF 反应力场优化任务中表现出更强的数值稳定性与泛化能力。优化器设定阶段，用户可指定学习率（learning rate）、正则化权重等关键超参数。

(2) 结构能量最小化

为确保分子系统在物理上处于合理的能量构型，本程序在优化过程中使用了结构能量最小化步骤。该步骤通过对分子初始结构进行局部优化来降低其整体能量，避免优化过程中由于结构不合理而引发的能量异常和梯度波动。

该过程由 minimize _ geometry () 函数完成。结构能量最小化可在每轮训练开始时动态执行，其结果将作为当前轮次前向传播（能量计算）的输入来确保后续能量预测基于更加合理的分子构型进行。

(3) 能量计算与损失函数构建

在每轮参数优化过程中，程序利用当前结构张量与力场参数张量来计算体系的各类能量项，并进行相加，以预测总能量值。这一过程调用 compute _ energy () 函数，由 energy _ calculation. py 模块实现。随后，程序将模型预测出的能量、结构参数（如键长、键角和扭转角）与训练集提供的参考目标值进行对比来构建损失函数。程序采用模块化设计的 compute _ loss （）函数构建以下子损失项：

① 能量损失项。预测总能量与目标总能量之间的均方误差。

② 几何结构损失项。键长、键角及扭转角的预测值与目标值之间的均方误差。

③ 电荷损失项。虽然煤的力场开发中未实施此项训练，若训练集提供原子分率电荷数据，本程序也可进行电荷损失项训练，计算预测电荷与目标电荷的差异。

④ 力损失项。虽然煤的力场开发中未实施此项训练，若训练集提供原子受力数据，本程序也可用力损失项约束力场参数的训练。

(4) 反向传播求导和梯度裁剪与边界限制

完成损失函数构建后，程序通过 PyTorch 框架提供的自动微分机制，对所有可训练参数执行梯度计算。该过程以总损失 loss 张量为起点，调用 loss. backward （）函数自动执行反向传播，从而获取损失函数对每一个参数张量的偏导数（梯度）。

在计算图内部，PyTorch 会基于张量之间计算的依赖关系，从损失节点出发，依次自动沿反方向传播梯度。该机制无需用户手动推导复杂的偏导表达式，极大简化了 ReaxFF 反应力场优化中涉及的高维参数系统的实现复杂度。

每个要参与训练的参数张量在定义时需设置属性 requires _ grad＝True，使其能够被纳入自动微分体系。调用 . backward （）后，所有这些参数的 . grad 属性将自动填充其对应的梯度张量，为后续优化器的参数更新提供依据。整个过程在不影响前向计算效率的前提下，确保了梯度计算的精确性与可追踪性。

(5) 参数更新与边界控制

在完成损失函数反向传播并获得所有参数梯度之后，程序调用优化器的 optimizer. step （）方法执行参数更新操作。该步骤基于当前轮次的梯度信息，对所有可训练参数张量进行调整，从而使模型输出更加贴近训练集的目标数据。

为避免参数值超出合理允许范围，程序在每轮迭代后对所有参数张量执行边界限制操作。该函数参考 params 文件中设定的上下限区间，将超出范围的参数强制回退至边界值，从而防止参数发散或失真。该机制确保了参数优化在整个训练过程中保持合理性和数值稳定性。对于键长、角度、电荷等物理意义明确的参数，这尤其至关重要。

(6) 保存与判断收敛

为了使优化过程及时终止，程序设定了收敛判据：① 损失值连续下降幅度小于设定阈值；② 达到最大训练循环数。

以上条件中任意一项满足即判定优化结束。

(7) 日志记录与结果输出

程序在每轮训练后将执行如下记录与输出任务。

① 损失值日志。用于记录当前循环的总损失值、能量误差和结构误差子损失项及所花费的时间等，如图 4-16 所示。

```
****************************************
Iteration: 1
minim. took 12.280123949050903
Energy minim loss: −28286.547409881045
RMSG > 1e+00 count: 28
RMSG > 2.5 count: 26
RMSG > 5.0 count: 19
True loss value: 5307014.16
Lowest loss value so far: 5307014.16
loss value after loss minim: 2157991.90
Iteration−1 took 188.73 sec
****************************************
```

图 4-16　损失值日志输出示例

② 力场文件保存。每次循环均可保存当前状态的 ReaxFF 反应力场为 ffield；若当前训练的力场的损失小于历史最小损失，系统将自动将该次循环获得的力场保存为 ffield-best，作为最终推荐版本的力场。

4.4.6 程序特点

从上述描述可以看出，Torch-ReaxFF 程序具有以下特点：

① 显著提高效率。该程序极大地提高了力场训练和优化的效率，将过去可能需要几天甚至几周的时间缩短到短短几个小时甚至几分钟，具体时间取决于数据量。这主要得益于程序对 GPU 计算的利用。

② 良好的 GPU 兼容性。软件使用的优化器版本对 GPU 具有很好的兼容性，能够有效利用 GPU 的并行计算能力。

③ 使用高效优化器。程序采用了 AdamW 优化算法进行参数调整。AdamW 是一种在梯度优化方面效率很高的优化器。相比于 Adam，它在处理大规模模型或数据集时表现出更好的泛化性能和更稳定的参数更新，有助于加速收敛并提高结果的稳定性。

④ 基于 PyTorch 框架。该程序以 PyTorch 框架为核心计算平台。PyTorch 灵活的张量操作和强大的自动微分功能有助于提高计算效率和代码灵活性。

⑤ 自动微分功能。程序利用了 PyTorch 的自动微分功能，这使得梯度的计算

更加高效和准确。

这些特点保证了该程序可以高效和高精度地进行煤分子 ReaxFF 反应力场的优化。

参考文献

[1] Zhao L, Ding Y, Ping C. Constructions of coal and char molecular models based on the molecular simulation technology [J]. Journal of Fuel Chemistry and Technology, 2017, 45 (7): 769-779.

[2] van Duin A C T, Dasgupta S, Lorant F, et al. ReaxFF: A reactive force field for hydrocarbons [J]. The Journal of Physical Chemistry A, 2001, 105 (41): 9396-9409.

[3] Johnson J K, Zollweg J A, Gubbins K E. The Lennard-Jones equation of state revisited [J]. Molecular Physics, 1993, 78 (3): 591-618.

[4] Buckingham R A. The classical equation of state of gaseous helium, neon and argon [J]. Proceedings of the Royal Society of London. Series A. Mathematical and Physical Sciences, 1938, 168 (933): 264-283.

[5] Mortier W J, Ghosh S K, Shankar S. Electronegativity-equalization method for the calculation of atomic charges in molecules [J]. Journal of the American Chemical Society, 1986, 108 (15): 4315-4320.

[6] Rappé A K, Casewit C J, Colwell K, et al. UFF, a full periodic table force field for molecular mechanics and molecular dynamics simulations [J]. Journal of the American Chemical Society, 1992, 114 (25): 10024-10035.

[7] Njo S L, Fan J, Van De Graaf B. Extending and simplifying the electronegativity equalization method [J]. Journal of Molecular Catalysis A: Chemical, 1998, 134 (1): 79-88.

[8] Verstraelen T, Ayers P W, Van Speybroeck V, et al. ACKS2: Atom-condensed Kohn-Sham DFT approximated to second order [J]. The Journal of Chemical Physics, 2013, 138 (7): 074108.

[9] Nistor R A, Müser M H. Dielectric properties of solids in the regular and split-charge equilibration formalisms [J]. Physical Review B, 2009, 79 (10): 104303.

[10] Baydin A G, Pearlmutter B A, Radul A A, et al. Automatic differentiation in machine learning: A survey [J]. Journal of Machine Learning Research, 2018, 18 (153): 1-43.

[11] Bafghi R A, Raissi M. Comparing PINNs across frameworks: JAX, Tensor-

Flow, and PyTorch [C]//ICLR 2024 Workshop on AI 4 Differential Equations In Science. 2024.

[12] van Duin A C, Baas J M, Van De Graaf B. Delft molecular mechanics: A new approach to hydrocarbon force fields. Inclusion of a geometry-dependent charge calculation [J]. Journal of the Chemical Society, Faraday Transactions, 1994, 90 (19): 2881-2895.

[13] Furman D, Carmeli B, Zeiri Y, et al. Enhanced particle swarm optimization algorithm: efficient training of ReaxFF reactive force fields [J]. Journal of Chemical Theory and Computation, 2018, 14 (6): 3100-3112.

[14] Shchygol G, Yakovlev A, Trnka T, et al. ReaxFF parameter optimization with Monte-Carlo and evolutionary algorithms: guidelines and insights [J]. Journal of Chemical Theory and Computation, 2019, 15 (12): 6799-6812.

[15] Guo F, Wen Y, Feng S, et al. Intelligent-ReaxFF: Evaluating the reactive force field parameters with machine learning [J]. Computational Materials Science, 2020, 172: 109393.

[16] Sengul M Y, Song Y, Nayir N, et al. INDEEDopt: A deep learning-based ReaxFF parameterization framework [J]. NPJ Computational Materials, 2021, 7 (1): 68.

[17] Kaymak M C, Rahnamoun A, O'Hearn K A, et al. JAX-ReaxFF: A gradient-based framework for fast optimization of reactive force fields [J]. Journal of Chemical Theory and Computation, 2022, 18 (9): 5181-5194.

[18] Kingma D P, Ba J. Adam: A method for stochastic optimization [C]//Proceedings of the 3rd International Conference on Learning Representations. Banff: Ithaca, NY, 2015.

[19] Zhang W, Niu L, Zhang D, et al. HW-ADAM: FPGA-based accelerator for adaptive moment estimation [J]. Electronics, 2023, 12 (2): 263.

[20] Reyad M, Sarhan A M, Arafa M. A modified Adam algorithm for deep neural network optimization [J]. Neural Computing and Applications, 2023, 35 (23): 17095-17112.

[21] Loshchilov I, Hutter F. Decoupled weight decay regularization [C]//International Conference on Learning Representations (ICLR 2019) . New Orleans, LA, USA: OpenReview. net, 2018.

第5章

煤分子ReaxFF力场参数化

分子力场由两部分组成：一是势函数形式；二是和具体势函数形式配套的力场参数。在 ReaxFF 力场势函数形式确定的情况下，力场参数的质量就成为影响力场表现的关键因素。一个力场含有大量的参数，即使只用于小分子的计算也需要可观数目的参数。建立一个新力场甚至只是增加一些参数都需要付出大量的劳动。力场对于一些参数是很敏感的，因此常常需要花很多时间仔细地优化这些参数。

本章将描述适用于煤结构模拟的 ReaxFF 反应力场（命名为 Coal-FF 力场）的参数化过程，具体包括训练集构建、初始力场文件、参数文件准备、力场参数化、优化程序性能评估。

5.1 力场训练文件

5.1.1 训练集构建

在力场参数化过程中训练集的数据质量与覆盖范围将直接影响最终力场的泛化能力与结构预测性能，因而训练集文件（trainset. in）的构建尤为重要。为确保力场在复杂煤分子体系中的适用性，本研究基于煤结构的组成特征选择了要进行训练的分子(第 2.3 节)，并对之进行密度泛函理论（DFT）计算，获得了气相及凝聚相体系的能量及几何结构，形成了 DFT 基准数据集。从基准数据集，我们对训练体系在不同状态下的部分键长、键角、二面角等几何参数和能量参数进行了抽样，形成了训练集，用于拟合 ReaxFF 反应力场的各参数项。训练集中训练条目的构成如表 5-1 所示。

表 5-1　训练集构成

训练条目	数目
bond	158
valency angle	197
torsion angle	53
energy	1202
合计	1610

5.1.2 初始力场文件

在 ReaxFF 反应力场的参数优化过程中，初始力场文件（ffield）给出力场参数的初始值，直接影响训练的收敛速度与最终质量。合理的初始参数设置能够避免训练初期出现过大的梯度波动和不合理的能量估计，并显著提高优化器在高维参数空间中的搜索效率。

H/C/O/N/S/B ReaxFF 反应力场包括了 H、C、O、N、S 等煤中的主要元素，已经应用于描述煤及其衍生物的燃烧、热解、氧化等过程，很适合作为本力场的初始值赋值[1-4]。本研究基于此力场文件构建了 ffield 文件。

5.1.3 参数文件

参数文件（params）的主要作用是为参与优化的参数提供上下限约束，确保训练过程稳定，并处在合理的范围。通过参考已有力场经验，基于优化过程，本研究逐步调整力场参数的边界。具体方法如下。

(1) 参考已有力场

由于本研究所涉及的体系与已知体系具有相似性，本研究参考了 HCONSB 力场[2]的优化经验，初步确定了合理的参数范围，并在此基础上结合目标分子体系的特征进行适当调整，构建了初始参数边界。

(2) 基于优化过程的迭代调整

在上述初始范围设定的基础上，再结合参数优化过程中实时反馈的结果进行了逐步精细调整。具体措施包括：

① 范围扩展。如果某一参数在多轮优化中多次逼近其上下限，说明初始范围过窄，限制了其调节空间。此时将该参数的上下限对称扩大（5%～10%），以纳入更合理的数值区间。

② 定向校正。若在某一特定参数区域出现明显的预测误差聚集（例如能量偏差超过 15%，结构明显不匹配），则对相关参数的上下限进行有针对性的微调，以纠正该类系统误差。

③ 持续优化。在每一轮优化中，根据拟合效果、收敛行为和误差敏感性，对参数范围进行更新，从而逐步提升力场对训练体系的拟合精度。

5.2 煤分子 ReaxFF 反应力场优化实践

5.2.1 程序运行准备

本软件压缩包名为 Torch-ReaxFF，在获得该压缩包之后，打开 Linux 的 Terminal 命令行终端按照以下步骤安装。

① 安装虚拟环境并启动。

conda create-n test python=3.9(创建虚拟环境)

conda activate test(打开虚拟环境)

② 安装 cuda、cudnn。

conda install nvidia/label/cuda-12.4.1::cuda(此处需安装对应 GPU 卡驱动支持的 cuda 版本)

conda install cudnn=8.9(此处安装与 cuda 对应的 cudnn 版本)

③ 安装依赖包。

conda install pytorch==2.2.1 torchvision==0.17.1 torchaudio==2.2.1 pytorch-cuda=12.1-c pytorch-c nvidia

conda install anaconda::tabulate

conda install anaconda::scipy

conda install anaconda::numpy(此处安装 numpy<2 的版本)

④ 软件安装。

将软件压缩包解压到目录，例如/root/torch/TorchReaxFF3，即可正常运行。

运行时，将 ReaxFF 反应力场参数需要的初始力场文件 ffield、训练集文件 trainset.in、几何结构文件 geo、优化参数文件 params 准备好，放入特定目录，例如/root/torch/TorchReaxFF/data 目录。文件格式参照第 4 章的介绍。

进入软件解压包所在的目录，打开 Linux 的 Terminal 命令行终端，输入 conda activate test，按照格式输入设置参数和运行的命令，回车即可启动程序。输入格式示例如下：

```
python   run.py--init_FF /root/torch/TorchReaxFF/data/ffield          \
         --params /root/torch/TorchReaxFF/data/params                 \
         --geo /root/torch/TorchReaxFF/data/geo                       \
         --train_file /root//torch/TorchReaxFF/data/trainset.in       \
         --num_e_minim_steps 100                                      \
         --e_minim_LR 5e-4                                            \
         --ELoss_minim_LR 1e-4                                        \
         --opt_method AdamW                                           \
         --out_folder ffields                                         \
         --save_opt all                                               \
         --num_trials 2                                               \
         --num_steps 50                                               \
         --init_FF_type fixed
```

其中，在设置学习率时，刚开始训练可以设置为 1e-3，在训练后期根据损失值收敛程度逐渐调低学习率以便更好地训练。

本软件可以由用户自定义的参数说明列于表 5-2 中。

表 5-2 用户自定义参数列表

参数	含义	设置规则	示例
--init _ FF	初始力场文件	字符串路径，默认 ffield	/root/ ffield
--params	可训练参数文件	字符串路径，默认 params	/root/params
--geo	geo 结构文件	字符串路径，默认 geo	/root/geo
--train _ file	训练集输入文件	字符串路径，默认 trainset. in	/root/trainset. in
--opt _ method	优化器类型	Adam、SGD、AdamW、L-BFGS-B 四选一	AdamW
--num _ trials	训练次数	整数∈［1，999］，默认 1	5
--num _ steps	每次训练的最大优化步数	整数∈［1，999］，默认 20	50
--init _ FF _ type	初始力场扰动方式	fixed：固定值 random：随机扰动 educated：中心扰动	fixed
--num _ e _ minim _ steps	结构最小化步数	整数∈［0，5000］，默认 0	200
--e _ minim _ LR	学习率（能量最小化）	浮点数，默认 5e-4	1e-3
--ELoss _ minim _ LR	学习率（loss 优化）	浮点数，默认 1e-4	1e-4
--end _ RMSG	最小化终止条件（梯度 RMS）	浮点数，默认 1. 0	1. 0
--out _ folder	输出文件保存路径	字符串路径，默认 outputs/	AdamW
--save _ opt	是否保存所有结果	all：保存全部试验 best：仅保存最佳力场	best
--cutoff2	截断值（决定是否生成角度）	浮点数，默认 0. 001	0. 001
--max _ num _ clusters	最大聚类数	整数∈［1，15］，默认 10	6
--num _ threads	并行线程数	－1 表示自动设置为可用 cpu 核数的 2 倍，或显式整数	-1
--seed	随机种子	整数，默认 0	0
--rest _ search _ start	限制搜索宽度开始 epoch	整数∈［－1，1000］，－1 表示关闭	15

运行命令后，终端即可显示每次试验以及每次迭代的信息，直到达到设置的次数，程序将结束运行并产生最后优化的力场。用户可在自定义的--out _ folder 参数设置值的文件夹中查看产生的优化力场以及报告文件。

当程序运行过程中出现 nan 值时，可以将 num _ steps 数值调低来训练力场，并将得到的力场作为下次训练的初始力场来避免出现此种情况。

5.2.2 程序性能

本研究的 ReaxFF 反应力场拟合算法在力场参数拟合中的收敛速度、误差控制能力以及硬件资源利用效率，直接影响到力场的训练效率与质量。为了确保所开发的 ReaxFF 参数优化程序具备良好的计算效率与拟合效果，我们从多个维度对程序性能进行了评估。

(1) 不同硬件计算效率对比

本研究的硬件资源为两台工作站：Dell T7920 和 Think Station P3。硬件配置上，Dell T7920 工作站安装了两颗 Intel Xeon Gold 5218 CPU、64GB DDR4 内存、NVIDIA RTX A2000 6GB GDDR6 专业图形显卡；Think Station P3 GPU 工作站则安装了一颗 Intel I7-13700K CPU，64GB DDR4 内存和 NVIDIA GeForce RTX 4090 GPU 卡。两工作站均安装了 CentOS 7.0 操作系统。

为了比较不同计算方式下的效率差异，本研究分别使用 Think Station P3 GPU 工作站的 GPU 计算与 Dell T7920 工作站的 CPU 进行了计算。图 5-1 显示了同一组数据在 GPU 和 CPU 运行一定步数所花费时间的差别。可以看出，随着训练步数的增加，GPU 的运行时间明显短于 CPU。

此外，本研究还考察了 van Duin 优化 ReaxFF 反应力场参数原始代码[5]的计算效率。该代码使用的算法是序贯抛物线参数插值法（SOPPI）。由于此代码只有 CPU 版本，因而本研究在 Dell T7920 工作站上进行了试运算。对比发现，其耗时是使用 Think Station P3 GPU 工作站运行本研究所开发程序的 5 倍以上。

上述结果说明，本研究所编制的程序在 GPU 架构下具备良好的并行处理能力和资源利用效率。

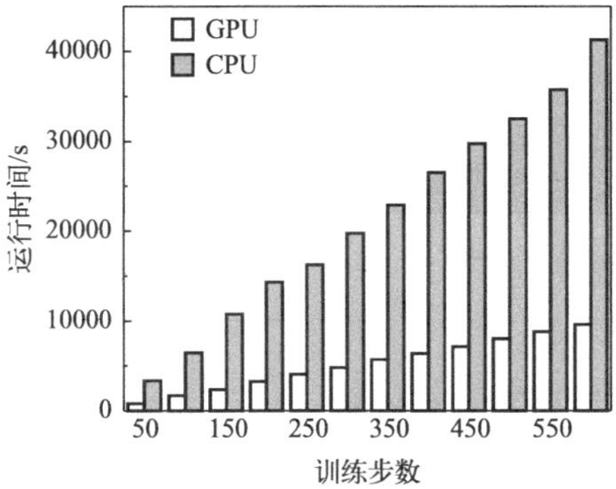

图 5-1　GPU 和 CPU 训练用时对比

(2) 不同优化器计算效果对比

在力场参数优化过程中，损失函数的收敛趋势反映了优化器在不同阶段对参数空间的探索能力与训练效果。一个理想的优化过程应当在初始阶段实现快速下降，在中后期保持稳定收敛以获得误差较小、性能稳定的参数集。评估不同优化器在损失函数下降过程中的表现有助于比较其拟合能力和数值稳定性。

本研究分别采用 Adam 与 AdamW 优化器对相同的初始参数和训练数据进行了 ReaxFF 反应力场参数训练。训练过程中记录了每一轮迭代后的真实损失值，将其绘制成损失收敛曲线后如图 5-2 所示。

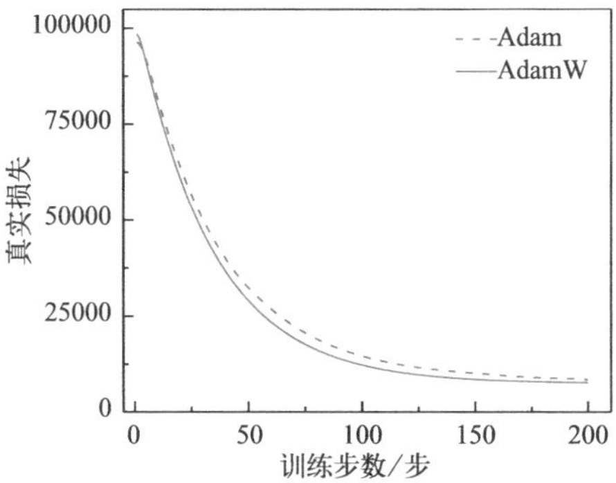

图 5-2 Adam 和 AdamW 优化器计算的损失收敛曲线对比

从图 5-2 中可以看出，两种优化器在训练初期均呈现出快速下降趋势，表明两种优化器在早期阶段均具有良好的学习能力。在训练中段（第 50～160 步），AdamW 与 Adam 的损失差距逐渐拉大，说明其具备更强的跳出局部最小值的能力，在复杂的全局优化中表现出更强的收敛能力。除了最初始的数步，AdamW 优化器在训练过程中始终保持更低的损失值，最终在第 200 轮训练结束时收敛至 7521.86；而 Adam 优化器的最终损失值为 7631.16，明显高于前者。此外，使用 van Duin 优化原始代码的 SOPPI 方法得到的误差值为 7650.88，拟合效果也略逊于本文优化方法。最终这三种方法具体的损失比较如图 5-3 所示。

综合来看，AdamW 优化器无论在收敛速度、稳定性和最终误差控制方面均优于 Adam 优化器和传统 SOPPI 方法，更适合应用于本研究所涉及的煤分子 ReaxFF 反应力场参数优化的任务。

(3) 分子结构拟合误差对比

为了进一步比较不同优化策略下训练的力场在分子结构拟合质量方面的差异，本研究选取了具有代表性的无烟煤分子[3,6]作为测试对象，利用由 Adam 和 AdamW 优化器分别训练得到的 ReaxFF 反应力场对其几何结构进行优化，并与 DFT

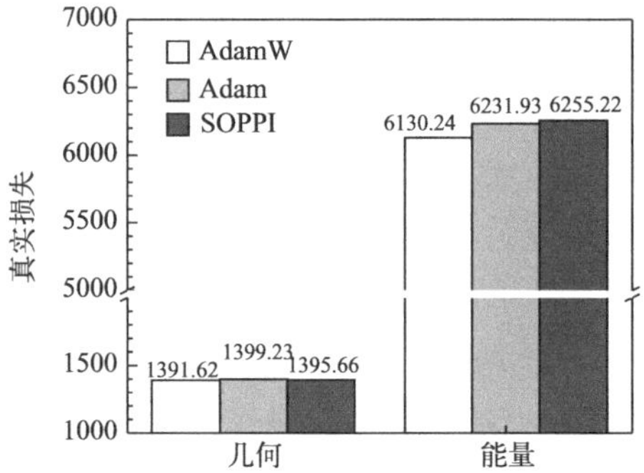

图 5-3　SOPPI、Adam 和 AdamW 优化器优化的损失值比较

结果进行了对比分析。图 5-4 展示了三种方法优化所得的无烟煤分子的几何构型，其中图 5-4（a）、（b）、（c）分别对应 Adam 优化器、AdamW 优化器和 DFT 计算的结果。

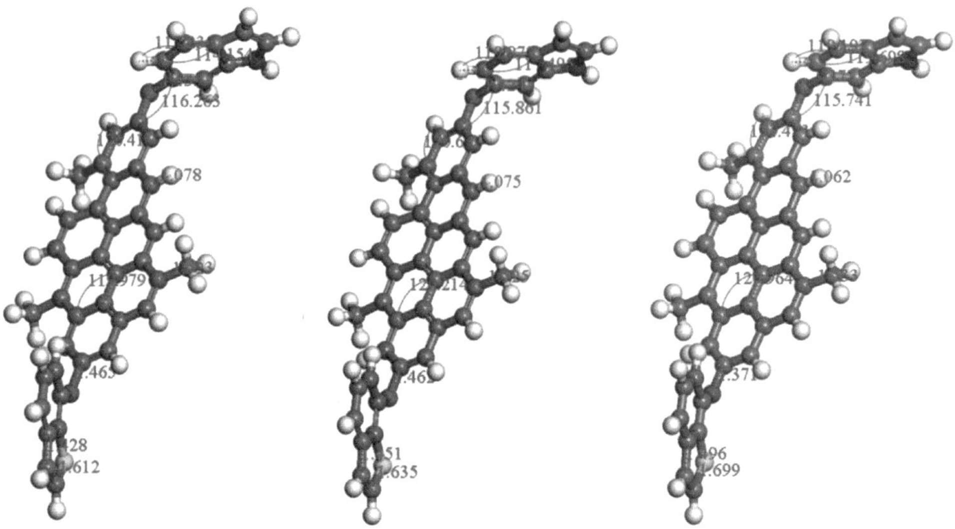

(a)　　(b)　　(c)

图 5-4　无烟煤模型结构几何参数对比

（a）Adam-ReaxFF 优化的结构；（b）AdamW-ReaxFF 优化的结构；（c）DFT 优化的结构

从图中可以观察到，三者整体骨架结构基本相似，但在原子排布与局部几何参数上存在细微的差异。AdamW 拟合结构［图 5-4（b）］在大多数键长（C—O、C—H、C—S 等）与键角（C—C—H、C—O—C 等）上与 DFT 结果更为接近，偏差较小，体现出较高的结构复原能力。

相较之下，Adam 优化结果［图 5-4（a）］在多个参数上表现出更大的偏离，局部结构出现微小畸变。例如，图中标注的 C—H 和 C—O 键长在 Adam 拟合中略有伸长，C—C—C 角度也发生轻微偏移。这些偏差说明在相同轮数训练条件下，Adam 优化器在结构几何保真性方面稍逊于 AdamW 优化器。

总体结构误差统计数据上，Adam 优化下的平均键长偏差为 0.0555Å，平均键角偏差为 2.0033°，而 AdamW 优化下的平均键长偏差为 0.0448Å，平均键角偏差为 0.9036°，均优于 Adam 训练力场的结果，这也说明，AdamW 在实际几何结构预测方面也具有更高的可靠性。

5.2.3 力场参数化

在完成训练集文件（trainset.in）、参数文件（params）和力场文件（ffield）构建和不同优化器性能对比之后，使用基于深度学习框架 PyTorch 编制的 Torch-ReaxFF 程序，选择 AdamW 优化器，利用 NVIDIA GeForce RTX 4090 GPU，通过多轮力场参数训练，最终得到了 Coal-FF ReaxFF 反应力场。其中，部分力场键参数如表 5-3 所示，部分力场键角参数如表 5-4 所示，部分力场扭转角参数如表 5-5 所示。完整的力场文件示于附录一。

表 5-3 Coal-FF 部分力场键参数

键	D_e /(kcal/mol)	p_{be1} /(kcal/mol)	p_{be2} /(Å^{-1})	p_{bo1}	p_{bo2}	p_{bo3}	p_{bo4}	p_{bo5}	p_{bo6}
C—C	155.9	−0.584	0.227	−0.067	6.956	−0.129	9.116	−0.424	37.757
C—H	169.6	−0.459	5.133	−0.059	6.969	1.000	—	—	6.000
H—H	155.4	−0.385	3.242	−0.052	4.829	1.000	—	—	6.000
C—O	159.8	−0.574	0.775	−0.191	5.296	−0.357	7.004	−0.259	10.871
O—O	60.0	−0.164	0.135	−0.255	6.406	−0.257	7.764	−0.124	29.567
H—O	179.8	−1.022	1.189	−0.033	5.110	1.000	—	—	6.000
C—S	200.6	−0.697	2.121	−0.150	5.515	−0.073	13.759	−0.519	18.912
H—S	182.5	−0.708	11.75	−0.064	4.556	1.000	—	—	6.000
S—S	86.66	−0.996	0.279	−0.113	6.128	−0.167	8.234	−0.476	17.811
O—S	112.0	0.537	0.705	−0.089	6.055	−0.351	8.518	−0.240	22.043
C—N	167.7	−0.643	0.889	−0.210	5.975	−0.428	7.240	−0.360	28.371
O—N	144.0	0.736	1.097	−0.238	4.741	−0.431	6.403	−0.182	17.105
N—N	104.3	−0.937	0.327	−0.188	5.627	−0.441	8.215	−0.281	12.004
H—N	121.5	0.073	10.595	−0.043	7.319	1.000	—	—	6.000
O—S	112.0	0.537	0.705	−0.099	9.974	−0.199	14.961	−0.249	24.935

表 5-4　Coal-FF 部分力场键角参数

键角	$\Theta_{o,o}$/（°）	p_{val1} /[kcal/(mol/rad^2)]	p_{val2} /[kcal/(mol/rad^3)]	p_{val7} /(°)	p_{val4} /(kcal/mol)
C—C—C	67.257	21.776	1.391	1.548	2.022
C—C—H	65.142	14.032	6.034	0.349	1.407
H—C—H	70.153	24.997	3.194	0.211	3.247
O—C—O	76.658	40.022	2.784	1.996	2.379
H—C—O	64.578	14.427	5.107	0.602	1.472
C—O—S	82.887	23.357	0.772	1.214	2.729
C—S—H	98.693	13.876	2.298	0.154	2.843
H—O—S	45.555	13.406	1.568	0.772	2.655
O—C—N	73.762	12.434	6.982	2.992	1.185
H—O—N	75.423	18.743	0.981	0.122	1.047
H—N—H	84.954	25.136	0.429	1.006	0.781

表 5-5　Coal-FF 部分力场扭转角参数

扭转角	V_1 /（kcal/mol）	V_2 /（kcal/mol）	V_3 /（kcal/mol）	p_{tor1}	p_{cot1}
C—C—C—C	−0.072	11.793	0.294	−4.449	−1.9702
C—C—C—H	−0.132	31.102	−0.080	−4.531	−1.6728
H—C—C—O	−0.584	22.444	0.386	−4.138	−1.1915
H—C—O—H	−2.389	79.242	0.746	−3.818	−2.5034
O—C—O—H	−0.229	79.026	−0.956	−3.911	−2.729
H—O—S—O	2.494	2.494	0.223	−9.974	—
O—S—S—O	0.250	89.766	0.499	−5.984	—
C—S—S—H	—	49.870	—	−7.979	—
H—S—S—H	—	49.870	—	−7.979	—
N—C—N—N	−2.902	102.264	0.459	−7.899	−1.5959

参考文献

[1] Kamat A M, Van Duin A C, Yakovlev A. Molecular dynamics simulations of laser-induced incandescence of soot using an extended ReaxFF reactive force field [J]. The

Journal of Physical Chemistry A，2010，114（48）：12561-12572.

[2] Castro-Marcano F，Lobodin V V，Rodgers R P，et al. A molecular model for Illinois No. 6 Argonne Premium coal：Moving toward capturing the continuum structure [J]. Fuel，2012，95：35-49.

[3] Bhoi S，Banerjee T，Mohanty K. Insights on the combustion and pyrolysis behavior of three different ranks of coals using reactive molecular dynamics simulation [J]. RSC Advances，2016，6（4）：2559-2570.

[4] Bhoi S，Banerjee T，Mohanty K. Molecular dynamic simulation of spontaneous combustion and pyrolysis of brown coal using ReaxFF [J]. Fuel，2014，136：326-333.

[5] 刘连池 . ReaxFF 反应力场的开发及其在材料科学中的若干应用 [D]. 上海：上海交通大学，2012.

[6] Mathews J P，Chaffee A L. The molecular representations of coal-A review [J]. Fuel，2012，96：1-14.

第6章 煤分子ReaxFF反应力场验证

在 Coal-FF 反应力场参数优化完成后，对其力场质量进行系统性验证尤为重要，旨在全面评估其在结构优化预测、能量计算以及分子动力学模拟中的适用性与可靠性。本章将首先阐述分子力学和分子动力学的基本计算原理，随后围绕力场的结构再现能力、能量拟合精度、非训练集预测效果以及与现有力场（HCONSB. ff）[1-3]的表现对比进行全面评估。

6.1 分子结构优化方法

使用 Coal-FF 反应力场，我们即可用分子力学来计算分子各种可能构象的能量。我们在进行分子结构模拟时，通常希望得到分子的低能构象，即与分子势能面上的极小值相对应的构象。这一问题可用能量优化的方法来解决。通常势能面可得到许多极小值的点，这些极小值中能量最低的成为最低极小值，相当于分子最稳定的构象。由势能面求最低极小值的过程称为能量最优化，其所对应的结构称为最优化结构。下面介绍几种分子力学中常用的优化方法。

6.1.1 单纯型法

单纯型（simplex）法是一种直接搜索的优化方法，通常在优化领域指 Nelder-Mead 单纯形算法（Nelder-Mead simplex algorithm）。它不需要计算体系能量的导数，而是通过在原子坐标空间中逐个调整原子位置来改进分子的几何构型，寻找使体系总能量最小的构型。扭曲性较大的分子，因能量对坐标的微分是不连续的，无法求导，单纯型法能够处理此类问题。

对于多原子分子体系的结构优化，如果要优化 N 个原子（除去整体平移和旋转的自由度后）的弹性结构，自由度是 $3N$-6。算法实际上在这个高维空间中操作，单纯形由（$3N$-6）+1 个点组成。它通过在一个由（$3N$-6）+1 个点组成的“单纯型”上比较体系的总能量。通过比较这些能量值，算法可以确定哪个点对应能量最高（最坏点）和最低（最好点）以及其他点的排序。在优化过程中，算法通过一系列几何操作（反射、扩展、收缩等）来智能地探索参数空间，迭代地用一个能量更低的点替换能量最高的点，来搜索最小值。通过不断重复“评估函数值、识别最坏点、生成新点替换最坏点”的过程，单纯形在参数空间中会逐渐移动、变形和收缩。理想情况下，单纯形会朝着目标函数的最小值方向移动，并且随着迭代的进行，单纯形的尺寸会逐渐变小，最终“包围”住一个局部最小值点，从而实现优化。

虽然可以将单纯形法应用于分子结构优化，但这并不是主流做法。计算化学中标准的结构优化算法几乎都是基于梯度的优化方法，因为梯度信息对于高效地探索多维势能面至关重要。单纯形法更适合用于那些目标函数梯度难以计算或没有明确定义的优化问题。

6.1.2 直线搜寻法

直线搜寻（line search）法不是一个独立的优化方法，而是一种在许多迭代优化算法（尤其是基于梯度的算法，如最速下降法、共轭梯度法、准牛顿法等）中使用的子过程或策略，用于确定在每一步迭代中沿选定方向前进的步长（step size）。它从起始点开始，在空间中选取搜寻方向。不同的算法确定搜索方向的方式不同，最速下降法沿着负梯度方向，共轭梯度法和准牛顿法会结合之前的历史信息。

一旦确定了搜索方向，下一步就是在当前构型沿这个方向移动一个步长。直线搜寻的任务就是寻找一个合适的步长。理想情况下，我们希望找到一个步长，使得沿搜索方向，体系能量值达到最小。然而，精确地找到这个最小值通常计算量很大，需要在每一步都进行多次能量计算，效率低下。在实际的分子优化中，通常采用的是非精确直线搜寻。它不要求找到精确的最小值，只要体系能量有明显的降低，步长又不过小就算满足条件。通过有效地进行直线搜寻，优化算法能够稳定、快速地从初始构型逼近势能面的最低点。

6.1.3 最速下降法

最速下降（steepest descent）法是一种一次求导方法。最速下降法的核心思想是：在当前构型下，沿着能量下降最快的方向移动一小步。能量下降最快的方向就是当前构型处势能函数梯度的反方向。

算法从一个初始构型 X_0 开始，通过迭代产生一系列构型 $\boldsymbol{X}_1$、$\boldsymbol{X}_2$、…、$\boldsymbol{X}_k$、$\boldsymbol{X}_{k+1}$、…，使得每一步的能量都降低，直到满足收敛标准。

第 k 步的迭代公式可以写为：

$$\boldsymbol{X}_{k+1}=\boldsymbol{X}_k+\lambda\boldsymbol{s}_k \tag{6-1}$$

式中，$\boldsymbol{s}_k=-\frac{\boldsymbol{g}_k}{|\boldsymbol{g}_k|}$ 表示沿力方向的单位矢量；$\boldsymbol{g}_k$ 表示势函数在 X_k 构象的梯度，指向能量上升最快的方向；λ 为找到极小值所需移动的步幅。

在最速下降法中每步所得出的梯度，有如下的正交关系：

$$\boldsymbol{g}_{k+1}\boldsymbol{g}_k=0 \tag{6-2}$$

即 $\boldsymbol{k}$ 点的梯度方向与 $\boldsymbol{k}+1$ 点的梯度方向互相垂直。

最速下降法的能量优化搜索在接近极小值点附近会产生振荡，不容易收敛；在势能面峡谷很窄时，也容易振荡。但其算法健壮，即使势能面非常偏离极小值点也可以顺利进行计算。因此，最速下降法在实际的分子结构优化中通常只用于远离最低点时的初步优化阶段，以便快速接近局部最低点区域，然后切换到更高效的算法（如共轭梯度法或准牛顿法）进行精确收敛。

6.1.4 共轭梯度法

共轭梯度（conjugate gradient）法也是一种一次求导方法。与最速下降法不同的是，它结合前一步的结果来确定当前直线搜索的方向。

共轭梯度法是将原子由 X_k 处的构象沿着共轭方向 $\boldsymbol{v}_k$ 移动。

$$\boldsymbol{v}_k = -\boldsymbol{g}_k + \gamma_k \boldsymbol{v}_{k-1} \tag{6-3}$$

式中，$\boldsymbol{v}_k$ 为 $\boldsymbol{k}$ 点法矢量，$\boldsymbol{g}_k$ 为 $\boldsymbol{k}$ 点梯度，$\gamma_k = \dfrac{(\boldsymbol{g}_k)T\boldsymbol{g}_k}{(\boldsymbol{g}_{k-1})T\boldsymbol{g}_{k-1}}$。

在第一次迭代中，通常沿负梯度的方向调整体系构象，如式（6-4）所示。在后续迭代中，构象更新则沿着共轭方向 $\boldsymbol{v}_k$ 进行，如式（6-5）所示。通过直线搜寻确定步长 α_k，使得沿 p_k 方向能量尽可能低

$$\boldsymbol{X}_1 = \boldsymbol{X}_0 + \lambda_0 \boldsymbol{s}_0 \tag{6-4}$$

$$\boldsymbol{X}_{k+1} = \boldsymbol{X}_k + \lambda_k \boldsymbol{v}_k \tag{6-5}$$

在共轭梯度法中，各搜寻点的梯度相互正交，方向相互共轭。搜寻的每个方向都走到了极致，也即是说寻找极值的过程中绝不走曾经走过的方向，那么 $3N$ 维空间的函数极值也就走 $3N$ 步就解决了。这种方法的收敛性较好，但对体系的初始结构要求较高，因此常与最速下降法联合使用，先用最速下降法优化，再用共轭梯度法优化至收敛。

6.1.5 牛顿-拉普森法

牛顿-拉普森（Newton-Raphson）法除了使用当前点的梯度约定来决定直线搜索的方向外，它还用当前点的二阶导数（Hessian 矩阵）信息来确定沿该直线搜索方向的极小值。

$$\boldsymbol{X}_{k+1} = \boldsymbol{X}_k - (\boldsymbol{E}'')^{-1}(\boldsymbol{X}_k)\boldsymbol{E}'(\boldsymbol{X}_k) \tag{6-6}$$

式中，$\boldsymbol{E}'(\boldsymbol{X}_k)$ 为在体系构象 $\boldsymbol{X}_k$ 的梯度向量（原子受力的负值），$(\boldsymbol{E}'')^{-1}(\boldsymbol{X}_k)$ 为函数二级导数 Hessian 矩阵的逆矩阵。

在接近最小值时，牛顿-拉普森法具有二次收敛性，收敛速度非常快。如果 Hessian 矩阵是正定的，算法能够稳定地收敛到局部最小值。对于包含大量原子的体系，Hessian 矩阵的维度是 $3N \times 3N$，并且还要求相应的逆矩阵。此法耗费的机时与变量的三次方成正比，而且需要较大的存储空间，完全的牛顿-拉普森法在分

子结构优化中并不常用，尤其对于大型体系。所以在实际计算中常用改进的准牛顿法（quasi-Newton methods），如 BFGS（Broyden-Fletcher-Goldfarb-Shanno）法或 L-BFGS（limited-memory Broyden-Fletcher-Goldfarb-Shanno）法，它们通过迭代地近似求出 Hessian 矩阵或其逆矩阵，避免了直接计算和存储完整的 Hessian 矩阵，从而在收敛速度和计算成本之间取得平衡。

6.1.6 BFGS 法

与牛顿-拉普森法需要计算和存储精确的 Hessian 矩阵不同，BFGS（Broyden-Fletcher-Goldfarb-Shanno）方法通过迭代地更新一个近似的 Hessian 矩阵（或其逆）来避免昂贵的二阶导数计算。这种近似是基于连续的梯度向量（successive gradient vectors）来构建的，利用了目标函数在迭代过程中的一阶导数信息。

BFGS 方法的核心思想是构建一个对称正定的矩阵来近似目标函数的真实 Hessian 矩阵。在每次迭代中，算法利用当前步长和梯度改变量来更新这个近似 Hessian 矩阵，使其更好地反映目标函数的局部曲率信息。然后，利用更新后的近似 Hessian 矩阵来确定下一步的搜索方向，该方向通常是朝着能量下降最快的方向。

在第 k 次迭代时，BFGS 方法通过以下公式确定搜索方向 $\boldsymbol{p}_k$：

$$\boldsymbol{p}_k = -\boldsymbol{H}_k \boldsymbol{g}_k \tag{6-7}$$

式中，$\boldsymbol{p}_k$ 是在第 k 次迭代时的搜索方向向量；$\boldsymbol{H}_k$ 是在第 k 次迭代时对逆 Hessian 矩阵的近似；$\boldsymbol{g}_k$ 是在当前体系几何构象 $\boldsymbol{X}_k$ 下的梯度向量；BFGS 方法的核心在于如何高效地更新近似 Hessian 矩阵的逆 $\boldsymbol{H}_k$ 在每一次迭代后得到 $\boldsymbol{H}_{k+1}$；更新的目的是使新的近似 Hessian 矩阵满足割线条件（secant equation），即在当前步长方向上，近似 Hessian 矩阵乘以步长应该近似等于梯度的改变量。BFGS 更新公式为：

$$\boldsymbol{H}_{k+1} = \left(\boldsymbol{I} - \frac{\boldsymbol{s}_k \boldsymbol{y}_k^T}{\boldsymbol{y}_k^T \boldsymbol{s}_k}\right) \boldsymbol{H}_k \left(\boldsymbol{I} - \frac{\boldsymbol{y}_k \boldsymbol{s}_k^T}{\boldsymbol{y}_k^T \boldsymbol{s}_k}\right) + \frac{\boldsymbol{s}_k \boldsymbol{s}_k^T}{\boldsymbol{y}_k^T \boldsymbol{s}_k} \tag{6-8}$$

式中，$\boldsymbol{H}_{k+1}$ 是下一次迭代使用的逆 Hessian 矩阵的近似；$\boldsymbol{H}_k$ 是本次迭代使用的逆 Hessian 矩阵的近似；$\boldsymbol{I}$ 是与问题维度相应的单位矩阵；$\boldsymbol{s}_k$ 是本次迭代的步长向量，$\boldsymbol{s}_k = \boldsymbol{X}_{k+1} - \boldsymbol{X}_k$；$\boldsymbol{y}_k$ 是本次迭代的梯度变化向量，$\boldsymbol{y}_k = \boldsymbol{g}_{k+1} - \boldsymbol{g}_k$；$\boldsymbol{s}_k^T$ 和 $\boldsymbol{y}_k^T$ 分别是向量 $\boldsymbol{s}_k$ 和 $\boldsymbol{y}_k$ 的转置。

6.1.7 L-BFGS 法

L-BFGS（limited-memory BFGS）法是 BFGS 算法的一种改进，主要为了解决标准 BFGS 法在处理大规模优化问题时需要存储和操作大型稠密 Hessian 矩阵逆的内存瓶颈。L-BFGS 法的核心思想是不显式地存储完整的逆 Hessian 矩阵 $\boldsymbol{H}_k$，而是存储最近 m 次迭代的步长向量 $\boldsymbol{s}_k$ 和梯度变化向量 $\boldsymbol{y}_k$ 对，并利用这些历史信息在有限内存下隐式地计算 Hessian 矩阵逆与梯度向量的乘积 $\boldsymbol{H}_k\boldsymbol{g}_k$ 。

逆 Hessian 矩阵的更新公式为：

$$\boldsymbol{H}_{k+1}=(\boldsymbol{I}-\boldsymbol{\rho}_k\boldsymbol{s}_k\boldsymbol{y}_k^T)\boldsymbol{H}_k(\boldsymbol{I}-\boldsymbol{\rho}_k\boldsymbol{y}_k\boldsymbol{s}_k^T)+\boldsymbol{\rho}_k\boldsymbol{s}_k\boldsymbol{s}_k^T \tag{6-9}$$

其中，

$$\boldsymbol{\rho}_k=\frac{1}{\boldsymbol{y}_k^T\boldsymbol{s}_k} \tag{6-10}$$

L-BFGS 法利用两重循环（先从最新信息回溯，再正向修正）计算搜索方向 $\boldsymbol{p}_k$ ，而无须存储 $\boldsymbol{H}_k$ 的完整矩阵，从而大幅降低内存需求。

分子体系优化中，以下几个关键点对于获得准确可靠的结果至关重要：

① 建立准确的计算模型。计算模型是分子力学和分子动力学模拟的基础。模型的建立必须源于所研究体系的实际情况，并在充分考虑各种物理化学因素的基础上，采取合理的近似。如果所构建的模型无法真实代表目标体系，那么后续的计算结果将不可避免地出现偏差。

② 理解最低能量构型的物理意义。原则上，通过充分优化获得的构型所计算出的能量代表了体系在绝对零度下的经典能量，该能量计算通常忽略了量子效应。需要注意的是，对于任何力场而言，由于能量零点是相对设定的，不同分子体系优化计算得到的总能量值不宜直接进行比较。比较能量时，通常关注能量差（如反应能、活化能等）或在相同体系下不同构型的相对能量。

③ 选择合适的优化算法。优化算法的选择应主要依据体系的规模和当前的优化阶段。共轭梯度法和最速下降法通常适用于各种大小的体系。而牛顿-拉普森法由于需要计算和存储庞大的 Hessian 矩阵，其应用通常受限于体系大小，不适用于非常大的体系。对于初始构型距离收敛点较远的情况，共轭梯度法和牛顿-拉普森法的收敛效果通常更好。然而，最速下降法在远离最低点时能快速降低能量，但在接近收敛点时效率会显著降低。因此，在实际的分子结构优化计算中，一种常见的策略是先使用最速下降法进行初步优化，快速消除较大的力，然后再切换到收敛速度更快的共轭梯度法或牛顿-拉普森法进行精确优化。

④ 合理应用限定或限制条件。根据具体的计算目的，可以施加适当的限定或限制条件来引导或约束优化过程。例如，固定体系中的特定原子、限制某些键长或键角、约束特定二面角的扭转等。这样做不仅可以控制优化的方向，使其更符合实际体系的相互作用或反应路径，还可以显著减少计算时间，提高效率。

⑤ 设定合理的收敛标准。收敛标准的设定取决于优化计算的目的。如果优化仅是为了为分子动力学模拟提供一个合理的初始构型，通常可以采用相对宽松的收敛标准，例如最大原子受力小于某个阈值［如 1.0kcal/（mol·Å）］。然而，如果优化结果将用于简正模式分析（normal mode analysis）或其他需要精确势能面曲率

信息的高级分析，则需要设定更严格的收敛标准，确保体系确实处于一个能量极小点，此时通常要求最大原子受力小于 10^{-5} kcal/（mol·Å），甚至更低。

6.2 分子动力学计算原理

分子动力学（molecular dynamics，MD）方法是一种按该体系内部的内禀动力学规律来计算并确定位形变化的确定性模拟方法。首先需要在给定的外界条件下建立一组粒子的运动方程，然后直接对系统中的一个个粒子运动方程进行数值求解，得到每个时刻各个分子的坐标与动量，即在相空间的运动轨迹，再利用统计力学方法得到多体系统的静态和动态特性，从而获得系统的宏观性质。可以看出，分子动力学方法中不存在任何随机因素，这也是分子动力学方法和蒙特卡罗方法的区别之一。

在分子动力学方法的处理过程中，方程组的建立是通过对物理体系的微观数学描述给出的。在这个微观的物理体系中，每个分子都各自服从经典的牛顿力学定律。每个分子运动的内禀动力学可用理论力学上的哈密顿量或者拉格朗日函数来描述，也可以直接用牛顿运动方程来描述。

6.2.1 发展历史

分子动力学方法是 20 世纪 50 年代后期由 Alder 和 Wainwright 创造并发展的。Alder 和 Wainwright 在 1957 年利用分子动力学模拟，发现了刚性球组成的集合系统会发生由液相到结晶相的相转变[4]，后来人们称这种相变为 Alder 相变。其结果表明，不具有引力的粒子系统也具有凝聚态。到 20 世纪 70 年代，产生了刚性体系的动力学方法，成功地被应用于水和氮等分子性溶液体系[5]。1972 年，Less 和 Edwards 等[6]发展了该方法并扩展到了存在速度梯度，即处于非平衡状态的系统。进入 20 世纪 80 年代之后，出现了在分子内部对一部分自由度施加约束条件的新的分子动力学方法，从而使分子动力学方法可适用于类似蛋白质等生物大分子的解析与设计。分子动力学方法真正作为材料科学领域的一个重要研究方法，始于由 Andersen[7]、Parrinello[7]和 Rahman[8]等创立恒压分子动力学方法和 Nose[9]完成恒温分子动力学方法的建立及在应用方面的成功。后来，针对势函数模型化比较困难的半导体和金属等，1985 年人们又提出了将基于密度泛函理论的电子论和分子动力学方法有机统一起来的所谓 Car-Parrinello 方法[10]，即第一性原理分子动力学方法，这样分子动力学的方法进一步得到发展和完善，它不仅可以处理半导体和金属问题，同时还可应用于处理有机物和化学反应。

6.2.2 基本思想

分子动力学模拟一般采用力场方法，即用势函数 V 来描述体系分子内和分子间的相互作用，根据牛顿运动方程，通过考察粒子的运动来研究多粒子系统的物理性质。在处理孤立粒子或原子团簇时，单纯地对牛顿运动方程进行积分求解就行了；而在处理凝聚系统时，可以认为将所考虑的 N 个粒子放入具有一定体积的容器中，在这样组成的封闭系统中，建立直角坐标（X、Y、Z），每个粒子的位置就由三个坐标分量决定，通过求解 $3N$ 个牛顿方程构成的联立方程组就可以得到保守系的总能量。对给定的牛顿方程进行时间演化，在达到指定的力学收敛条件之后得到一个最终的位置坐标，然后通过相关的位形信息和运动的速度和加速度等信息通过热力统计学的方法，给出模拟体系的统计信息。

6.2.3 积分方法

理论上，解析积分算法可以求解牛顿运动方程。由于相互作用势的复杂性，除极个别体系，体系的分子运动方程组采用解析积分难以实现。实际中，通常采用有限差分法，用有限的时间段 δt（时间步长）取代无限小的时间段 $\mathrm{d}t$，通过数值积分完成。

有限差分方法的基本思想是把整个积分距离划分成一个个小的时间段，每段时间长度是 δt ，因为 δt 非常小，一般是在飞秒（10^{-15} s）数量级，所以在每个时间段中粒子受到的力近似认为不变。

$$r(t+\delta t)=r(t)+v(t)\delta t+\frac{1}{2}a(t)\delta t^2+\frac{1}{2}b(t)\delta t^3+\cdots \tag{6-11}$$

$$v(t+\delta t)=v(t)+a(t)\delta t+\frac{1}{2}b(t)\delta t^2+\frac{1}{6}c(t)\delta t^3+\cdots \tag{6-12}$$

加速度 $a(t)$ 可以根据力求得。

通过式（6-11）和式（6-12），就可以计算粒子的速度和坐标。但是这种方法计算量大，并且内存使用量大，存在可以改进的余地。

(1) Verlet 算法

1967 年，Verlet 提出一种算法替代式（6-11）和式（6-12）来计算速度和坐标[11]。仿照式（6-11）可得：

$$r(t-\delta t)=r(t)-v(t)\delta t+\frac{1}{2}a(t)\delta t^2-\frac{1}{2}b(t)\delta t^3+\cdots \tag{6-13}$$

Verlet 注意到将式（6-11）和式（6-13）相加得：

$$r(t+\delta t)=2r(t)-r(t-\delta t)+a(t)\delta t^2+O(\delta t^4) \tag{6-14}$$

此即 Verlet 算法，是目前分子动力学领域使用最广的一种积分方法。用这个方法计算坐标根本不需要速度的出现，因此节省了大量存储空间，同时这个方法不需要计算速度，也节省了计算时间。在计算机能力较弱的时代，这个算法显得非常有意义。

但是 Verlet 算法也存在一些问题，首先计算中用到 δt^2 项，δt 本身就是一个非常小的数，δt^2 比 δt 还要小得多，这么小的数存储在计算机时会造成精度损失。另外，方法中并不显式地包含速度，速度必须用下式计算：

$$v(t)=\frac{1}{2\delta t}\left[r(t+\delta t)-r(t-\delta t)\right]+O(\delta t^2) \tag{6-15}$$

但是很多时候人们希望知道体系的温度，而温度和动能有关，这时候 Verlet 算法就显得很不方便。另外，Verlet 算法用 $r(t)$ 和 $r(t-\delta t)$ 来计算 $r(t+\delta t)$。但是当模拟开始时，也就是 $t=0$ 时，$r(t-\delta t)$ 并不存在，此时 $r(t-\delta t)$ 必须用式（6-13）所示的泰勒展开来计算，理论上缺乏严格性。

（2）蛙跳 Verlet 算法

1970 年，Hockney 提出了蛙跳 Verlet（leap-frog Verlet）算法[12]。它的主要特点是像青蛙跳跃一样交错计算位置和速度。它利用了半时间间隔处的速度：

$$r(t+\delta t)=r(t)+v\left(t+\frac{1}{2}\delta t\right)\delta t \tag{6-16}$$

$$v\left(t+\frac{1}{2}\delta t\right)=v\left(t-\frac{1}{2}\delta t\right)+a(t)\delta t \tag{6-17}$$

计算时假设 $v\left(t-\frac{1}{2}\delta t\right)$ 和 $r(t)$ 已知，则由 t 时刻的位置 $r(t)$ 计算质点所受的力与加速度 $a(t)$。再依式（6-17）预测时间 $\left(t+\frac{1}{2}\delta t\right)$ 时的速度 $v\left(t+\frac{1}{2}\delta t\right)$，代入式（6-16）获得 $r(t+\delta t)$，依此类推。时间 t 时刻的速度可由式（6-18）算出：

$$v(t)=\frac{1}{2}\left[v\left(t-\frac{1}{2}\delta t\right)+v\left(t+\frac{1}{2}\delta t\right)\right] \tag{6-18}$$

蛙跳 Verlet 算法与 Verlet 算法相比有两个优越之处：一是计算时没有 δt^2 项，保证了计算的精度。二是蛙跳 Verlet 法可以直接计算速度，而不需要额外存储前一步的位置。由它计算的位置、速度的误差要小于 Verlet 方法。但蛙跳 Verlet 算法在计算效率上比 Verlet 算法要差一些，同时 t 时刻粒子的速度仅仅是近似值。

（3）速度 Verlet 算法

Swope[13] 在 1982 年提出了速度 Verlet 算法用以提供即时速度的计算。速度

Verlet 算法的核心思想是将位置和速度的更新分步进行，但在同一步长结束时，同时得到更新后的位置和速度。

更新粒子位置：

$$r(t+\delta t)=r(t)+v(t)\delta t+\frac{1}{2}a(t)\delta t^2 \tag{6-19}$$

计算 $\left(t+\frac{1}{2}\delta t\right)$ 时刻速度：

$$v\left(t+\frac{1}{2}\delta t\right)=v(t)+\frac{1}{2}a(t)\delta t \tag{6-20}$$

然后，利用新的位置 $r(t+\delta t)$ 计算粒子间的相互作用力，得到粒子在 $(t+\delta t)$ 时刻的加速度 $a(t+\delta t)$ 。

更新粒子速度到 $(t+\delta t)$ 时刻：

$$v(t+\delta t)=v\left(t+\frac{1}{2}\delta t\right)+\frac{1}{2}a(t+\delta t)\delta t \tag{6-21}$$

与标准 Verlet 算法不同，速度 Verlet 算法在一个时间步结束时同时给出 $(t+\delta t)$ 时刻的位置和速度，这使得计算动能等依赖于速度的物理量更加方便。另外，如果不考虑浮点计算误差，速度 Verlet 算法是时间可逆的，可以精确地回到前一个时间步的状态。而且，速度 Verlet 算法是一种辛积分器（symplectic integrator）。这对于长时间模拟系统的相空间性质至关重要，它能够更好地保证守恒量守恒，保持模拟的长期稳定性。

速度 Verlet 算法在数学上与蛙跳 Verlet 算法是等价的。蛙跳 Verlet 算法将速度定义在半整数时间步，而速度 Verlet 通过巧妙的步骤安排，使得位置和速度都在整数时间步上可用。可以从蛙跳 Verlet 公式推导出速度 Verlet 公式，反之亦然。由于其优点，速度 Verlet 算法在分子动力学、计算物理等领域被广泛应用，是 LAMMPS 软件的默认积分算法。

(4) Beeman 算法

Beeman 算法[14]可能是 Verlet 系列算法中计算速度最准确的一种方法。Beeman 算法通过引入前一个时间步的加速度信息，在计算新的位置和速度时，提高了速度计算的精度。它通常以一种类似预测-校正（predictor-corrector）的结构来实现，尽管不是严格意义上的预测-校正方法迭代求解。

使用当前和前一个时间步的加速度，预测粒子在下一个时间步 $(t+\delta t)$ 的位置。

$$r(t+\delta t)=r(t)+v(t)\delta t+\frac{1}{6}\left[4a(t)-a(t-\delta t)\right]\delta t^2 \tag{6-22}$$

然后，利用预测得到的新位置 $r(t+\delta t)$ 计算粒子间的相互作用力，得到粒子在 $(t+\delta t)$ 时刻的加速度 $a(t+\delta t)$ 。

利用当前、前一个以及新计算出的加速度，校正粒子在下一个时间步（$t+\delta t$）的速度。

$$v(t+\delta t)=v(t)+\frac{1}{6}\left[2a(t+\delta t)+5a(t)-a(t-\delta t)\right]\delta t \tag{6-23}$$

Beeman 算法需要存储前一个时间步的加速度，因此比标准 Verlet 算法或速度 Verlet 算法需要稍多一点的内存。在对速度精度要求较高的分子动力学模拟中，Beeman 算法是一个受欢迎的选择。

（5）Gear 预测-矫正算法

Gear 预测-矫正算法是一系列预估-校正算法的总称。将 Gear 方法应用于分子动力学时，通常会存储粒子在当前时间步的位置以及其关于时间的多个阶导数（速度、加速度、加加速度等）。在一个时间步内，利用前一步的信息预估当前步的这些量，然后根据预估位置计算加速度，并与预估的加速度进行比较，再利用这个误差来校正所有预估的量。

一个典型的 k 步预估-校正方法通常包括：

预估步。使用前 k 个时间步的状态（位置、速度、加速度等）通过外插公式预估当前时间步的位置、速度及其更高阶导数。

预估位置 $r^p(t+\delta t)$ 的公式可基于泰勒展开获得：

$$r^p(t+\delta t)=r(t)+v(t)\delta t+\frac{1}{2}a(t)\delta t^2+O(\delta t^3) \tag{6-24}$$

式中，上标 p 表示预估值。

使用预估得到的位置 $r^p(t+\delta t)$ 计算粒子在当前时间步的力，进而得到预估的加速度

$$a^p(t+\delta t)=\frac{F\left[r^p(t+\delta t)\right]}{m} \tag{6-25}$$

式中，F 是根据力场计算出的力，m 是粒子质量。

比较预估的加速度 $a^p(t+\delta t)$ 与根据预估位置计算出的加速度 $a\left[r^p(t+\delta t)\right]$ 之间的差异，利用这个差异来修正预估的位置、速度及其更高阶导数。校正公式通常基于内插。

$$\delta a(t+\delta t)=a(r^p(t+\delta t))-a^p(t+\delta t) \tag{6-26}$$

然后利用这个误差来校正预估的量：

$$r^c(t+\delta t)=r^p(t+\delta t)+c_0\delta a(t+\delta t)(\delta t)^2 \tag{6-27}$$

$$v^c(t+\delta t)=v^p(t+\delta t)+c_1\delta a(t+\delta t)\delta t \tag{6-28}$$

$$a^c(t+\delta t)=a^p(t+\delta t)+c_2\delta a(t+\delta t) \tag{6-29}$$

式中，c_0、c_1、c_2…是根据方法阶数确定的系数，这些系数依赖于 Taylor 级数

展开到第几项。上标 c 表示校正值。校正步可以重复进行直到满足收敛判据。

Gear 方法本身可以灵活地处理不同阶的常微分方程。通过选择合适的阶数和校正步骤，可以获得较高的积分精度。阶数越高，通常单步计算成本越高，所需的历史信息越多。预估值和校正值之间的差异可以用来估计局部截断误差，从而实现自适应步长控制，这在处理能量面变化剧烈的体系时很有用。然而，由于 Verlet 算法及其变体在能量守恒性和时间可逆性方面的优势，它们仍然是大多数经典分子动力学模拟的首选积分算法。

6.2.4 边界条件

(1) 周期性边界条件

周期性边界条件（periodic boundary conditions）是分子模拟，特别是分子动力学模拟中广泛使用的一种技术。它的主要目的是在计算资源有限的情况下，模拟一个无限大或体相体系的行为，避免在有限体系中由于表面的存在而产生表面效应。

将一个有限的模拟盒子视为一个无限周期性重复的晶格中的一个基本单元。当一个粒子穿过模拟盒子的一侧边界时，它的一个完全相同的“周期性映像”（periodic image）会同时从盒子的对侧进入。这样就确保了盒子内的粒子数量始终不变，并且盒子内的每个粒子都被周围的粒子（包括其自身在其他周期性盒子中的图像）包围，仿佛处于一个无限大的体系中。

图 6-1 显示了一个体系在二维方向上的周期性边界条件。图中的每个单元周围有 8 个邻接映像单元；如果是三维周期，则有 26 个邻接映像单元。

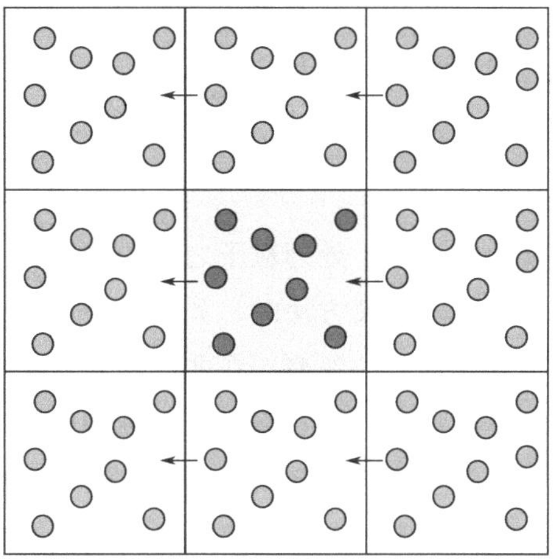

图 6-1　二维周期性边界条件的示意图

在应用周期性边界条件时，当计算粒子间的相互作用力或势能时，粒子 i 不仅与模拟盒子内的其他粒子 j 发生相互作用，也与粒子 j 在所有周期性图像盒子中的图像发生相互作用。如果粒子间的相互作用势在某个距离之外可以忽略，那么为了使最小映像约定有效，模拟盒子的边长必须至少是截断距离的两倍。这样可以保证一个粒子不会同时与其自身的一个映像发生相互作用。

(2) 非周期性边界条件

从原理上讲，周期性边界条件可能更能有效地考虑溶剂条件下溶液对模拟体系的影响。但由于采用周期性边界条件的体系中需要考虑基本单元和映像单元之间的非键相互作用而使得模拟需要较多的计算消耗，尤其对于大分子体系。在一些模拟中，如果人们关心的问题受周围环境的影响较小，如水滴、聚集体等，研究体系本身就有边界，模拟可以采用简单的非周期性边界条件。

当采用非周期性边界条件考虑溶剂效应时，如蛋白质或蛋白质/配体的结构和构象性质，有时候分子模拟会忽略绝大多数的溶剂分子，只保留复杂分子周围一定厚度的溶剂壳，而加速计算过程。

6.2.5 非键相互作用处理

在分子力学、分子动力学中，体系中原子和原子之间的非键相互作用一般采用对势来考察，因此分子中所有原子间的成对相互作用的数目与体系的总原子数的平方是成正比的。考虑到原子间非键相互作用的性质，有些原子间的非键相互作用是非常弱的，实际上是可以忽略的。比如当范德华相互作用采用 Lennard Jones 势函数时，两个原子之间的范德华排斥势和范德华吸引势分别和距离 r 的 12 次方和 6 次方成反比，因此两个原子之间的范德华相互作用会随着距离的增加而迅速衰减。和范德华相互作用不同，静电相互作用和 r 成反比，其衰减是很慢的，其处理方式和范德华相互作用存在很大的区别。

(1) 截断距离方法

在基于分子力场的模拟方法中，处理粒子之间的非键相互作用能最常用的方法就是截断距离方法。当采用截断距离方法时，如果两个粒子之间的距离超过截断距离，则粒子之间的非键相互作用就被忽略。在非键相互作用中，一般存在两种相互作用，范德华相互作用和静电相互作用，而且这两种相互作用是有很大区别的。范德华相互作用随距离增长迅速衰减；静电能虽然也随粒子之间距离的增大而减弱，但是衰减速度和距离的－1 次方成正比，所以下降是非常慢的。在物理学上，这种能量和距离的－1 次方成正比的相互作用称为长程相互作用。由于范德华相互作用和静电相互作用随距离的衰减特点不同，在模拟中，对它们需要采用的截断距离也不同。对于范德华相互作用，截断距离一般取 1.0～1.2nm 就可以了；但对于静电相互作用，截断距离要取 1.6nm 甚至更大。

前面提到的截断距离方法属于简单截断距离方法，即只定义一个明确的截断距离，当粒子之间的距离大于截断距离时，相互作用为 0。这种简单的截断距离方法实现简单，但它有一个很大的缺陷，就是当截断距离较小时，体系中某些原子之间的距离从小于截断距离变化到大于截断距离，可能导致体系的能量发生较大的波动。为了避免这个问题，可以采用两个截断距离：内层截断距离 r_s 和外层 r_c。在两距离之间引入多项式开关函数 $S(r)$，使相互作用势能逐渐减小，在 r_c 时变为零（图 6-2）。

在分子力学或分子动力学模拟中，一步甚至多步计算以后，原子对之间距离的变化一般不会太大。就是说，在分子力学或分子动力学模拟中，每步都判断原子之间的距离实际上往往是不必要的。基于这种考虑，可以采用临接表（neighbor list）的策略。

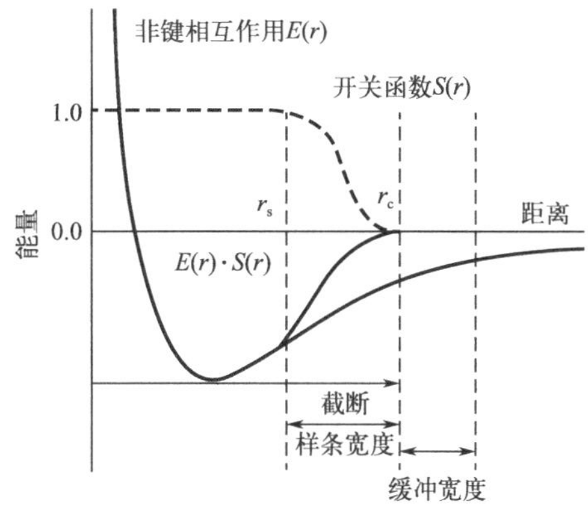

图 6-2 开关函数的应用

所谓的邻接表就是所有距离小于截断值的原子对编号的列表。在计算中，连续的多步模拟可以采用同样的邻接表；经过一定步数的计算之后，再更新邻接表中成对原子的编号。因为不需要每步计算原子间的距离，所以邻接表不是每步计算都需要更新的。为了避免截断值外的原子进入截断值范围之内带来误差，一般邻接表会包含一些距离略大于截断值的成对原子。在建立邻接表时，大于截断值的这部分一般叫作缓冲宽度（buffer width），如图 6-2 所示。在计算与中心粒子之间的作用力时，缓冲区域内的粒子实际上并不被考虑。邻接列表的根本思想是在限定的局部空间而非整个模拟盒子范围内搜索可能产生相互作用的粒子对。这是一种用计算机内存空间换取 CPU 计算时间的方法。

（2）Ewald 求和法

在我们之前讨论周期性边界条件时提到，对于短程相互作用，可以使用截断距离和最小镜像约定来近似计算相互作用能和力。然而，对于静电相互作用这类长程力，其作用强度随距离 r 以 $1/r$ 的速度衰减，衰减非常缓慢。在周期性边界条件下，每个粒子都会与其在无限多个周期性盒子中的图像发生相互作用。简单地在某个距离截断静电相互作用会导致严重的误差，因为截断距离之外的无穷多个图像的相互作用累加起来是一个不可忽略的，甚至可能是发散的值。Ewald 求和法就是为了解决在周期性体系中精确计算这类无限求和的问题[15,16]。

Ewald 求和法的核心在于将每个粒子（或电荷）的势能函数巧妙地分裂成一个快速衰减的短程部分和一个平滑的长程部分。

快速衰减的短程部分在实空间中计算，由于其衰减很快，只需要像处理短程力一样，在很小的范围内（通常使用最小镜像约定）进行直接求和即可。

平滑的长程部分在倒易空间（傅里叶空间）中计算。通过傅里叶变换，实空间中缓慢衰减的相互作用在倒易空间中变成了快速衰减的形式，因此在倒易空间中的求和可以很快收敛。

具体来说，对于静电势，Ewald 求和法通常是将每个点电荷用一个高斯电荷分布来“屏蔽”。原始的点电荷粒子在距离 r 处产生的库仑势可以被写成：

$$\frac{q}{r}=\frac{q\times erfc(\alpha r)}{r}+\frac{q\times erf(\alpha r)}{r} \tag{6-30}$$

式中，erf 是误差函数，$erfc$ 是互补误差函数，α 是一个可调节的参数，控制势能分裂的长程和短程的范围。$\frac{q\times erfc(\alpha r)}{r}$ 是一个在实空间中快速衰减的部分，用于实空间求和；$\frac{q\times erf(\alpha r)}{r}$ 是一个比较平滑、长程的部分，用于倒易空间求和。

Ewald 求和法是将粒子对之间的相互作用势能进行分裂：

$$\frac{q_iq_j}{r}=\frac{q_iq_jerfc(\alpha r)}{r}+\frac{q_iq_jerf(\alpha r)}{r} \tag{6-31}$$

在实空间里，直接计算所有粒子之间通过 $\frac{q_iq_jerfc(\alpha r)}{r}$ 相互作用的能量。由于 $\frac{erfc(\alpha r)}{r}$ 衰减非常快，这个求和通常在小于特定截断距离的范围内进行，可以利用最小镜像约定来处理。在倒易空间里，计算所有粒子通过 $\frac{q_iq_jerf(\alpha r)}{r}$ 相互作用的能量。这部分计算通过傅里叶变换在倒易空间进行，涉及对倒易空间中的格点进行求和。这个求和也具有快速收敛的特点。在倒易空间求和中，会错误地包含粒子自身与其周期性图像之间的相互作用。这部分需要减掉一个自相互作用修正项。总的静电相互作用能就是实空间求和、倒易空间求和与自相互作用修正项的总和。Ewald 求和法能够精确地计算出这个无限求和的结果。

但是，Ewald 求和法计算成本仍相对较高，对于 N 个粒子的体系，Ewald 求和法的复杂度约为 $O(N^{3/2})$，这在粒子数量很大时会变得非常慢。而且，Ewald 求和法还需要优化参数 α 以及实空间和倒易空间求和的截断范围，以平衡计算效率。

(3) PPPM 方法

PPPM（particle-particle particle-mesh）方法[17]是在 Ewald 求和法的基础上发

展起来的，专为提升计算效率而设计，尤其适用于大规模分子模拟体系。PPPM 方法结合了两种不同的计算方法：直接的粒子-粒子求和（particle-particle）和基于网格的粒子-网格计算（particle-mesh）。

PPPM 方法的核心思想与 Ewald 求和法类似，也是将长程相互作用势分裂成两部分，但分裂的方式和处理方法有所不同。由于短程部分相互作用衰减非常快，可以在实空间中通过粒子-粒子之间的直接求和来计算。由于衰减快，只需要在相对较小的截断距离内计算邻近粒子对的相互作用即可。对于长程部分相互作用，PPPM 方法通过将粒子的电荷分配到网格上，转换为网格上的电荷密度，然后用数值积分法在网格上求解泊松方程来计算静电势，最后再将静电势插值回粒子位置，这被称为粒子-网格方法。

$$\frac{\partial^2 \phi}{\partial x^2}+\frac{\partial^2 \phi}{\partial y^2}+\frac{\partial^2 \phi}{\partial z^2}=-4\pi\rho(x,y,z) \tag{6-32}$$

式中，ϕ、ρ 分别为静电势和电荷分布。方程可通过 Fourier 变换求解。

与标准 Ewald 求和法相比，PPPM 方法通过引入网格计算长程部分，将复杂度从 $O(N^{3/2})$ 降低到接近 $O(N\log N)$，在大体系下速度优势明显。但是 PPPM 方法的算法流程比简单的截断或标准 Ewald 求和法复杂。网格的引入会带来一定的数值噪声，影响计算精度，需要通过合理的参数设置来最小化。

总而言之，PPPM 方法是一种将实空间直接求和与倒易空间网格计算相结合的长程相互作用计算方法，是当前分子模拟中处理周期性体系长程力（尤其是静电力）的标准高效技术之一。

6.2.6 分子动力学统计系综

常用的分子动力学统计系综有微正则系综（micro-canonical ensemble，NVE）、正则系综（canonical ensemble，NVT）、等温等压系综（NPT）三种。

(1) 微正则系综

微正则系综对应于一个孤立体系，即体系不与外界交换能量，也不与外界交换粒子。在微正则系综中，系统的总能量 E，总粒子数 N 和总体积 V 均保持不变。假定含 N 个粒子的体系中，粒子相互作用的哈密顿量为：

$$H=\sum_i \frac{\boldsymbol{p}_i^2}{2m_i}+\sum_{i<j} u(\boldsymbol{r}_{ij}) \tag{6-33}$$

存在于能量曲面 $H=E$ 上。由式（6-33）可以推导牛顿运动方程组：

$$\frac{\mathrm{d}^2 \boldsymbol{r}_i(t)}{\mathrm{d}t^2}=\frac{1}{m_i}\sum_{i<j} \boldsymbol{f}_i(\boldsymbol{r}_{ij}) \tag{6-34}$$

然后通过具体的积分算法求解上式就可求得体系的运动细节。

在 NVE 分子动力学模拟中，总能量 E 应该是恒定的。温度 T 和压强 P 不是固定的，而是在模拟过程中围绕其平衡态平均值发生涨落。通过计算粒子动能的平均值来估算体系的瞬时温度，通过维里定理来估算体系的瞬时压强。长时间模拟得到的温度和压强平均值才具有物理意义。

标准的分子动力学模拟，在没有施加任何控温（thermostat）或控压（barostat）方法的情况下，如果相互作用力是保守力且积分算法是精确的（或至少是能量守恒性好的），体系的总能量是守恒的。粒子数和体积通常也是固定的（除非使用特殊的系综）。因此，标准的分子动力学模拟自然地就是在微正则系综下进行的。

(2) 正则系综

从实际应用角度来看，微正则系综所占的比例并不大，因为我们一般更注重温度而不是能量的恒定。这样温度 T、体积 V、粒子数 N 恒定的正则系综（NVT 系综）就引起了人们的重视。正则系综代表一个与热浴处于热平衡的系统。体系中原子的速度分布与温度通过 Maxwell-Boltzmann 方程相关联。在正则系综的平衡过程中，需要使用恒温器（thermostat）方法，对体系的温度进行控制。恒温器会根据体系当前的温度，通过调整粒子速度等方式，使体系与“虚拟的热浴”交换能量，从而使体系的平均动能保持恒定，进而控制体系的温度。常见的恒温器方法包括简单速度标定（velocity rescaling）法、Berendsen 恒温器、Andersen 恒温器、Nosé-Hoover 恒温器等。

① 简单速度标定法。

简单速度标定法是最简单直观的恒温方法。它周期性地（如每隔一定的模拟步数）直接按比例调整体系中所有粒子的速度，使得体系的瞬时动能等于目标温度对应的动能。

由于正则系综不调节系综的压力，对体系的运动轨迹扰动较少。如果压力不是需要考虑的显著因素，它是大多数动力学模拟计算所首选的系综。

通过体系的总动能 K 计算体系当前的瞬时温度 T_{inst}：

$$K=\sum_i \frac{1}{2}m_i v_i^2=\frac{N_{dof}}{2}k_B T_{inst} \tag{6-35}$$

式中，N_{dof} 为自由度数量，对于 N 个无约束粒子通常是 $3N$，k_B 为玻尔兹曼常数。

计算缩放因子：

$$\lambda=\sqrt{\frac{T_{target}}{T_{inst}}} \tag{6-36}$$

式中，T_{target} 为目标温度。

将体系中所有粒子的速度乘以这个缩放因子：

$$v_i'=\lambda v_i \tag{6-37}$$

就可得到标定后的速度，从而达到控温的目的。

简单速度标定法实现简单，能够快速地将体系温度调整到目标值，但无法正确地采样正则系综。它会人为地压制体系自然的温度涨落，导致体系的相空间分布不符合 Maxwell-Boltzmann 分布。这种方法会破坏能量均分定理。如果缩放标定过于频繁，体系的动力学轨迹会变得不真实，可能导致能量守恒性变差。不过，由于其简单且能快速达到目标温度，简单速度标定法常用于模拟开始时的初始化阶段，用于将体系快速加热或冷却到所需的温度，之后通常切换到更严格的恒温方法进行正式的模拟。

② Berendsen 恒温器。

Berendsen 控温法的基本思想是，如果当前体系的温度 T 偏离目标温度 T_{target}，就对体系中所有粒子的速度进行一个均匀的标定，使其朝着目标温度的方向变化。这种方法可以看作是将体系弱耦合到一个恒温热浴上。

每隔一定的步数，根据当前的瞬时温度 $T(t)$ 和目标温度 T_{target}，计算一个速度标定因子 λ，然后将所有粒子的速度乘以这个标定因子。

速度标定因子 λ 的计算公式通常基于温度变化率与当前温度和目标温度差成正比的假设：

$$\frac{\mathrm{d}T(t)}{\mathrm{d}t}=\frac{1}{\tau}\left[T_{\text{target}}-T(t)\right] \tag{6-38}$$

式中，τ 是一个弛豫时间参数，它决定了体系温度弛豫到目标温度的速度。τ 越小，耦合越强，温度变化越快。

对体系总动能进行微分，并结合动能与温度的关系，可以推导出在时间步 Δt 内，速度需要乘以下列标定因子 λ：

$$\lambda=\sqrt{1+\frac{\Delta t}{\tau}\left[\frac{T_{\text{target}}}{T(t)}-1\right]} \tag{6-39}$$

然后，将体系中所有粒子 i 的速度 $v_i(t)$ 更新为：

$$v_i(t+\Delta t)=v_i(t)\times\lambda \tag{6-40}$$

通过不断重复这个过程，体系的温度会被有效地拉向目标温度 T_{target}。

Berendsen 控温法通过确定性的速度标定来控制温度，而不是通过与热浴进行真实的能量交换。这导致体系的速度分布不再严格符合 Maxwell-Boltzmann 分布，从而不能产生严格的 NVT 系综。Berendsen 控温法主要用于分子动力学模拟的平衡阶段。在开始正式生产模拟之前，可以使用 Berendsen 法快速地将体系加热或冷却到目标温度，并使其达到初步的平衡状态。一旦体系达到目标温度并相对稳定后，通常会切换到能够产生正确 NVT 系综的其他控温方法进行长时间的生产模拟，以获得准确的统计力学和动力学性质。

③ Andersen 恒温器。

Andersen 恒温器模拟了体系与热浴之间的随机碰撞。它以一定的概率随机选择粒子，并将其速度重新设置为从目标温度下的 Maxwell-Boltzmann 分布中随机抽取的新的速度。其控温机制如下。

首先，设定一个碰撞频率 ν 或碰撞概率 $p=\nu\Delta t$（在每个时间步 Δt 内）。然后，在每个时间步，对于体系中的每个粒子，都以概率 p 判断它是否发生“碰撞”。如果粒子发生碰撞，则将其当前的速度替换为一个从目标温度 T_{target} 对应的 Maxwell-Boltzmann 速度分布中随机抽取的新速度。未发生碰撞的粒子则根据当前的受力进行牛顿运动积分。

Andersen 恒温器能够严格地采样正则系综。由于引入了随机性，可以帮助体系更好地探索相空间，克服某些能量势垒，但随机过程会干扰体系的自然动力学。由于粒子的速度会随机地发生跳跃，这会影响对依赖于粒子轨迹的动力学性质（如扩散系数、黏度等）的计算。因此，Andersen 控温器适用于研究体系的平衡态热力学性质，或者对动力学性质要求不高的模拟。

④ Nosé-Hoover 恒温器。

Nosé 动力学方法是一种能够在动量空间和坐标空间都能遵循正则系综规律的常温动力学模拟方法。Nosé-Hoover 恒温器是 Hoover[18] 改进后的控温方式，它取消了时间标定，能够满足时间可逆性。

Nosé-Hoover 恒温器是一种确定性的恒温方法，不引入随机性。它不直接修改粒子速度，也不引入随机碰撞，而是通过引入一个描述热浴的“额外自由度”来修改体系的运动方程。体系的动力学被修正，使得长时间平均动能趋向于目标温度。

Nosé-Hoover 恒温器引入一个额外的“热浴变量”ξ 和一个“热浴质量”Q 。体系中每个粒子的运动方程都被修改，增加一个与速度成正比的“摩擦力”项：

$$m_i \frac{\mathrm{d}^2 r_i}{\mathrm{d}t^2}=F_i-\xi m_i v_i \tag{6-41}$$

同时，热浴变量 ξ 的演化也由一个动力学方程决定，这个方程的驱动力是体系瞬时动能与目标温度对应动能之间的偏差：

$$\frac{\mathrm{d}\xi(t)}{\mathrm{d}t}=\frac{1}{Q}\left(\sum_{i=1}^{N} m_i \frac{v_i^{\ 2}}{2}-\frac{3N+1}{2}k_{\mathrm{B}}T\right) \tag{6-42}$$

在理想情况下（体系具有遍历性），Nosé-Hoover 控温法能够严格地采样正则系综，原则上可以用于研究体系的动力学性质。但是，其实现较复杂，需要引入额外的变量和求解额外的微分方程。如果体系不具有足够的遍历性（例如，体系被困在相空间的某个区域），单个 Nosé-Hoover 链可能无法保证正确的系综采样，此时可能需要使用更复杂的变体，如 Nosé-Hoover 链（Nose-Hoover chains）。另外，

Nosé-Hoover 恒温器对热浴质量 Q 的选择比较敏感，它影响温度涨落的周期和恒温器的响应速度，需要仔细调整。

Nosé-Hoover 恒温器是分子动力学模拟中应用最广泛的恒温方法之一，适用于研究体系的平衡态性质，并且在适当使用时，对动力学性质的干扰相对较小。

(3) 等温等压系综

等温等压系综描述的是一个处于平衡态的、粒子数（N）、压强（P）和温度（T）都保持恒定的体系。因此，它通常被称为 NPT 系综。

NPT 系综对应于一个可以与外界交换能量（热量）和体积的体系。为了在分子动力学模拟中实现等温等压系综，需要同时使用恒温器（thermostat）来控制温度以及恒压器（barostat）来控制压强。恒压器通过周期性地调整模拟盒子的体积来实现压强的控制。当体系的瞬时压强高于目标压强时，恒压器会倾向于扩大盒子体积；当低于目标压强时，则缩小盒子体积。盒子体积的调整会影响粒子间的距离，从而改变相互作用力，进而影响体系的压强。在三维微观系统中，对于系统内的压力可定义为：

$$P=\frac{Nk_BT}{V}+\frac{1}{3V}\sum_{i=1}^{N}\sum_{j>1}^{N}r_{ij}\cdot F_{ij} \tag{6-43}$$

第一项代表了体系压强的理想气体贡献。它直接来源于理想气体状态方程。第二项代表了体系压强中粒子间相互作用力的贡献，通常称为维里项。它修正了理想气体模型，考虑了真实粒子之间的相互作用（吸引或排斥）。

常见的恒压器方法包括 Berendsen 恒压器、Andersen 恒压器、Nosé-Hoover 恒压器、Parrinello-Rahman 恒压器等。

① Berendsen 恒压器。

Berendsen 恒压器是一种简单的弛豫方法。它不是通过动力学方程来控制压强，而是通过一个反馈机制，使体系的瞬时压强指数弛豫到目标压强。它根据当前压强与目标压强的差异，按比例缩放模拟盒子的尺寸和体系中所有粒子的坐标。

体系的体积 V 随时间的变化率由以下微分方程决定：

$$\frac{\mathrm{d}V}{\mathrm{d}t}=\frac{1}{\tau_P}(P_{\text{target}}-P_{\text{inst}})V \tag{6-44}$$

式中，P_{target} 是目标压力；τ_P 是压力弛豫时间参数，决定压力调整的速率；体系当前瞬时压强 P_{inst} 利用式（6-43）计算。

体系体积的变化会影响其中粒子的坐标。为了保持体系的整体结构和相对位置关系，当体积变化时，所有粒子的坐标会进行等比例缩放：

$$r_i\rightarrow\lambda r_i \tag{6-45}$$

式中，r_i 是粒子 i 的坐标，λ 是体积缩放因子，计算公式为：

$$\lambda = \left(\frac{V_{\text{new}}}{V_{\text{old}}}\right)^{1/3} \tag{6-46}$$

式中，V_{old} 是当前时间步开始时的体系体积。V_{new} 是根据体积调整方程计算出的下一个时间步的体系体积。

Berendsen 恒压器控压是一种比较简单和常用的恒压方法，尤其适用于将体系快速弛豫到目标压力，数值上比较稳定。但需要注意的是，这种方法无法正确地采样等温等压系综。它会人为地压制体系自然的压强和体积涨落，导致体系的相空间分布不符合 NPT 系综的统计分布。它引入的是非物理的动力学。在研究相变等涉及体积剧烈变化的过程时可能表现不佳。由于其简单且能快速达到目标压强，Berendsen 恒压器常用于模拟开始时的初始化阶段，用于使体系体积快速达到平衡，之后通常切换到更严格的恒压方法进行正式的模拟。

② Andersen 恒压器。

Andersen 恒压器更具统计力学基础，它将体系的体积视为一个动态的、随机变化的变量，模拟体系与一个外部压力储库耦合，使体系的体积能够随压力变化而调整。其核心思想是将体系的体积 V 视为一个动态变量，并给它关联一个“动量” p_V 和一个“质量” M 。这样，整个体系（包括粒子和体积）的运动就可以通过一个扩展的哈密顿量来描述。

Andersen 提出的哈密顿量如下：

$$H = \sum_i \frac{p_i^2}{2m} + \sum_{i<j} U(r_i - r_j) + \frac{p_V^2}{2M} + PV \tag{6-47}$$

式中，p_i 是粒子动量；m 是质量；$U(r_i - r_j)$ 是粒子间相互作用势能；p_V 是活塞变量的动量；M 是活塞质量参数；P 是瞬时压力；V 是体系体积。这个扩展的哈密顿量描述了一个包含粒子和体积变量的动力学系统。

应用哈密顿力学的基本原理对这个哈密顿量进行扩展，可以推导出 Andersen 恒压器的运动方程。

粒子坐标更新：

$$\frac{\mathrm{d}r_i}{\mathrm{d}t} = \frac{p_i}{m} \tag{6-48}$$

粒子动量更新：

$$\frac{\mathrm{d}p_i}{\mathrm{d}t} = F_i \tag{6-49}$$

式中，F_i 是作用在粒子上的合力。

体积变量更新：

$$\frac{\mathrm{d}V}{\mathrm{d}t} = \frac{p_V}{M} \tag{6-50}$$

体系体积的变化率与体积的“动量”成正比，与“活塞质量”成反比。体积的“动量”越大，体积变化越快。

活塞动量更新：

$$\frac{\mathrm{d}p_V}{\mathrm{d}t}=P_{\text{target}}-P_{\text{inst}} \tag{6-51}$$

这种动力学方法能够使体系在长时间平均下采样到正确的 NPT 系综，从而可以计算在该系综下的统计平均性质。

③ Nosé-Hoover 恒压器。

Nosé-Hoover 恒压器是在 Nosé-Hoover 恒温器思想的基础上发展起来的，也是通过引入额外的、描述压强浴的动力学自由度来控制压强，从而实现对 NPT 系综的确定性采样。它通常与 Nosé-Hoover 恒温器结合使用来实现 NPT 模拟。

Nosé-Hoover 恒压器的哈密顿量如下：

$$H=\sum_i \frac{p_i^2}{2m}+\sum_{i<j}U(r_i-r_j)+\frac{p_V^2}{2M}+PV+\frac{\zeta^2}{2Q} \tag{6-52}$$

式中，ζ 是额外的压力调控变量，它影响体积变化的速率；Q 是控制体积变化的惯量参数，决定压力调整的时间尺度。

通过哈密顿量可以推导出 Nosé-Hoover 恒压器的运动方程。

粒子坐标更新：

$$\frac{\mathrm{d}r_i}{\mathrm{d}t}=\frac{p_i}{m} \tag{6-53}$$

粒子动量更新：

$$\frac{\mathrm{d}p_i}{\mathrm{d}t}=F_i-\zeta p_i \tag{6-54}$$

体积变量更新：

$$\frac{\mathrm{d}V}{\mathrm{d}t}=\frac{p_V}{M} \tag{6-55}$$

活塞动量更新：

$$\frac{\mathrm{d}p_V}{\mathrm{d}t}=P_{\text{target}}-P_{\text{inst}} \tag{6-56}$$

Nosé-Hoover 恒压器能够严格地采样等温等压系综。它是确定性的方法，可以很自然地与 Nosé-Hoover 恒温器结合，形成一套统一的 NPT 动力学框架。但是，Nosé-Hoover 恒压器实现复杂，需要仔细选择与恒压器自由度相关的“质量”参数。与 Nosé-Hoover 恒温器类似，在某些体系中可能存在遍历性问题，需要更复杂的变体（如链式 Nosé-Hoover 恒压器）。由于 Nosé-Hoover 恒压器是目前分子动力学模拟中常用且被认为比较严格的恒压方法之一，常用于需要精确采样 NPT 系综的模拟。

④ Parrinello-Rahman 恒压器

Parrinello-Rahman 恒压器是一种用于分子动力学模拟的压力控制方法，特别适用于各向异性体系，如晶体结构的变形和相变研究。它通过动态调整模拟体系的形状和体积，使体系的压力保持在目标值，同时允许盒子在六个方向上自由变形。

Parrinello-Rahman 恒压器引入描述模拟体系形状和大小的盒子基向量（由一个 3×3 的矩阵 $\boldsymbol{h}$ 表示）作为动态变量，使体系的模拟盒子能够随压力变化而调整形状和体积。采用包含了粒子的自由度以及盒子形状和大小的自由度的哈密顿力学扩展形式，使体系的动力学演化符合 NPT 系综。

Parrinello-Rahman 恒压器的哈密顿量如下：

$$H=\sum_{i}\frac{p_i^2}{2m}+\sum_{i<j}U(r_i-r_j)+\frac{\boldsymbol{P}_{\alpha\beta}\boldsymbol{h}_{\alpha\beta}}{M}+\frac{1}{2}M\sum_{\alpha,\beta}\dot{\boldsymbol{h}}_{\alpha\beta}^2 \tag{6-57}$$

式中，p_i 是粒子动量；m 是质量；$U(r_i-r_j)$ 是粒子间相互作用势能；$\boldsymbol{P}_{\alpha\beta}$ 是应力张量分量；$\boldsymbol{h}_{\alpha\beta}$ 是模拟盒的变形矩阵分量；M 是惯性参数，决定压力调整的时间尺度；$\dot{\boldsymbol{h}}_{\alpha\beta}$ 表示变形矩阵的时间导数，即盒子变形的速率。

粒子坐标更新：

$$\frac{\mathrm{d}r_i}{\mathrm{d}t}=\frac{p_i}{m} \tag{6-58}$$

粒子动量更新：

$$\frac{\mathrm{d}p_i}{\mathrm{d}t}=F_i-\boldsymbol{P}_{\alpha\beta}\boldsymbol{h}_{\alpha\beta} \tag{6-59}$$

模拟盒变形更新：

$$\frac{\mathrm{d}\boldsymbol{h}_{\alpha\beta}}{\mathrm{d}t}=\frac{\dot{\boldsymbol{h}}_{\alpha\beta}}{M} \tag{6-60}$$

应力张量更新：

$$\frac{\mathrm{d}P_{\alpha\beta}}{\mathrm{d}t}=\boldsymbol{P}_{\text{target},\alpha\beta}-\boldsymbol{P}_{\text{inst},\alpha\beta} \tag{6-61}$$

Parrinello-Rahman 恒压器能够严格地采样等温等压系综。但是，其实现复杂，需要引入额外的自由度，且需要仔细选择恒压器质量矩阵 $\boldsymbol{M}$ 。$\boldsymbol{M}$ 影响盒子尺寸和形状涨落的频率和幅度，选择不当可能导致不稳定的盒子震荡。由于 Parrinello-Rahman 恒压器允许盒子形状变化，适用于需要精确采样 NPT 系综、研究压强引起的结构相变或者需要考虑盒子形状涨落的模拟。

6.2.7 计算流程

总体来说，分子动力学的基本计算有如下 5 个步骤。

(1) 力场设定

力场（势函数）的研究和物理系统中对物质的描述研究息息相关。分子动力学的模拟最早使用硬球势，即小于临界值时无穷大，大于等于临界值时为零。常用的力场包括各种有机分子力场、嵌入原子（EAM）势和 ReaxFF 力场等。模型势函数一旦确定，就可以根据物理学规律求得模拟中的守恒量。

(2) 给定初始条件

运动方程的求解需要知道粒子的初始位置和速度，不同的算法要求不同的初始条件。如 Verlet 算法需要两组坐标来启动计算，一组初始时刻的坐标，一组是前进一个时间步的坐标或者一组初始时刻的速度值。

一般意义上讲系统的初始条件不可能知道，实际上也不需要精确确定系统的初始条件，因为当模拟时间足够长时，系统就会忘掉初始条件。当然，合理的初始条件可以加快系统趋于平衡的进程。

可以基于实验数据（如晶体结构、光谱数据）或计算方法（如分子建模）确定模拟体系中所有原子或分子的初始位置。在统计物理中，处于温度 T 下的气体分子，其速率的分布满足 Maxwell-Boltzmann 分布，初始速度可从 Maxwell-Boltzmann 分布随机抽样得到。在一定温度下的 Maxwell-Boltzmann 速度分布如式（6-62）所示：

$$f(v)=4\pi\left(\frac{m}{2\pi k_{\mathrm{B}}T}\right)^{\frac{3}{2}}v^{2}\exp\left(-\frac{mv^{2}}{2kT}\right) \tag{6-62}$$

式中，k_{B} 为玻尔兹曼常数，T 为绝对温度，v 为速率（取值非负）。

初始速度也可以选择为均匀分布。一般说来，只要进行十几步分子动力学计算，粒子的速度就会迅速达到 Maxwell-Boltzmann 分布状态。另外，随机生成的速度要经过一定的调整才能赋予每个粒子，调整的目的是使体系的总动量为零，这样保证体系在分子动力学模拟时不会出现整体平移。

(3) 平衡过程

初始结构可能存在原子间距离过近导致能量非常高的情况。在进行动力学模拟之前，通常需要进行能量最小化，通过调整原子位置来找到一个局部势能最低点，消除不合理的应力，使体系达到一个相对稳定的构型。常用的最小化算法包括上文介绍的最速下降法和共轭梯度法等。

能量最小化后的体系处于一个势能局部最低点，但其动能和温度可能与目标模拟条件不符。为使得系统平衡，模拟中设计一个趋衡过程，使其性质不再随时间发生系统性的变化，从而达到热力学平衡。在此阶段，需要监测体系的温度、压力、能量等宏观性质是否稳定在目标值附近。

(4) 数据收集阶段

当体系在设定的温度、压力和/或其他外部条件下经过充分的平衡，达到稳定的热力学状态后，就可以开始正式的运行来收集数据了。在数据收集阶段，模拟将继续在选定的统计系综下进行足够长的时间。与平衡阶段不同，此阶段的主要目标不再是调整体系状态，而是精确地记录体系随时间的演化过程。模拟的主要输出是体系的演化轨迹（trajectory）。轨迹记录了在模拟过程中，体系中所有原子在每隔固定时间步长（输出频率或采样频率）的瞬时位置、速度等信息。这些离散时间点上的构型和速度序列构成了体系在相空间中运动的详细历史。

运行时间的长短是数据收集阶段至关重要的因素，它直接影响到所能获取数据的统计精度和所能捕捉到的物理过程的时间尺度。所需的模拟时长取决于所研究现象的时间尺度：快速的分子振动可能只需要皮秒（ps）量级的轨迹；而蛋白质的构象变化、分子的扩散、化学反应的发生等过程可能需要纳秒（ns）、微秒（μs）甚至更长时间尺度的模拟。长时间的运行可以确保体系能够充分探索其相关的构象空间，并收集到足够多的独立样本来计算可靠的平均值和统计涨落。因此，确保数据收集阶段在正确平衡的体系上进行，并持续足够长的时间以充分采样，对于获得可靠和有意义的模拟结果至关重要。

(5) 轨迹分析

通过数据收集阶段得到的轨迹文件，是分子动力学模拟最有价值的直接产出。它包含了体系中粒子在一定时间步的位置和速度等丰富的时空信息，是进行各种性质计算（如径向分布函数、扩散系数、黏度、热力学性质等）、径向分布函数等结构分析、动力学过程分析（如反应路径、构象转变路径）以及可视化观察体系行为的基础。

6.2.8 第一性原理分子动力学

经典分子动力学模拟的准确性受到所使用势能函数质量的限制。这些势能函数通常基于实验数据或对较小系统进行的高级计算的参数化，因此可能无法准确描述与参数化条件显著不同的情况，例如化学键的断裂或形成过程。

为了克服经典分子动力学模拟的局限性，科学家们发展了“第一性原理”或“从头算”方法。这些方法直接使用自然界的基本量子力学定律，无需任何经验参数。第一性原理方法能够从相互作用的原子和电子的量子力学描述中推导出宏观可观测量，从而在受控的“计算实验”条件下实现预测。这些方法通过显式地考虑电子结构，对分子系统提供了更为基础和准确的描述。

在第一性原理分子动力学中，作用于原子核的力是通过电子态计算得到的，原则上是通过求解电子的多体薛定谔方程来实现的（原子核通常被近似为经典粒子）。当传统力场无法提供足够准确或可靠的系统描述时，特别是在涉及化学键断裂、形成或复杂键合（例如，含有过渡金属的系统）的情况下，第一性原理分子动力学是首选方法。第一性原理分子动力学的出现弥合了量子力学的高精度与分子模拟的动态特性之间的差距，使得研究电子结构变化在动力学过程中起关键作用的系统成为可能。本研究将第一性原理分子动力学的计算结果作为验证 Coal-FF 力场准确性的一种基准数据。

(1) 理论基础

描述一个由 N 个粒子组成的非相对论量子系统的基本方程是含时薛定谔方程。这个多体方程对于粒子数较多的系统来说非常复杂，因为电子和原子核之间的相互作用非常复杂。由于计算成本随电子数量呈指数级增长，对于大多数具有化学或材料科学意义的系统，薛定谔方程的精确解是难以获得的。

为了使问题变得可处理，第一性原理分子动力学通常采用玻恩-奥本海默（Born-Oppenheimer，BO）近似。该近似基于原子核的质量远大于电子的质量这一事实。这种巨大的质量差异导致电子和原子核的运动时间尺度存在显著差异，从而允许将它们的波函数解耦。玻恩-奥本海默近似极大地简化了对分子的量子力学处理，因为它允许在固定的原子核构型下求解电子问题。由于原子核比电子重得多，因此电子可以被认为是对原子核的缓慢运动做出的瞬时响应，这使得我们可以在原子核保持静止的情况下处理电子结构问题，从而大大降低了计算的复杂性。

玻恩-奥本海默近似导致了势能面（potential energy surface，PES）的概念，$E(R)$ 表示在给定的原子核坐标构型（R）下系统的电子能量。PES 决定了原子核的运动，作用于原子核的力（F_μ）由该表面相对于原子核坐标的负梯度决定 $\left[F_\mu=-\frac{\partial E(R)}{\partial R_\mu}\right]$。在第一性原理分子动力学模拟中，PES 作为经典原子核演化的有效势能，一旦针对特定的原子核排列求解了电子问题，所得的能量就定义了 PES 上的一个点。通过计算许多不同原子核构型的能量，我们可以绘制出 PES，它决定了分子的运动和反应方式。

(2) 实现方法

① 玻恩-奥本海默分子动力学（BOMD）。

玻恩-奥本海默分子动力学（Born-Oppenheimer molecular dynamics，BOMD）是第一性原理分子动力学中广泛使用的方法。在 BOMD 中，对于模拟的每个时间步，电子结构问题（通常是 DFT 中的 Kohn-Sham 方程）针对原子核的当前位置自洽地求解。一旦获得电子基态，就会计算原子核上的力（通常使用 Hellmann-Feynman 定理），并使用这些力通过经典牛顿运动方程传播原子核的运动。BOMD 提供了一种高度准确的分子动力学模拟方法，因为它确保电子系统在整个模拟过程中都非常接近其瞬时基态。通过在每个步骤都求解电子结构问题，BOMD 避免了对预定义势能的需求，并且可以准确地描述电子结构随时间显著变化的情况，例如在化学反应期间。

然而，BOMD 的计算成本可能很高，因为它需要在每个分子动力学时间步都进行完整的自洽场（self-consistent field，SCF）计算。这种计算成本可能会限制可以实际研究的系统大小和模拟长度。BOMD 的高计算成本通常需要使用相对简单（因此计算成本较低）的电子结构方法，尤其是在进行较长时间的模拟时。虽然 BOMD 提供了高精度，但重复的电子结构计算可能成为瓶颈，特别是对于大型系统或需要长时间模拟以采样相关相空间的系统。

② 卡尔-帕里内洛分子动力学（CPMD）。

卡尔-帕里内洛分子动力学（Car-Parrinello molecular dynamics，CPMD）是执行从头算分子动力学的另一种方法，通常在计算上更有效。CPMD 为电子自由度（由 Kohn-Sham 轨道表示）引入了虚构动力学，与原子核的物理动力学并行。在 CPMD 中，电子轨道被赋予虚构质量，并根据包含 DFT 能量泛函的拉格朗日量随时间演化。CPMD 的目标是在每个时间步都将电子保持在玻恩-奥本海默面上，无须进行完整的电子最小化，这可能比 BOMD 节省大量计算量。通过将电子自由度视为具有虚构质量的动力学变量，CPMD 可以与原子核一起随时间传播它们，从而避免了在每个时间步都进行昂贵的 SCF 迭代。

CPMD 的成功依赖于快速电子运动和缓慢原子核运动之间的绝热分离，这由虚构电子质量的值控制。必须仔细选择虚构质量，以确保原子核和电子子系统之间的能量转移最小；选择不当会导致模拟动力学的不准确。CPMD 中虚构电子质量的选择是一个关键参数，需要经验和直觉来针对给定系统进行优化。过大的虚构质量会导致与真实玻恩-奥本海默面的显著偏差，而过小的质量可能需要非常小的时间步长，从而抵消了 CPMD 的计算优势。

BOMD 和 CPMD 的比较表明，BOMD 通常提供更高的精度（因为电子结构在每个步骤都完全收敛），但计算成本更高，而 CPMD 可能更有效，但引入了与虚构电子动力学相关的近似。BOMD 和 CPMD 之间的选择需要在计算效率和所需的精度水平之间进行权衡，最佳选择取决于具体的研究问题和所研究系统的特性。在本研究中，我们使用 BOMD 方法验证 Coal-FF 力场的可靠性和精度。

(3) 模拟流程

执行第一性原理分子动力学模拟通常涉及以下步骤。

① 系统设置和初始化。这包括选择系统的起始几何结构，该结构可以从实验数据（如晶体结构）、先前的模拟或理论预测中获得。在此阶段定义原子数和模拟

框大小（如果使用周期性边界条件）。

② 电子结构方法选择。这一关键步骤涉及根据所需的精度和所研究的系统类型，在DFT中选择合适的交换关联泛函（如LDA、GGA和杂化泛函）。如果使用赝势，则在此步骤中也选择用于表示核电子的赝势和用于展开价电子波函数的基组（如平面波、高斯轨道）。

③ 能量最小化或平衡。在开始动力学模拟之前，通常需要执行初始能量最小化，以在势能面上找到稳定的起始结构。此外，可以执行初始平衡运行，以使系统达到所需的温度和压力。

④ 分子动力学轨迹生成。这是第一性原理分子动力学模拟的核心。基于所需的温度为原子分配初始速度（如使用Maxwell-Boltzmann分布）。在每个时间步，使用所选的从头算方法（BOMD或CPMD）计算原子核上的力。然后，选择合适的时间步长，使用这些力积分牛顿运动方程，以更新原子的位置和速度，从而生成系统随时间演化的轨迹。时间步长的选择对于稳定性和准确性至关重要，它应该足够小以捕获系统中最快的运动（通常为键的振动）。模拟运行足够长的时间以采样系统的相关构型。

⑤ 数据分析和性质计算。模拟完成后，分析生成的轨迹以提取各种感兴趣的结构、电子、热力学和动力学性质。这可能涉及计算径向分布函数、键长、键角、扩散系数、振动光谱、电子态密度等。

⑥ 验证和测试。应通过执行各种测试来评估模拟结果的可靠性，例如检查相对于模拟参数（如时间步长、基组大小、$\boldsymbol{k}$点采样）的收敛性，测试对初始条件的敏感性。可能时，可将结果与实验数据或其他理论计算进行比较。

(4) 研究进展

第一性原理分子动力学模拟具有内在的高计算成本特性，尤其是在处理包含大量原子，且需要长时间模拟以充分采样相空间的系统时。DFT方法的核心计算之一是求解Kohn-Sham方程组，这通常涉及对一个与体系大小相关的哈密顿量矩阵进行对角化。传统上，这个对角化过程的计算复杂度与体系中原子数量（N）的立方增长［$O(N^3)$］成正比。这种计算成本的立方增长为使用传统的基于DFT的第一性原理分子动力学方法研究大型复杂系统带来了显著的瓶颈。

目前，为了提高第一性原理分子动力学模拟的效率和可扩展性，算法和软件开发方面均有了一些进展。例如，针对某些类型的系统开发和应用了线性标度$O(N)$方法，这可以显著降低大规模模拟的计算成本。线性标度方法的核心思想是利用物理体系中的局域性原理，即在绝缘体和半导体中，电子的相互作用是局域化的，其影响随着距离的增加而迅速衰减。这意味着体系的总能量、电子密度等整体性质可以通过对体系中局部区域的贡献求和来获得，而不必考虑所有粒子之间的长程相互作用。这些算法的改进旨在降低计算负担，使研究人员能够解决以前使用传统方法无法解决的更复杂的问题。

机器学习（machine learning）技术在加速第一性原理分子动力学模拟方面的应用日益增长。机器学习模型可以基于第一性原理分子动力学模拟的数据进行训练，以开发高度准确的原子间势，然后在速度更快的经典分子动力学模拟中使用。此外，人们正在探索直接学习密度泛函的机器学习方法，这有可能绕过迭代求解Kohn-Sham方程的需求。机器学习与第一性原理分子动力学的结合为显著降低计算成本和扩展从头算分子动力学模拟的范围带来了希望。通过利用机器学习，研究人员能够以接近第一性原理的计算精度研究更大的系统和更长的时间尺度。

6.3 LAMMPS软件

煤分子模型建立好以后，分子构型还不是最优构型，还需要进行分子力学优化和分子动力学模拟，才能达到合理的密度和结构，进行后续的第一性原理分子动力学模拟。另外，Coal-FF反应力场的验证也需要进行分子力学优化。此处使用LAMMPS软件进行分子力学优化和分子动力学模拟。下面对LAMMPS软件给予简单介绍。

6.3.1 概述

LAMMPS（large-scale atomic/molecular massively parallel simulator，大尺度原子/分子并行模拟工具）是一套被广泛认可的经典分子动力学模拟的开源程序包[19]。分子动力学所涉及的领域，LAMMPS软件的代码几乎均有涉及。

LAMMPS起源于美国能源部的桑迪亚国家实验室（Sandia National Laboratories），最初使用Fortran编写，后来为了提高灵活性并方便添加新功能而改用C++编写。目前版本需要与C++17标准兼容的C++编译器，这反映了LAMMPS开发项目持续追求现代化的发展方向。

作为一款在GNU通用公共许可证（GPL）下分发的开源代码，LAMMPS受益于广泛的社区参与和持续的开发，其主要资金来源于美国能源部（DOE）。整个开发过程通过GitHub进行管理，确保了透明度和协作贡献。值得一提的是，LAMMPS在2018年荣获R&D 100奖，这标志着其在计算领域的重要影响。从Fortran到C++的转变表明其致力于增强功能和简化扩展性，这与其模块化设计相一致。

LAMMPS已成为材料科学研究人员的主要工具，但其多功能性也扩展到了化学和生物物理学。它能够模拟各种系统，包括原子、聚合物、生物分子、金属、颗粒材料和粗粒度，使其成为一个对广泛科学界都非常有价值的工具。

6.3.2 核心特性与功能

LAMMPS提供对广泛的原子间势函数和力场的支持。例如，用于模拟生物分子的CHARMM、AMBER和OPLS力场；用于模拟金属的EAM和MEAM势函数；用于模拟材料的Buckingham、Morse、Yukawa、Stillinger-Weber和Tersoff势；模拟化学反应的AI-REBO、REBO和ReaxFF力场；用于介观模拟的DPD和Gay-Berne势函数。此外，LAMMPS还允许通过混合和叠加势来组合多种势类型。LAMMPS还提供对外部势库的无缝访问，包括OpenKIM存储库（https：//openkim. org/）和NIST原子间势存储库（https：//www. ctcms. nist. gov/potentials/），该存储库托管了数百个与LAMMPS兼容的模型。与OpenKIM和NIST存储库等外部势库的集成大大简化了访问和利用成熟且可能经过验证的原子间势的过程。这些存储库充当了精选的数据库，为研究人员提供了丰富的资源和信息，以帮助他们为自己的模拟选择合适的力场。如此众多的可用原子间势，是LAMMPS的一个显著特点，它赋予用户模拟各种材料和化学环境的能力。

LAMMPS支持多种粒子和模型类型，从简单的原子到复杂的系统，如分子、金属和颗粒材料。它还可以处理有限尺寸的形状，如球形和椭球形粒子、电偶极子粒子和磁自旋粒子，并允许这些粒子和模型类型的混合组合。该软件提供多种温控器和压控器，从而可以在模拟过程中控制温度和压力。它可以模拟2D和3D系统，具有正交或非正交（三斜）模拟域。此外，LAMMPS支持各种热力学系综，如微正则系综（NVE）、正则系综（NVT）、等温等压系综（NPT）和巨正则系综，允许用户在不同的物理约束下模拟系统。定义原子样式和选择模拟系综的灵活性也是LAMMPS的一个关键优势，它使使用者能够调整他们的模拟，以准确地表示他们旨在研究的特定物理条件和性质。这种适应性对于解决不同科学学科中广泛的研究问题至关重要。

LAMMPS专门为大规模原子系统的并行高性能模拟而设计，并且可以在单处理器上高效运行，也可以使用消息传递技术（MPI）和模拟域的空间分解进行并行运行。其许多模型都针对各种硬件架构（包括CPU、GPU和英特尔至强融核）进行了加速性能优化，通过支持OpenMP多线程、向量化和GPU加速来实现。LAMMPS在高性能计算环境上具有良好的可扩展性。对并行计算的重视是LAMMPS设计的一个基石，它使研究人员能够处理前所未有的规模和复杂性的模拟。通过有效地将计算工作负载分布到多个处理器上并利用硬件加速，LAMMPS

使得研究那些使用纯串行代码在计算上会非常困难的现象成为可能。

LAMMPS 采用模块化架构设计，相对容易修改和扩展新功能。用户可以添加自定义力场，定义新的原子类型，实现特定的边界条件，或集成专门的诊断工具。该软件还支持可选软件包，这些软件包提供了广泛的附加功能，从而扩展了其核心功能之外的功能。此外，LAMMPS 提供了一个 C 语言应用程序编程接口（API），允许用户从其他编程语言（如 Python 和 Fortran）访问和管理其功能，从而促进与其他模拟或分析工具的集成。LAMMPS 的模块化和可扩展性是其长期性和适应性的关键。这种设计使得软件能够不断融入新的科学进展和计算技术。研究人员可以定制 LAMMPS 以解决现有功能可能无法涵盖的特定研究问题，从而促进创新并实现对新型系统和现象的模拟。库接口进一步增强了这一点，它允许与其他的专业软件和编程环境无缝集成，从而创建灵活的研究平台。

LAMMPS 主要作为模拟引擎运行，需要与各种预处理和后处理工具结合使用。LAMMPS 发行版在其 tools 目录中包含一些基本的预处理实用程序。LAMMPS 网站还提供了指向一系列外部预处理/后处理工具的链接。可利用外部分析和可视化软件包（如 VMD 和 OVITO）为 LAMMPS 准备输入文件、可视化模拟轨迹和分析模拟数据。它还可以与 Python 库（如 MDAnalysis、MDTraj 和 ASE）耦合，以进行更高级的脚本编写和分析。另外，集成的 LAMMPS-GUI 提供了一个图形界面，用于编辑输入脚本、运行模拟和执行基本的可视化任务。

6.3.3 应用领域

(1) 材料科学

LAMMPS 广泛应用于材料科学领域，用于模拟各种材料，包括金属和半导体等固态材料，生物分子和聚合物等软物质以及粗粒度和介观系统，研究原子和分子层面材料的行为。其应用示例包括模拟超高速撞击、研究位错和晶界、探索断裂机制、模拟纳米线和薄膜的行为以及理解力学性能、相变和缺陷动力学。

(2) 化学

LAMMPS 在化学领域也是一个很有价值的工具，AI-REBO、REBO 和 ReaxFF 等反应力场的应用，对于在原子水平上模拟化学转化尤为重要。它使研究人员能够模拟化学反应和转化，模拟扩散过程，并研究复杂流体的行为。它可用于计算化学反应的能垒，模拟表面科学现象以及模拟电化学系统。LAMMPS 在模拟化学反应和复杂化学环境方面的能力使其成为化学工程、催化和化学系统中界面现象研究的重要工具。

(3) 生物物理学

LAMMPS 能够使用生物分子相关力场（如 CHARMM、AMBER、OPLS），

模拟蛋白质、脂类和DNA等生物分子，模拟药物递送系统，调查蛋白质折叠和相互作用以及模拟细胞运输过程，从而在分子水平上理解生物系统复杂的动力学。

6.3.4 输入脚本文件

LAMMPS模拟由一个输入脚本控制，该脚本是一个纯文本文件，其中包含一系列命令，用于指示软件如何设置和运行模拟。LAMMPS程序的执行是通过读取用户按指定格式书写的输入脚本中的命令来实现的。每个输入脚本中的命令触发一个操作，包括设置内部变量，从文件中读取参数，开始运行模拟程序等，当输入脚本结束的时候，则程序结束。大多数命令以默认值存在，若要改变为模拟特定问题的参数，则需要改变该默认值。命令在脚本中的顺序不重要，然而也需要遵循一些规则。LAMMPS程序不会一次性全部读取输入脚本中所有的命令，而是逐行读取并执行脚本内容，因此不同的命令顺序会导致不同的计算结果。

LAMMPS输入脚本（一般以.in作为脚本后缀）的结构化特性使设置和控制模拟相对简单。一个典型的输入脚本在逻辑上分为四个主要部分：初始化、系统定义、参数设置和运行模拟。

初始化部分设置基本参数，例如测量单位（units）、系统维度（dimension）、边界条件（boundary）、原子样式（atom _ style）。需要指明使用力场类型时，则使用如下命令，如bond _ style、pair _ style、angle _ style、dihedral _ style、improper _ style等。

系统定义部分描述要模拟的原子系统。LAMMPS程序代码有三种方式定义原子。read _ data命令和read _ restart命令分别是从一个data文件和restart文件中读取原子的结构信息，这些文件包括了分子拓扑结构信息。除了这种方式，LAMMPS还可以采用creat _ atoms命令在晶格结构上创建原子，此时需要定义晶态的晶格结构。定义晶格需要使用的相关命令有lattice、region、create _ box、create _ atoms等。已经设置好的模型也可以用replicate命令来复制生成一个更大规模的模拟体系。

创建好原子或分子的拓扑结构后，就可以进行参数的设置了。所需设置的参数包括力场参数、模拟所需要的参数以及控制输出的参数等。可以在data文件中设定力场参数，也可以通过pair _ coeff、bond _ coeff、angle _ coeff、dihedral _ coeff、improper _ coeff、dielectric、special _ bonds等命令定义。模拟参数通过neighbor、neigh _ modify、group、timestep、reset _ timestep、run _ style、min _ style及min _ modify等命令设置。另外需要使用的命令是fix。fix命令包括很多子命令，它可以施加一系列的边界条件、时间积分、诊断选项等条件，是LAMMPS中很重要的一个命令。模拟过程中通过compute、compute _ modify、variable命令来实现各种量的计算，以得到想要的输出结果。输出选项可以由 thermo、dump、restart 等命令来进行设置。

最后，运行模拟部分包含启动分子动力学模拟（run）或执行能量最小化（minimize）的命令。以上就是使用 LAMMPS 软件进行模拟的整个过程。详细的介绍可以参看 LAMMPS 的在线手册：http：//LAMMPS. sandia. gov/doc/Manual. html。

以下为一个使用 ReaxFF 反应力场进行烟煤结构优化模拟的 . in 参数文件的例子，配合相应的 data 文件就可以进行模拟：

```
# Created by Zhang onthe current date:05/14/2025 Wed
# Source force field file Coal-FF.ff

units           real               # 定义模拟中使用的单位制为 real
atom_style      full               # 定义原子样式(full:包含分子信息、电荷等)
boundary        p p p              # 定义边界条件(p:周期性边界)
neighbor        2.5 bin            # 定义近邻列表构建参数
neigh_modify    every 1 delay 0 check yes # 修改近邻列表构建行为
read_data       bituminous_coal.data # 读取包含原子坐标、拓扑等信息的 data 文件

pair_style      reaxff NULL        # 定义力场类型为 ReaxFF
pair_coeff      ** Coal-FF.ff  C H N O S  # 指定 ReaxFF 力场文件元素类型
fix             rffqeq all qeq/reaxff 1 0.0 10.0 0.000001 reaxff # 对所有原子应用 QEq 电荷平衡方法
                                   # Nveery=1:每步都进行电荷平衡
                                   # cutlo=0.0:平滑处理范围的下限
                                   # cuthi=10.0:平滑处理范围的上限
                                   # 0.000001:电荷收敛的容差
                                   # reaxff:指定使用 reaxff 的电荷平衡方法
timestep        0.1                # 定义模拟的时间步长(单位:飞秒)
run_style       verlet             # 使用 Verlet/velocity Verlet 积分算法
fix species     all reaxff/species 1 1 bituminous_coal.out # 每 1 步输出一次片段信息到文件
                                   # 参数:group-ID,style,Nevery,Nrepeat,filename
fix bonds       all reaxff/bonds   bituminous_coal.bonds # 输出键信息到文件

velocity        all create 3000 84512 mom yes rot yes dist gaussian # 初始化原子速度
                                   # all:对所有原子操作
                                   # create:创建速度
                                   # 3000:目标温度(单位:K)
```

```
                                    # 84512:随机数种子
                                    # mom yes:保证体系总动量为零
                                    # rot yes:保证体系总角动量为零
                                    # dist gaussian:速度分布遵循高斯分布
   fix            1 all nvt temp 3000 3000 10.0 #  对所有原子应用 NVT 系综(控温)
                                    # 1:fix ID
                                    # all:group-ID
                                    # nvt:系综类型
                                    # temp:控制温度
                                    # 3000:初始温度(K)
                                    # 3000:目标温度(K)
                                    # 10.0:温度阻尼参数(单位:时间)

   thermo_style   custom step etotal ke pe temp press vol # 定义热力学输出的格式和内容
                                    # custom:自定义输出
                                    # step:当前步数
                                    # etotal:总能量
                                    # ke:动能
                                    # pe:势能
                                    # temp:温度
                                    # press:压力
                                    # vol:体积
thermo           1000               # 每 1000 步输出一次热力学信息
thermo_modify    flush yes          # 每次输出热力学信息后立即刷新到日志文件
dump             1 all custom 1000 bituminous_coal.dump id type x y z # 输出原子轨迹信息
                              # 1:dump ID
                              # all:group-ID
                              # custom:自定义输出格式
                              # 1000:每 1000 步输出一次
                              # bituminous_coal.dump:输出文件名
                              # id type x y z:输出的原子属性(ID,类型,x/y/z 坐标)
run              10000000           # 运行模拟的总步数
```

6.3.5 data 数据文件

此处的 data 文件特指 LAMMPS 计算模拟软件可读写的数据文件格式。有两种格式的 data 文件：一种是二进制文件，另一种是 ascii 文件。一般来说，我们使用直接可读的 ascii 文件。ascii 文件由两部分组成：一是文件头，二是原子信息。文件头包括一些说明的内容，还有原子数、键类型数、盒子的三维坐标上下界等一系列信息。原子信息包括了每个原子的 ID、三维坐标、电荷等信息。所显示的内容根据使用的 atom _ type 不同而不同，但至少包括原子 ID 以及坐标的信息。

下面是 data 文件的样本文件，其中“#”后的内容为说明和注释。

```
Created by Zhang onthe current date:05/14/2025 Wed

    78   atoms                  # 体系中的原子总数
    5    atom types             # 体系中的原子类型数量

    0.0   14.8758 xlo xhi   #  模拟盒子在 x 方向的边界(最小值 最大值)
    0.0   14.8758 ylo yhi   #  模拟盒子在 y 方向的边界(最小值 最大值)
    0.0   14.8758 zlo zhi   #  模拟盒子在 z 方向的边界(最小值 最大值)

Masses   # 定义每种原子类型的质量

    1   12.011   #  原子类型 1(例如:碳 C) 的质量(单位:g/mol)
    2   1.00794 #  原子类型 2(例如:氢 H) 的质量
    3   14.00674 #  原子类型 3(例如:氮 N) 的质量
    4   15.9994   #  原子类型 4(例如:氧 O) 的质量
    5   32.066   #  原子类型 5(例如:硫 S) 的质量

Atoms   # 定义每个原子的属性:原子 ID 分子 ID 原子类型 电荷 x 坐标 y 坐标 z 坐标

  # 原子 ID   分子 ID   原子类型   电荷      x          y          z         #
  元素类型(注释中添加)

    1   1   1   -0.1268   6.705641756   14.227375034   15.771864794   #   c
    2   1   1    0.0000   5.469601622   13.479112236   15.390772859   #   c
    3   1   1    0.0000   5.512493226   12.559146626   14.327139896   #   c
    4   1   1    0.0000   6.678072818   12.412223100   13.559516948   #   c
    5   1   1    0.0000   7.849886845   13.143729641   13.873027323   #   c
    6   1   1    0.0000   7.844798009   14.074879961   15.061787242   #   c
    7   1   1   -0.1268   8.974713169   12.995652772   13.091662373   #   c
    8   1   1    0.0000   8.956829003   12.154638092   11.955629632   #   c
    9   1   1    0.0000   7.754187105   11.496094128   11.594847966   #   c
   10   1   1    0.0000   6.655659544   11.566123525   12.448336799   #   c
```

11 1 1 0.0000 5.512769286 10.768071804 12.200862625 # c
12 1 1 −0.1268 5.542055583 9.891493424 11.082645037 # c
13 1 1 −0.1268 6.612746727 9.862433217 10.234708948 # c
14 1 1 0.0000 7.719760949 10.723311042 10.413809384 # c
15 1 1 0.0000 8.788611229 10.787749444 9.486252666 # c
16 1 1 0.0000 8.667213702 10.478151323 8.121726133 # c
17 1 1 −0.1590 7.388362684 10.197952766 7.372489673 # c
18 1 2 0.1268 6.667304644 14.912722097 16.618683047 # h
19 1 1 −0.1590 9.126767939 14.820349331 15.356758864 # c
20 1 2 0.0530 7.074380281 9.147130593 7.437962321 # h
21 1 2 0.1268 4.694624164 9.229102611 10.856408221 # h
22 1 1 0.0000 4.369407099 10.854166116 13.007763289 # c
23 1 1 0.0000 4.335548762 11.835792074 14.000094914 # c
24 1 1 0.0000 10.049506544 11.274017252 9.948021063 # c
25 1 1 −0.1268 10.110000799 11.948797755 11.181847987 # c
26 1 1 −0.1268 3.131324377 12.191181796 14.655461739 # c
27 1 1 0.2320 3.098728141 13.162928838 15.638691638 # c
28 1 1 −0.1268 4.284408397 13.765676280 16.037791181 # c
29 1 1 −0.1268 9.803981443 10.443410562 7.347506700 # c
30 1 1 0.2320 11.063315600 10.807204632 7.807848441 # c
31 1 1 −0.1268 11.187469520 11.229064236 9.116173298 # c
32 1 2 0.1268 9.915552302 13.511184944 13.323056239 # h
33 1 2 0.0530 7.506321421 10.413843588 6.302480958 # h
34 1 2 0.0530 6.565877961 10.838011305 7.724482520 # h
35 1 2 0.0530 9.966635312 14.136803191 15.557050457 # h
36 1 2 0.0530 8.996712355 15.448361978 16.249640635 # h
37 1 2 0.0530 9.406878919 15.489449849 14.527376589 # h
38 1 1 −0.1590 3.187959121 9.961796241 12.713282087 # c
39 1 2 0.1268 11.056163068 12.415225164 11.493941765 # h
40 1 2 0.1268 2.174659710 11.725794683 14.389087482 # h
41 1 4 −0.4640 1.900435303 13.516819700 16.217129587 # o
42 1 2 0.1268 4.237622343 14.492076978 16.854696261 # h
43 1 2 0.1268 9.721782475 10.140811108 6.292410869 # h
44 1 4 −0.4640 12.104067516 10.747636983 6.905621258 # o
45 1 2 0.1268 12.129476198 11.625550354 9.513292442 # h
46 1 2 0.1268 6.579405629 9.145998807 9.406788083 # h

```
47  1  2   0.0530   2.693149622  10.263740870  11.776513523  #  h
48  1  2   0.0530   2.432411423   9.956876697  13.506774389  #  h
49  1  2   0.0530   3.505212283   8.911927684  12.603741268  #  h
50  1  1   0.2320   1.431291274  14.783802717  15.959788086  #  c
51  1  1  -0.0130   0.376297686  15.372261234  16.608713199  #  c
52  1  1   0.0000  -0.174080955  16.582420987  16.452859615  #  c
53  1  1  -0.1268   0.419828918  17.435644590  15.429726294  #  c
54  1  1  -0.1268   1.485576103  16.918206198  14.706968271  #  c
55  1  1  -0.1268   1.997273013  15.634163193  14.941141934  #  c
56  1  1  -0.1268  -1.254524057  16.738184673  17.377207167  #  c
57  1  1  -0.1398  -1.434644644  15.634503494  18.152212443  #  c
58  1  5   0.0260  -0.258461350  14.291875978  17.798553855  #  s
59  1  2   0.1268   0.035960343  18.446657839  15.246475820  #  h
60  1  2   0.1268   1.951206428  17.529512274  13.916423933  #  h
61  1  2   0.1268   2.838160481  15.285778232  14.325592060  #  h
62  1  2   0.1268  -1.870438489  17.642721744  17.468501562  #  h
63  1  2   0.1268  -2.203725044  15.543653117  18.931618934  #  h
64  1  1   0.2320  13.270513394  11.418020413   7.185651643  #  c
65  1  1  -0.1268  14.095720466  11.008325486   8.223378436  #  c
66  1  1  -0.0300  15.263091734  11.726015752   8.428743110  #  c
67  1  1   0.0000  15.656580860  12.810864634   7.618858944  #  c
68  1  1  -0.1268  14.806620025  13.207425753   6.569638887  #  c
69  1  1  -0.1268  13.634790705  12.504553774   6.364018765  #  c
70  1  1  -0.1268  17.011342825  13.125843478   7.959640443  #  c
71  1  1  -0.1568  17.398472372  12.262942162   8.948579420  #  c
72  1  3  -0.2100  16.336798673  11.420053208   9.252809397  #  n
73  1  2   0.1268  13.861150509  10.127052544   8.836133408  #  h
74  1  2   0.1268  15.113074735  14.004502992   5.879020898  #  h
75  1  2   0.1268  12.972733340  12.776231519   5.528907894  #  h
76  1  2   0.1268  17.657534241  13.862449369   7.473669541  #  h
77  1  2   0.1268  18.364866295  12.145721155   9.444887490  #  h
78  1  2   0.2700  16.387768103  10.582752585   9.796449484  #  h

# 如果有键、角、二面角或非正常二面角信息，在此后列出。ReaxFF 力场不需要这些信息。
# 例如：
#  Bonds
```

```
#
#    1   1   1   2 # 键 ID 键类型 原子 1ID 原子 2ID
# ...
#
#  Angles
#
#    1   1   1   2   3 # 角 ID 角类型 原子 1ID 原子 2ID 原子 3ID
# ...
```

有关 data 文件数据格式的详细规定，也可以参看 LAMMPS 分子模拟软件的在线用户手册：http://LAMMPS.sandia.gov/doc/Manual.html。

6.4 DFT 拟合数据验证

6.4.1 几何结构拟合能力

在 Coal-FF 反应力场开发中，力场对 DFT 基准数据的拟合能力是评估其准确性与可靠性的重要标准。本研究使用 Coal-FF 力场对训练集中的分子进行结构优化，并将其与相应的 DFT 训练集中的数据进行对比，详细结果示于附表-1 和附表-2 中。

图 6-3 和图 6-4 展示了其中多个典型训练分子的三维结构对比结果，左侧为 DFT 优化结构，右侧为 Coal-FF 力场拟合后的优化结构，并标注了部分键长、键角及扭转角的数值。

图 6-3（a）显示的是 1-methylpyrrole（1-甲基吡咯），该分子为含氮杂环结构。可以看出，Coal-FF 力场优化结果能够很好地重现五元环结构中的 N—C 键长与环角，结构整体平面性与对称性与 DFT 结果非常相符，误差较小。图 6-3（b）为 benzene _ 135 _ tricarboxylicacid（1,3,5-苯三甲酸）分子，其芳环主骨架保持良好的共轭特性，羧基官能团的结构对称性也很好地呈现了出来，说明 Coal-FF 在芳香羧酸结构再现方面亦表现出色。图 6-3（c）显示了 benzo ［b］ thiophene（苯并［b］噻吩）的结构重现效果，其芳香环及硫杂原子构成的五元杂环均得到合理还原，C—S 键与周围的键角误差较小，反映出 Coal-FF 力场对煤中杂原子体系的适用性。

图 6-4（a）为 butane（丁烷）分子的结构。作为柔性链烃的代表，其 C—C—C 和 C—C—H 键角易于转变。但从图 6-4（a）中可见，Coal-FF 力场优化后的丁烷

仍能保持与 DFT 相近的构象，说明训练的力场在烃类链段结构描述上具备良好性能。图 6-4（b）为 C_{60}（富勒烯）分子，其高度球状对称结构对 Coal-FF 力场的描述能力存在挑战。从图 6-4（b）中可见，Coal-FF 力场几何优化后的 C_{60} 能较好保留碳笼的球形特征及环状结构，结构畸变极小，反映了本力场对芳香聚合环应力结构描述的可靠性。图 6-4（c）为 p-xylene（对二甲苯）分子，其两个甲基取代位于对位，形成良好的分子对称性。从图 6-4（c）中可见，Coal-FF 力场优化很好地还原了对二甲苯的结构特征。

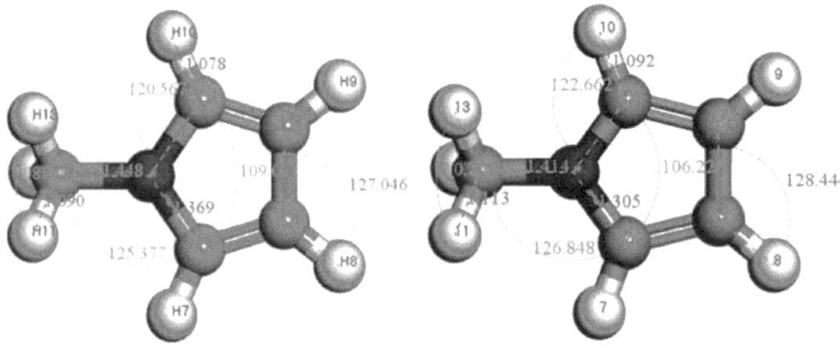

（a）1_methylpyrrole（1-甲基吡咯）

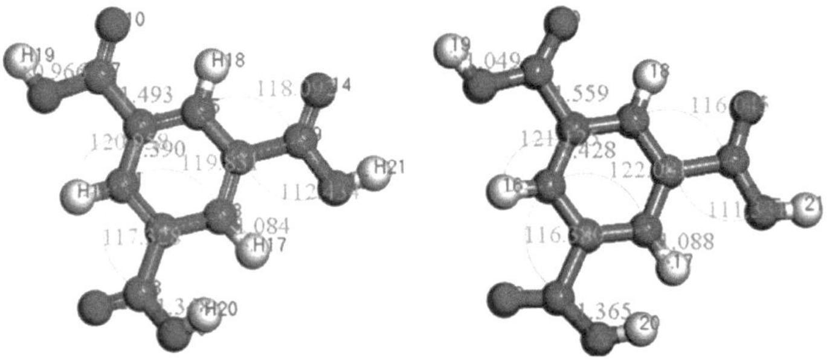

（b）benzene_135_tricarboxylicacid（1,3,5-苯三甲酸）

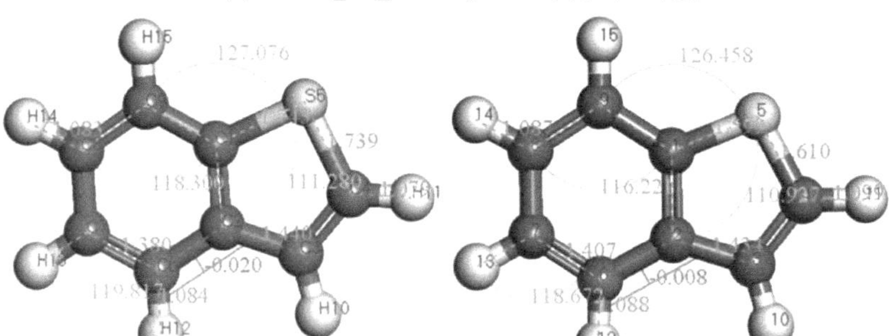

（c）benzo[b]thiophene（苯并[b]噻吩）

图 6-3　优化结构对比图（1）

（左为 DFT 优化结构，右为 Coal-FF 力场优化结构）

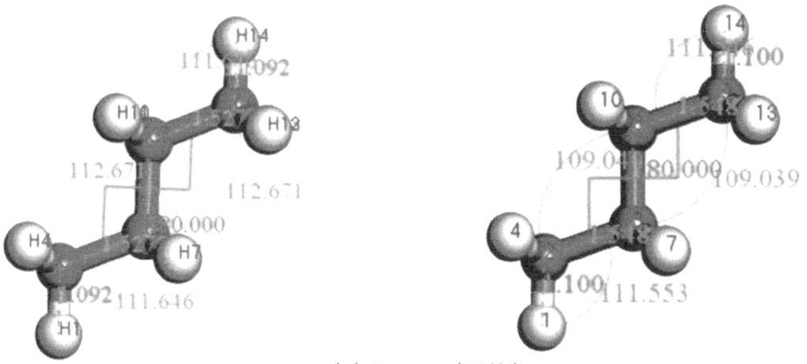

(a) butane（丁烷）

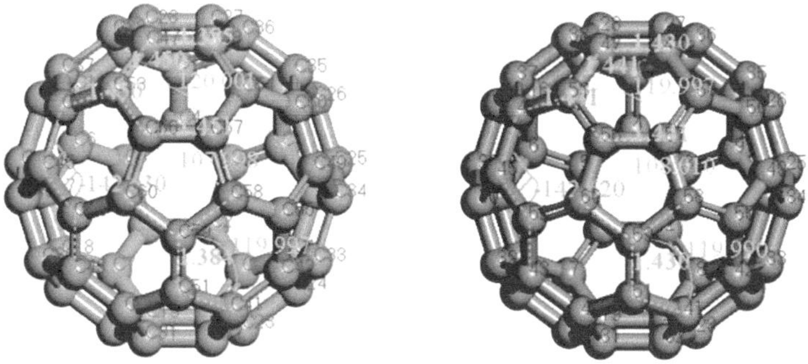

(b) C_{60}（富勒烯）

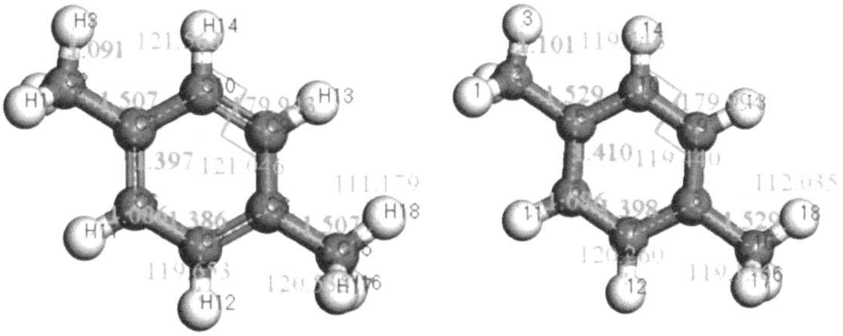

(c) p-xylene（对二甲苯）

图 6-4　优化结构对比图（2）

（左为 DFT 优化结构，右为 Coal-FF 力场优化结构）

为了更系统地评估结构还原的整体误差水平，本文将训练集中各类分子的特征几何参数（包括键长、键角和二面角）与 DFT 获得的结果绘制为散点图进行对比，如图 6-5、图 6-6 和图 6-7 所示。

图 6-5 显示了部分特征化学键在 Coal-FF 和 DFT 优化结果下的键长对应关系。从图中可以看出，大多数数据点密集分布在 $y=x$ 附近，表明 Coal-FF 力场在多数分子结构中能够较为准确地再现 DFT 优化得到的键长。此外，整体点云未表现出系统性的偏离，说明力场拟合过程中未产生偏畸现象。绝大多数键长预测误差控制

在±0.05Å 范围内，反映出较高的几何结构保真性。仅有少数散点偏离参考线，可能与该类键在训练集中样本数较少有关，或由目标键在极端构型下的柔性变化所致。

图 6-6 展示了键角的再现能力。从图中可见，在 20°～140°的角度范围内，Coal-FF 力场预测的角度与 DFT 计算的基准角度分布与 $y=x$ 的线性关系吻合得非常好。Coal-FF 力场预测的角度误差在绝大多数情况下控制在±2°内，表现出其良好的对局部几何构型的把握能力。

图 6-7 为二面角再现对比图，覆盖了－180°至＋180°的整个周期区间，数据分布与 $y=x$ 直线趋势非常一致。这进一步说明本力场在描述链段的构象变化时表现稳定，适用于模拟煤分子结构的三维构象转变行为。

综上可知，Coal-FF 力场能够准确地再现煤分子中的基本单元结构，在共轭性、芳香性及 O、N、S 杂原子参与等情况下保持较高的结构保真性。

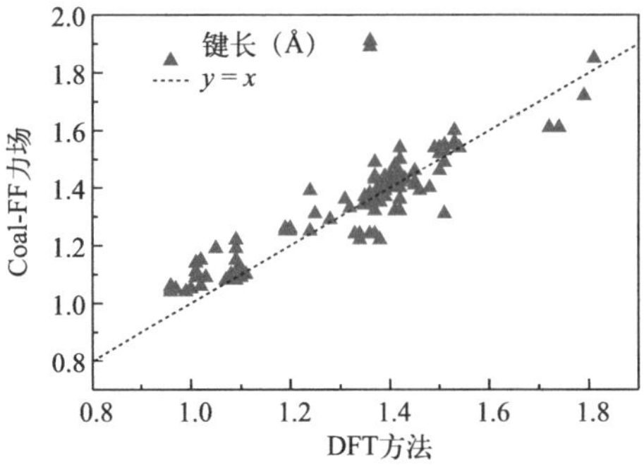

图 6-5　Coal-FF 力场与 DFT 优化的键长散点对比图

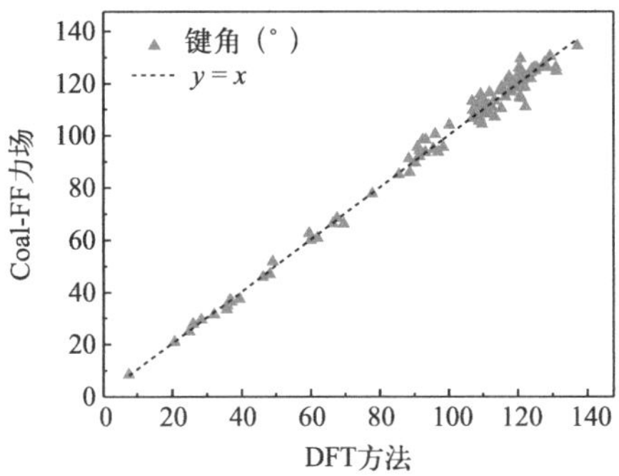

图 6-6　Coal-FF 力场与 DFT 优化的键角散点对比图

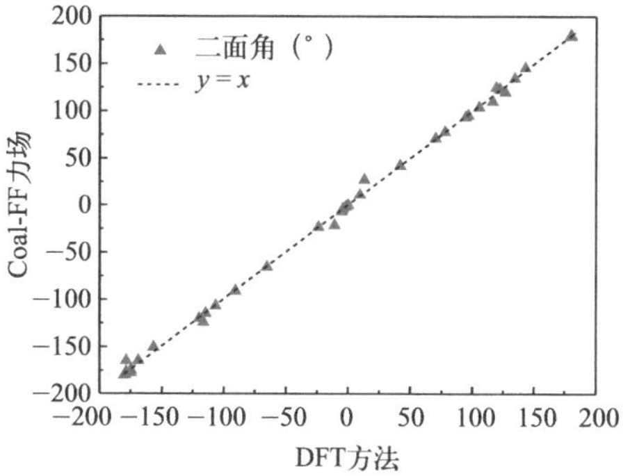

图 6-7　Coal-FF 力场与 DFT 优化的二面角散点对比图

6.4.2　能量曲线拟合能力

除了几何结构准确性外，Coal-FF 力场在势能面上的拟合能力也是评估其可靠性的重要指标。为全面检验本研究开发的 Coal-FF 力场在能量维度的拟合表现，本研究选取多个典型分子，扫描了特定几何参数（如键长、键角、二面角）的势能变化曲线，将结果与 DFT 数据进行了对比。图 6-8 展示了典型结构使用 Coal-FF 力场与 DFT 计算的势能变化趋势，这些结构涵盖了 C、H、O、N、S 五种元素参与的化学环境。

1-methylpyrrole 是典型的芳香氮杂环，其结构中的 C—N—C—C 二面角［图 6-8（a）］、C—N—C 键角［图 6-8（b）］和 N—C 键长［图 6-8（c）］对五元环的平面性和环张力具有重要影响。在二面角扫描中，DFT 计算表明，环在保持平面构型结构时能量最低，偏离平面时能量会逐渐升高。Coal-FF 力场准确重现了该变化趋势，极值所在的位置与曲率变化都较好地相符，表现出良好的结构拟合能力。键角部分，DFT 能量最低点出现在 130°左右，曲线对称且平滑，Coal-FF 力场在该角度范围内拟合效果也很好。键长扫描显示，N—C 最佳键长约为 1.4Å；偏离平衡键长，DFT 能量曲线将上升，Coal-FF 力场计算的结果与 DFT 结果也高度一致，整体势能曲面的拟合效果可靠。这些结果说明，Coal-FF 力场对芳香氮杂环中的几何变形势能具有良好的刻画能力。

sulfone 是一种含硫极性分子。本研究比较了 Coal-FF 力场与 DFT 计算得到的 sulfone 分子中 O—S—C—H 二面角［图 6-8（d）］、C—S—C 键角［图 6-8（e）］与 S—C 键长［图 6-8（f）］的势能曲线。二面角扫描中，尽管极值点能量差值略有增高，但能量误差在计算精度可接受的范围内（数 kcal/mol），且变化趋势非常一致，Coal-FF 力场表现可以接受。C—S—C 键角的能量曲线在约 106°达到最小，左右对称，Coal-FF 也准确捕捉了角弯曲势的最低点与变化趋势。S—C 键长扫描中，DFT 曲线在 1.8Å 附近最稳定，偏离此点能量将上升，Coal-FF 力场在计算区间内与 DFT 拟合也较好。这些结果说明，Coal-FF 力场对极性三配位硫原子结构环境拟合效果良好。

phenol 是一种含羟基芳香分子。对其的势能面拟合效果验证涵盖了 H—O—C—C 二面角［图 6-8（g）］、H—O—C 键角［图 6-8（h）］和 O—C 键长［图 6-8（i）］。在二面角扫描中，Coal-FF 力场准确再现了其变化趋势，峰谷位置匹配良好。键角扫描结果显示，DFT 在约 107°处能量最低，Coal-FF 拟合高度一致，曲线重叠性良好。O—C 键长方面，DFT 表现出 1.36Å 处的势阱，势能曲线类似抛物线；Coal-FF 力场可以准确捕捉极值点与整体势能形态，说明其对 C—O 极性单键的伸缩也能精确地描述。

pyrrole 是氮杂芳香分子。对其的势能曲线验证包括 H—C—N—H 二面角［图 6-8（j）］、C—N—H 键角［图 6-8（k）］与 N—C 键长［图 6-8（l）］。Coal-FF 力场很好地再现了二面角变化趋势，尽管在极值处有偏离，但整体一致性良好。C—N—H 键角的势能最低点约在 122°，曲线平滑，Coal-FF 与 DFT 曲线几乎重叠，表现出不错的角弯曲势拟合能力。N—C 键长曲线中，DFT 最低点在 1.39Å 附近，Coal-FF 再现效果较好，仅在键极度压缩时有能量的高估。

butane 为饱和脂肪烃分子。对其的势能曲线验证为 C—C—C—C 二面角［图 6-8（m）］、H—C—H 键角［图 6-8（n）］与 H—C 键长［图 6-8（o）］。Coal-FF 力场精确地再现了 DFT 计算的二面角能量曲线形态，能量极值与 DFT 能量高度误差较小。H—C—H 键角能量在 110°附近最低，Coal-FF 力场与 DFT 能量曲线几乎重叠。H—C 键长扫描表现为标准势阱型，DFT 在 1.09Å 处最低，Coal-FF 力场再现良好，在拉伸与压缩两端的能量趋势与 DFT 匹配一致。

基于上述拟合效果，可以得出结论，Coal-FF 力场在各类构型演变的势能变化上与 DFT 能量曲线高度吻合，并在多数体系中展现出良好的趋势一致性和极值点匹配性。这一结果有力地支持了该力场不仅能够准确再现平衡态结构，还能够合理地描述分子在二面角、键角和键长变化过程中的能量演化。

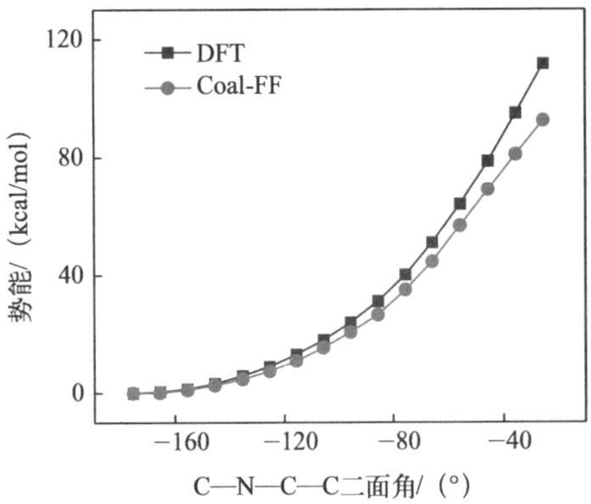

(a) 1-甲基吡咯

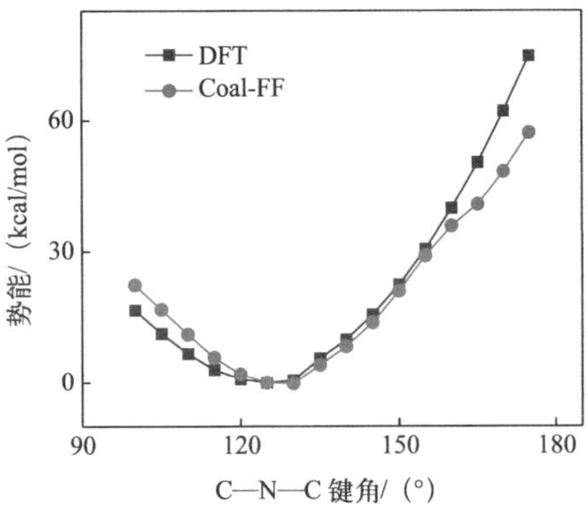

(b) 1-甲基吡咯

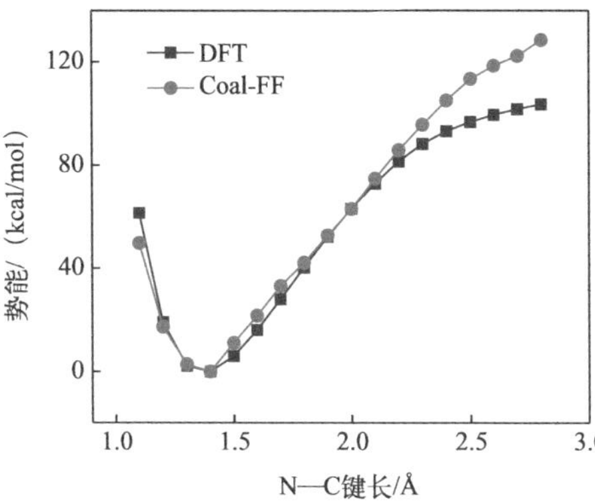

（c）1-甲基吡咯

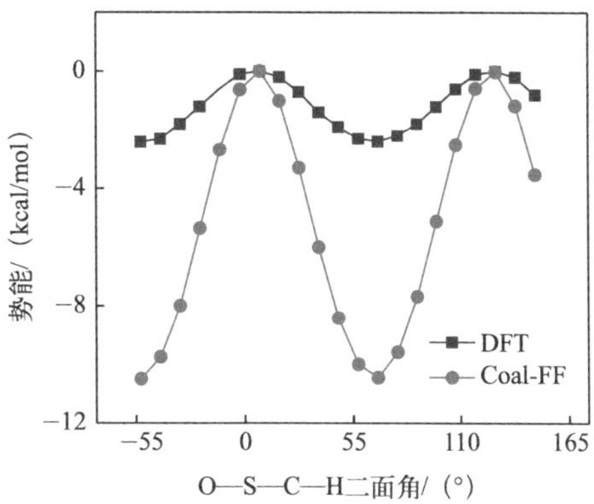

（d）砜

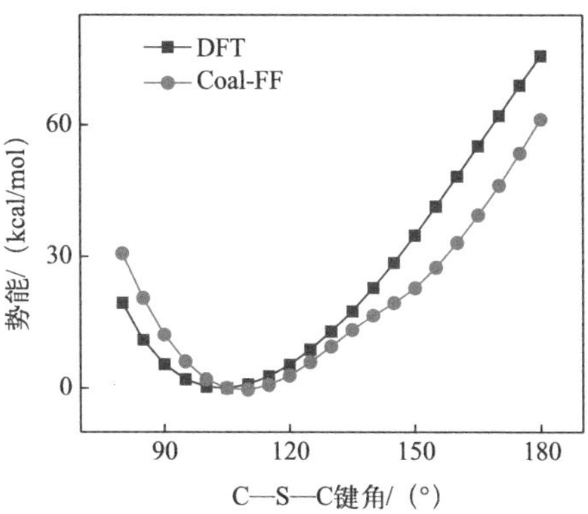

（e）砜

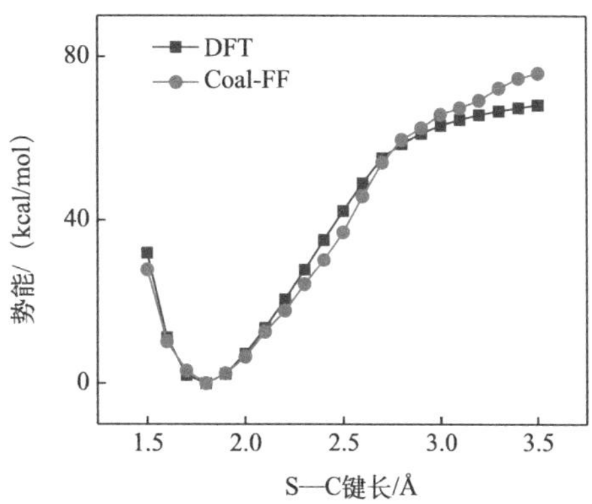

（f）砜

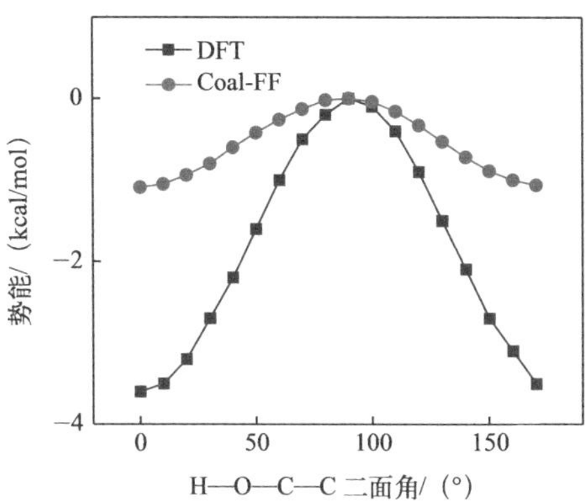

（g）苯酚

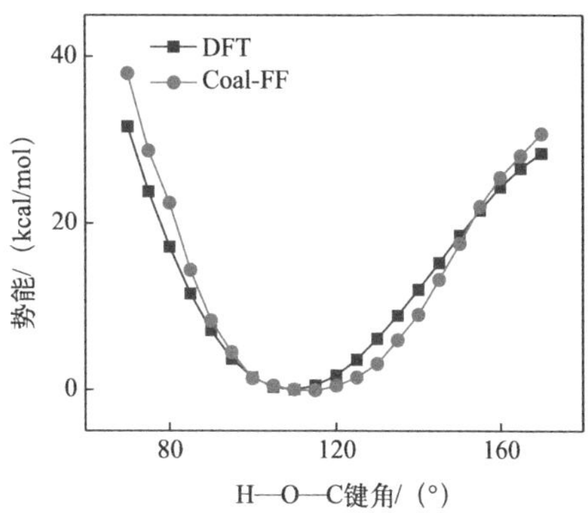

（h）苯酚

图 6-8

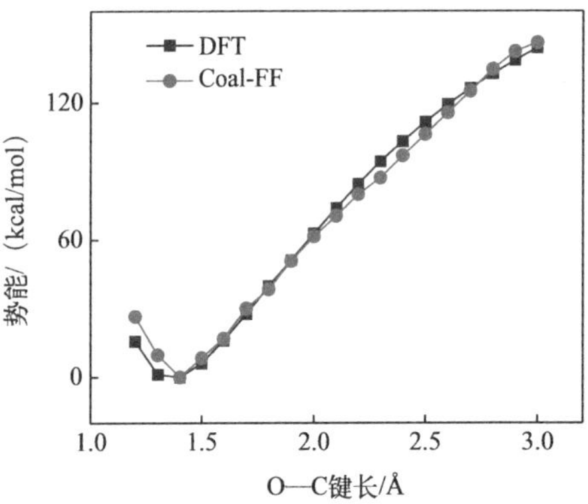

(i) 苯酚

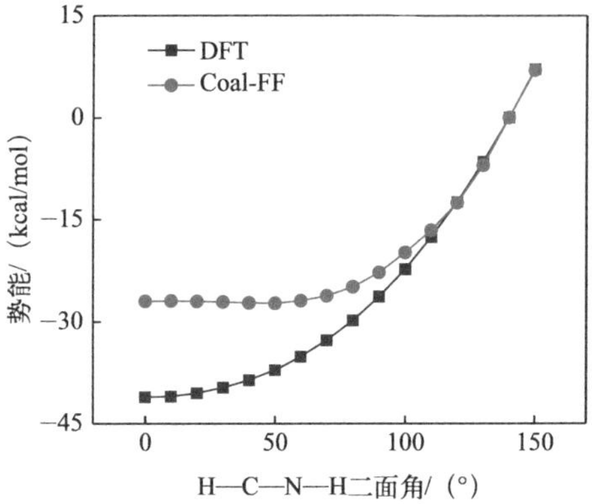

(j) 吡咯

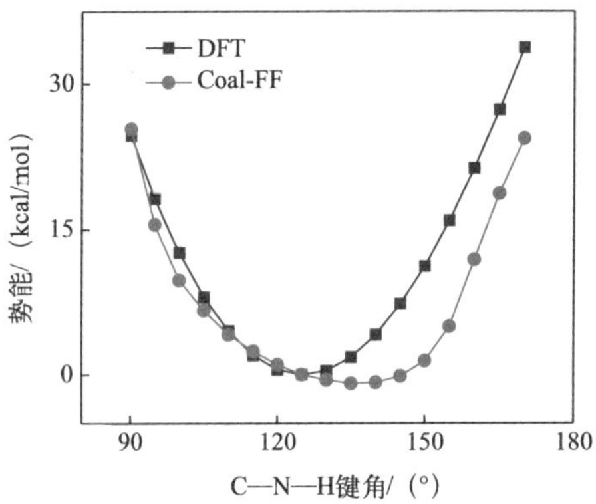

(k) 吡咯

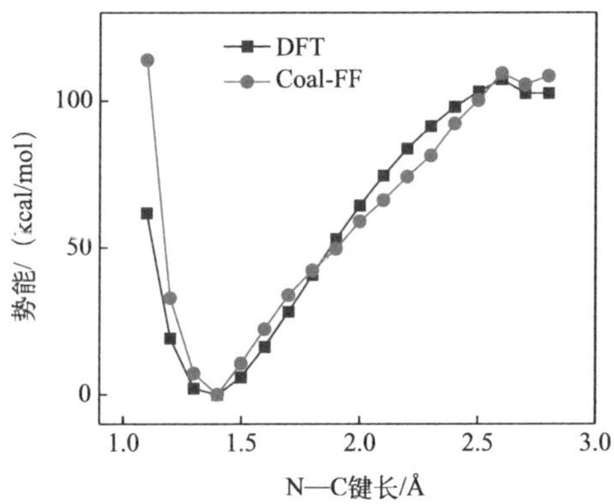

(l) 吡咯

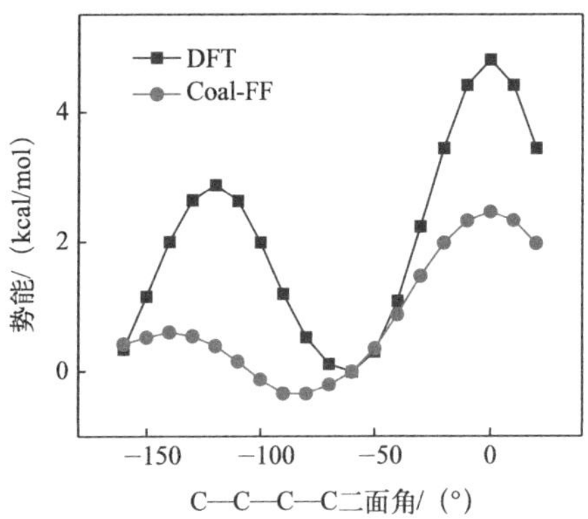

(m) 丁烷

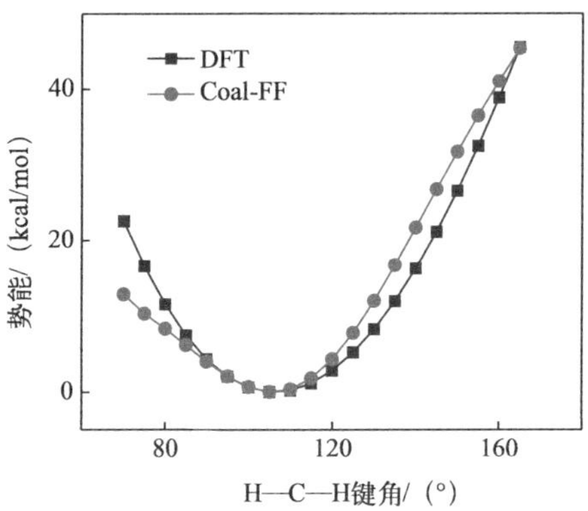

(n) 丁烷

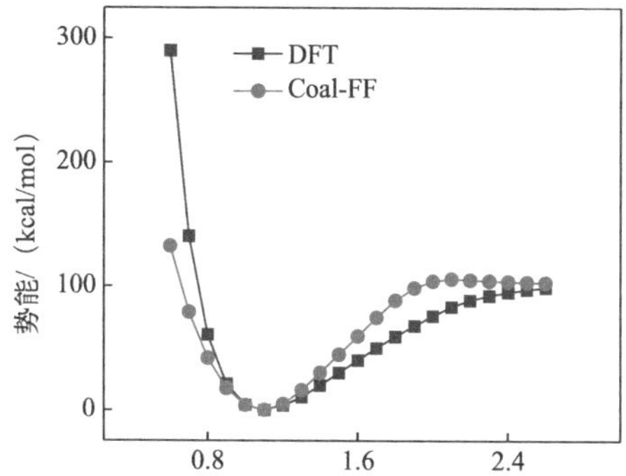

（o）丁烷

图 6-8　Coal-FF 力场与 DFT 计算的部分分子键长、键角及二面角变化引起的势能变化对比图

6.5　Coal-FF 力场泛化能力验证

对 Coal-FF 力场的评估不局限于其对 DFT 基准数据的拟合程度。判断一个力场在实际煤分子体系中是否可靠和实用，核心在于其泛化能力：能否准确预测未曾训练的复杂煤分子的结构特征，能否有效处理各种几何构型以及能否精确描述结构变化时的能量曲面。这些是衡量力场实用价值的关键指标。

6.5.1　几何结构验证

本文对无烟煤、烟煤和褐煤等三种煤阶的典型煤分子模型进行了 DFT 结构优化。这些分子模型选自文献［20，21］，描述了煤在不同变质程度下的典型分子结构特征。结构优化使用 Gaussian 16 软件进行[22]，选用 M06-2X 泛函和 6-311G（d，p）基组，并做了 Grimme DFT-D3 范德华力矫正。

优化后的结构如图 6-9 所示，图中的数字代表原子编号。表 6-1、图 6-10 的数字与图 6-9 对应。表 6-1 给出了 Coal-FF 力场与 DFT 计算获得的每种煤分子模型中若干特征键长、键角和二面角的对比结果。从数据可以看出，大多数键长偏差控制在 0.1Å 以内，键角和二面角误差在 5°以内。这表明，所构建的 Coal-FF 力场具备较强的结构预测能力，在存在多官能团和杂原子的煤分子模型中的表现依然良好。

上述结果证实，Coal-FF 力场不仅对训练集分子具备良好的结构还原能力，对独立测试的煤分子结构的泛化能力同样突出，从而为后续的其他煤结构相关研究，如煤结构重构和煤的热解、燃烧等相关化学过程的模拟奠定了可靠的基础。

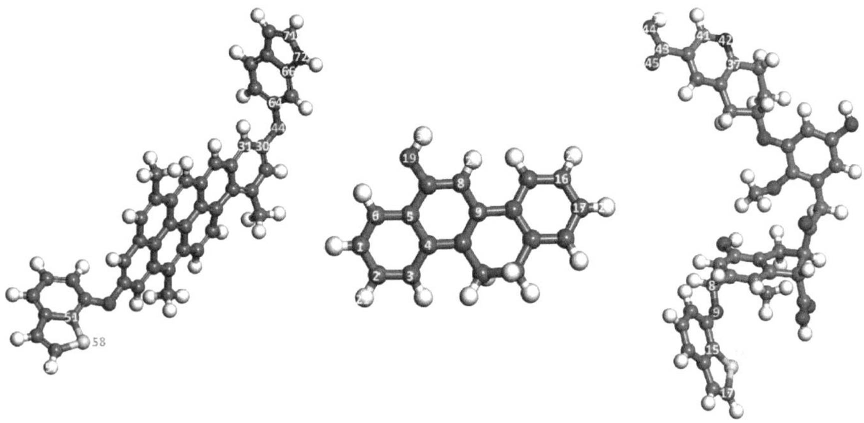

(a) 无烟煤　　(b) 烟煤　　(c) 褐煤

图 6-9　代表性煤分子结构

表 6-1　Coal-FF 力场和 DFT 计算的不同煤分子几何参数比较
[键长单位为 Å，角度单位为 (°)]*

煤类型	Coal-FF	DFT	差值
无烟煤			
O44-C64	1.424	1.377	0.047
C66-N72	1.350	1.343	0.007
C30-O44-C64	115.861	115.741	0.12
C66-N72-C71	107.511	111.591	−4.08
C51-S58-C57	91.552	95.627	−4.075
C31-C30-O44-C64	6.640	5.493	1.147
烟煤			
O19-H31	1.063	0.956	0.107
C1-C6	1.385	1.385	0
C2-H21	1.082	1.076	0.006
H24-C8-C9	120.676	119.973	0.703
C3-C4-C5	118.020	117.096	0.924
H28-C16-C17-H29	0.837	0.719	0.118

续表

煤类型	Coal-FF	DFT	差值
	褐煤		
C41-N42	1.265	1.337	-0.072
O9-C8	1.467	1.426	0.041
C15-S16	1.679	1.733	−0.054
C41-N42-C37	117.470	117.683	−0.213
C15-S16-C17	91.457	90.532	0.925
H79-O44-C43-O45	−170.055	−168.989	−1.066

* 原子序号见图 6-9 标注。

6.5.2 能量曲线验证

力场能否准确描述分子构型变化引起的势能变化，是评价其可靠性的重要依据。本研究利用开发的 Coal-FF 力场，对无烟煤、烟煤和褐煤模型分子中的部分键长、键角和二面角执行了势能曲线扫描。为了验证 Coal-FF 力场的准确性，将扫描结果与高精度 DFT 计算以及 HCONSB 力场[23]的结果进行了对比，如图 6-10 所示。选择 HCONSB 力场是因为其参数覆盖了煤分子中的 H、C、O、N、S 元素，并在碳基燃料燃烧模拟中广泛应用。

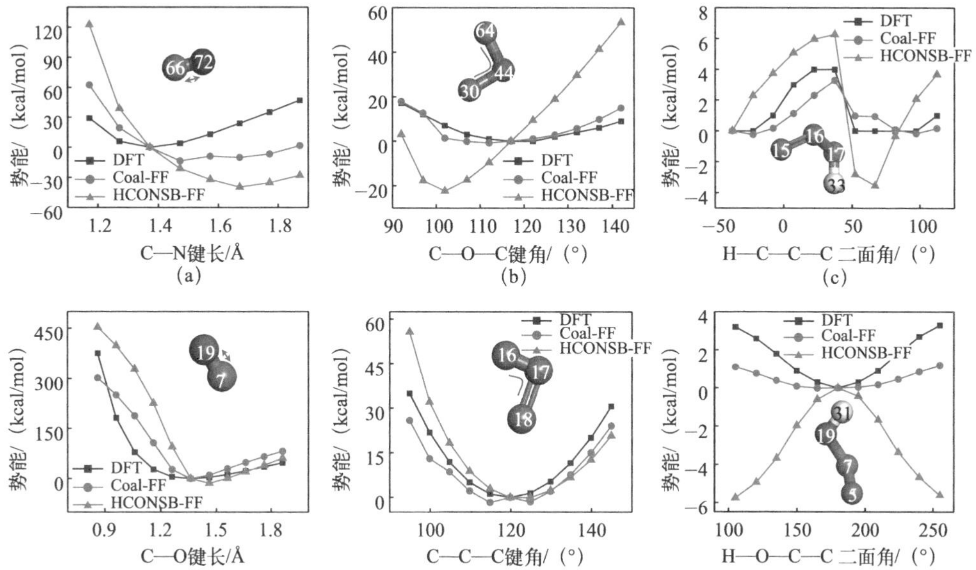

图 6-10

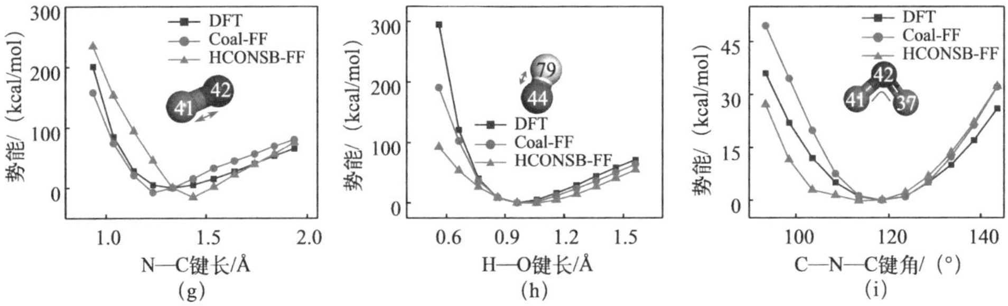

图 6-10　DFT 方法、Coal-FF 力场与 HCONSB 力场在键长、键角和二面角扫描的能量对比图

（a）～（c）展示了无烟煤结构的能量变化曲线；（d）～（f）为烟煤结构的能量变化曲线；（g）～（i）为褐煤结构的能量变化曲线

图 6-10（a）～（c）显示的是无烟煤分子结构的部分扫描结果。从图 6-10（a）可以看出，使用 Coal-FF 力场获得的 C—N 键长变化的能量曲线在整个区间与 DFT 结果拟合效果明显好于 HCONSB 力场。无论是平衡键长的位置，还是键长偏离平衡位置时的能量曲线，HCONSB 力场偏离都更明显。图 6-10（b）显示的是 C—O—C 键角能的扫描结果。由图可见，Coal-FF 力场能准确再现 DFT 扫描的能量对称性与极值位置，HCONSB 力场则存在显著的误差。H—C—C—C 二面角扫描中［图 6-10（c）］，Coal-FF 力场可以捕捉到 DFT 的双极最小值的能量趋势，而 HCONSB 力场则无法做到这一点。

图 6-10（d）～（f）分别显示了烟煤分子中 C—O 键长、C—C—C 键角和 H—O—C—C 二面角的能量扫描结果。Coal-FF 力场在三个扫描中均表现出平滑、连续且与 DFT 非常一致的能量变化；而 HCONSB 力场的结果差于 Coal-FF 力场。在 H—O—C—C 二面角能量扫描图中，HCONSB 力场给出的偏离平衡二面角时的能量变化趋势完全相反，出现严重失真。

对于褐煤分子，在对 N—C 键长和 H—O 键长和 C—N—C 键角的结构变动进行能量扫描时［图 6-10（g）～（i）］，Coal-FF 力场不仅准确预测了平衡态能量，还在高能构型区域保持了合理的能量上升趋势，表现符合预期。而 HCONSB 力场在该类构型中误差更大，且对 C—N 键长和 C—N—C 键角的能量极小值位置描述出现明显偏离。

总体而言，Coal-FF 力场不仅可以较准确地描述平衡点的位置，且能够有效预测分子在键伸缩、键角开合和扭转过程中势能面的真实形态，能够适应煤分子的复杂构型变化，优于已有的 HCONSB 力场。

6.6 分子动力学模拟

为进一步验证 Coal-FF 力场在凝聚相煤分子体系中的适用性与预测能力，本研究选取了上一节研究的烟煤与无烟煤分子，分别构建了周期性系统，进行了第一性原理分子动力学模拟，并与 Coal-FF 力场势能计算进行了对比分析，以考察其在常温及高温条件下的动态预测能力。

6.6.1 烟煤体系

(1) 初始模型建立

第一个模拟的系统为烟煤体系。首先，使用 Packmol 软件，将 6 个烟煤分子以 0.5g/cm^3 的初始密度组装进立方体单胞，形成模拟体系。体系总共有 198 个原子，包含 C、H、O 等 3 种不同的原子类型。接下来，使用 LAMMPS 软件，采用 PCFF 力场，使用共轭梯度法进行体系分子结构的优化，然后进行了 100ps 的 NPT 系综经典分子动力学模拟。积分时间步长固定为 1.0fs，采用速度 Verlet 算法，模拟温度和压力分别为 300K 和 1×10^5Pa，由 Nosé-Hoover 恒温器和恒压器控制[24]。所有非键相互作用的截断距离为 1.2nm，并使用 PPPM 方法[17]，在相对精度 10^{-5} 情况下计算长程静电相互作用。模拟结束时，获得的体系密度为 1.21g/cm^3。将此体系进行几何结构优化，以降低其能量，作为 Born-Oppenheimer 第一性原理分子动力学的输入模型。

(2) 第一性原理分子动力学

使用 Quantum ESPRESSO 对上述体系进行 5.0ps 的第一性原理 Born-Oppenheimer NVT 系综分子动力学模拟。计算采用 PBE 泛函和 Paw 赝势，$\boldsymbol{k}$ 点采样只使用 Gamma 点，时间步长取 1.0 fs。体系设置方面，晶格类型为简单立方（'ibrav'=1），用于描述电荷密度的平面波截断能为 400 Rydberg，而描述波函数的平面波截断能为 50 Rydberg。计算中关闭了对称性（'nosym'=.true.）。计算包含的电子能带数目为 318 条。电子占据方式设定为固定占据（'occupations'="fixed"）。此外，采用了 DFT-D3 方法进行范德华相互作用校正（'vdw _ corr'="dft-d3"）。

电子步的设置方面，最大迭代步数为 500 步。电荷混合模式采用简单混合（'mixing _ mode'='plain'），混合参数 β 为 0.7。对角化方法使用了 Davidson 方案（'diagonalization'='david'）。离子动力学方面，体系的目标温度设定为 300K。采用了 Andersen 恒温器（'ion _ temperature'='andersen'）来控制温度，并设定每 100 个时间步体系与热浴发生一次碰撞，从而维持体系温度在 300K。离子运动采用

Verlet 算法（'ion _ dynamics'='verlet'）。每隔 0.05ps 进行一次体系结构和势能的保存，获得的能量演化曲线如图 6-11 所示。

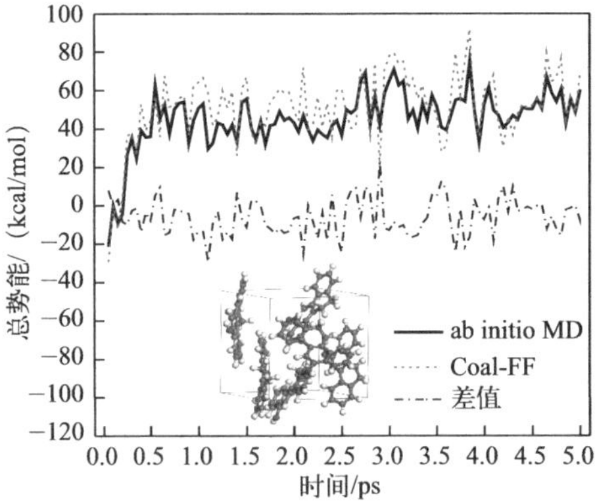

图 6-11　300K 温度时烟煤体系的分子动力学能量演化对比

(3) Coal-FF 力场模拟

根据第一性原理分子动力学获得的轨迹，使用 LAMMPS 软件，利用本研究开发的 Coal-FF 力场进行了单点能计算，计算出的总势能曲线与第一性原理结果大部分情况吻合较好，差值不大。这表明 Coal-FF 力场在常温下具有不错的适用性，能够为煤的常温结构演化模拟提供可靠的势能描述。

6.6.2 无烟煤体系

(1) 初始模型建立

第二个系统为高温条件下的无烟煤体系。首先，使用 Packmol 软件，将 4 个无烟煤分子以 0.5 g/cm^3 的初始密度组装进立方体单胞，形成模拟体系。体系总共有 312 个原子，包含 C、H、O、N、S 等 5 种不同的原子类型。接下来，使用 LAMMPS 软件，采用 PCFF 力场，使用共轭梯度法进行体系分子结构的优化，然后进行了 100 ps 的 NPT 系综经典分子动力学模拟。积分时间步长固定为 1.0fs，采用速度 Verlet 算法，模拟温度和压力分别为 300K 和 1×10^5Pa，由 Nosé-Hoover 恒温器和恒压器控制[24]。所有非键相互作用的截断距离为 1.2nm，并使用 PPPM 方法[17]，在相对精度 10^{-5} 情况下计算长程静电相互作用。模拟结束时，获得的体系密度为 1.31g/cm^3。将此体系进行几何结构优化，以降低其能量，作为 Born-Oppenheimer 第一性原理分子动力学的输入模型。

(2) 第一性原理分子动力学

使用 Quantum ESPRESSO 对上述体系进行 1.0ps 的第一性原理 Born-Oppenheimer NVT 系综分子动力学模拟。计算采用 PBE 泛函和 Paw 赝势，k 点采样只使用 Gamma 点，时间步长取 1.0fs。体系设置方面，晶格类型为简单立方（'ibrav'=1），用于描述电荷密度的平面波截断能为 400 Rydberg，而描述波函数的平面波截断能为 50 Rydberg。计算中关闭了对称性（'nosym'=.true.）。计算包含的电子能带数目为 318 条。电子占据方式设定为固定占据（'occupations'="fixed"）。此外，采用了 DFT-D3 方法进行范德华相互作用校正（'vdw_corr'="dft-d3"）。

电子步的设置方面，最大迭代步数为 1000 步。电荷混合模式采用简单混合（'mixing_mode'='plain'），混合参数 β 为 0.6。对角化方法使用共轭梯度法（'diagonalization'='cg'）。离子动力学方面，体系的目标温度设定为 3000K。采用了 Andersen 恒温器（'ion_temperature'='andersen'）来控制温度，并设定每 100 个时间步体系与热浴发生一次碰撞，从而维持体系温度在 3000K。离子运动采用 Verlet 算法（'ion_dynamics'='verlet'）。每隔 0.01ps 进行一次体系结构和势能的保存，获得的能量演化曲线如图 6-12 所示。

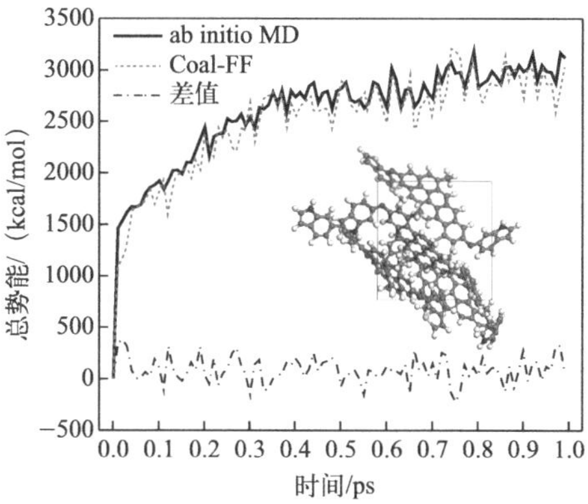

图 6-12　3000K 温度时无烟煤体系的分子动力学能量演化对比

（3）Coal-FF 力场模拟

根据第一性原理分子动力学获得的轨迹，使用 LAMMPS 软件，利用本研究开发的 Coal-FF 力场进行了单点能计算，获得的势能曲线及与第一性原理能量的差值都绘制在图 6-12 中。从图中可以看出，Coal-FF 力场能够有效地再现第一性原理分子动力学模拟获得的高温下煤分子构象变化引起的势能波动，验证了其在高温环境下的准确性与稳定性。

综上所述，两组分子动力学模拟结果共同表明，Coal-FF 力场具有良好的动态稳定性、广泛温度适应性和结构泛化能力，有望为煤及煤基材料的模型构建、结构演化、煤化学反应等提供可靠的微观描述。

参考文献

[1] Weismiller M R，van Duin A C，Lee J，et al. ReaxFF reactive force field development and applications for molecular dynamics simulations of ammonia borane dehydrogenation and combustion [J]. The Journal of Physics Chemistry A，2010，114 (17)：5485-5492.

[2] Kamat A M，van Duin A C，Yakovlev A. Molecular dynamics simulations of laser-induced incandescence of soot using an extended ReaxFF reactive force field [J]. The Journal of Physical Chemistry A，2010，114 (48)：12561-12572.

[3] Castro-Marcano F，Kamat A M，Russo J M F，et al. Combustion of an Illinois No. 6 coal char simulated using an atomistic char representation and the ReaxFF reactive force field [J]. Combustion and Flame，2012，159 (3)：1272-1285.

[4] Alder B J，Wainwright T E. Phase transition for a hard sphere system [J]. The Journal of Chemical Physics，1957，27 (5)：1208-1209.

[5] Stillinger F H，Rahman A. Improved simulation of liquid water by molecular dynamics [J]. The Journal of Chemical Physics，1974，60 (4)：1545-1557.

[6] Lees A W，Edwards S F. The computer study of transport processes under extreme conditions [J]. Journal of Physics C：Solid State Physics，1972，5 (15)：1921.

[7] Andersen H C. Molecular dynamics simulations at constant pressure and/or temperature [J]. The Journal of Chemical Physics，1980，72 (4)：2384-2393.

[8] Parrinello M，Rahman A. Polymorphic transitions in single crystals：A new molecular dynamics method [J]. Journal of Applied Physics，1981，52 (12)：7182-7190.

[9] Nosé S. A unified formulation of the constant temperature molecular dynamics methods [J]. The Journal of Chemical Physics，1984，81 (1)：511-519.

[10] Car R，Parrinello M. Unified approach for molecular dynamics and density-functional theory [J]. Physical Review Letters，1985，55 (22)：2471-2474.

[11] Verlet L. Computer "experiments" on classical fluids. I. Thermodynamical properties of Lennard-Jones molecules [J]. Physical Review，1967，159 (1)：98-103.

[12] Hockney R W. The potential calculation and some applications [J]. Methods in Computational Physics，1970，9：135-211.

[13] Swope W C, Andersen H C, Berens P H, et al. A computer simulation method for the calculation of equilibrium constants for the formation of physical clusters of molecules: Application to small water clusters [J]. The Journal of Chemical Physics, 1982, 76 (1): 637-649.
[14] Beeman D J J. Some multistep methods for use in molecular dynamics calculations [J]. Journal of Computational Physics, 1976, 20 (2): 130-139.
[15] York D M, Darden T A, Pedersen L G. The effect of long-range electrostatic interactions in simulations of macromolecular crystals: A comparison of the Ewald and truncated list methods [J]. The Journal of Chemical Physics, 1993, 99 (10): 8345-8348.
[16] Ewald P P. The calculation of optical and electrostatic grid potential [J]. Annals of Physics, 1921, 64 (3): 253-287.
[17] Hockney R W, Eastwood J W. Computer simulation using particles [M]. Florida: CRC Press, 1988.
[18] Hoover W G. Canonical dynamics: Equilibrium phase-space distributions [J]. Physical Review A, 1985, 31 (3): 1695-1697.
[19] Plimpton S. Fast parallel algorithms for short-range molecular dynamics [J]. Journal of Computational Physics, 1995, 117 (1): 1-19.
[20] Bhoi S, Banerjee T, Mohanty K. Insights on the combustion and pyrolysis behavior of three different ranks of coals using reactive molecular dynamics simulation [J]. RSC Advances, 2016, 6 (4): 2559-2570.
[21] Mathews J P, Chaffee A L. The molecular representations of coal-A review [J]. Fuel, 2012, 96: 1-14.
[22] Frisch M J, Trucks G W, Schlegel H B, et al. Gaussian16 [CP]. Revision C. 01. Wallingford CT: Gaussian, Inc. , 2016.
[23] Castro-Marcano F, Lobodin V V, Rodgers R P, et al. A molecular model for Illinois No. 6 Argonne Premium coal: Moving toward capturing the continuum structure [J]. Fuel, 2012, 95: 35-49.
[24] Nose S. Constant temperature molecular dynamics methods [J]. Progress of Theoretical Physics Supplement, 1991, 103: 1-46.

附录一　Coal-FF ReaxFF 反应力场参数

Reactive MD-force field:C/H/O/S/N forcefield for coal

39　! Number of general parameters

50.0000 ! p(boc1)

9.5469 ! p(boc2)

26.5405 ! p(coa2)

1.5105 ! p(trip4)

6.6630 ! p(trip3)

70.0000 ! kC2

1.0588 ! p(ovun6)

4.6000 ! p(trip2)

12.1176 ! p(ovun7)

13.3056 ! p(ovun8)

-10.1292 ! p(trip1)

0.0000 ! Lower Taper-radius(swa)

10.0000 ! Upper Taper-radius(swb)

0.0000 ! not used

33.8667 ! p(val7)

6.0891 ! p(lp1)

1.0563 ! p(val9)

2.0384 ! p(val10)

6.1431 ! not used

6.9290 ! p(pen2)

0.3989 ! p(pen3)

3.9954 ! p(pen4)

0.0000 ! not used

5.7796 ! p(tor2)

10.0000 ! p(tor3)

1.9487 ! p(tor4)

0.0000 ! not used

2.1645 ! p(cot2)

1.5591 ! p(vdW1)

0.1000 ! Cutoff for bond order* 100(cutoff)

2.1365 ! p(coa4)

0.6991 ! p(ovun4)

50.0000 ! p(ovun3)

1.8512 ! p(val8)

0.0000 ! not used

0.0000 ! not used

0.0000 ! not used

0.0000 ! not used

2.6962 ! p(coa3)

5 ! Nr of atoms; atomID;ro(sigma); Val;atom mass;Rvdw;Dij;gamma;cov.r2;#

alfa;gamma(w);Val(angle);p(ovun5);n.u.;chiEEM;etaEEM;n.u.

ro(pipi);p(lp2);Heat increment;p(boc4);p(boc3);p(boc5),n.u.;n.u.

p(ovun2);p(val3);n.u.;Val(boc);p(val5);n.u.;n.u.;n.u.

C	1.3825	4.0000	12.0000	1.9133	0.1853	0.8482	1.1359	4.0000
	9.7602	2.3207	4.0000	33.2783	79.5548	5.6069	6.7540	0.0000
	1.2104	0.0000	199.0303	8.7707	34.7676	13.2003	0.8563	0.0000
	−2.6419	2.2410	1.0564	4.0000	2.7091	0.0000	0.0000	0.0000
H	0.7853	1.0000	1.0080	1.5904	0.0419	0.8892	−0.1000	1.0000
	9.3557	5.2649	1.0000	0.0000	121.1250	5.5602	7.3071	1.0000
	−0.1000	0.0000	62.4879	1.9144	3.2617	0.7757	1.0698	0.0000
	−15.5423	1.8869	1.0338	1.0000	3.1262	0.0000	0.0000	0.0000
O	1.2477	2.0000	15.9990	1.9236	0.0904	1.0906	1.0863	6.0000
	10.2127	7.7699	4.0000	36.6319	116.0768	8.7191	8.7395	2.0000
	0.9088	0.7488	60.8726	20.2836	3.1762	0.3562	0.9745	0.0000
	−3.3545	2.6822	1.0493	4.0000	2.8651	0.0000	0.0000	0.0000
N	1.5360	3.0000	14.0000	1.9449	0.1458	0.5611	1.3665	5.0000
	9.7908	26.6507	4.0000	12.2676	100.0000	7.0886	6.9305	2.0000
	1.1072	0.3629	119.9837	1.2241	2.2949	2.5694	0.9745	0.0000
	−3.1218	1.5428	1.0183	4.0000	2.8241	0.0000	0.0000	0.0000

```
S      1.8328    2.0000   32.0600    1.8815    0.3236    0.6138    1.6468    6.0000
       9.0000    4.6319    4.0000   29.9729  112.1416    6.7953    8.9126    2.0000
       1.0000    3.3742   65.0000   11.9508   22.1055   15.2821    0.9745    0.0000
     -15.7306    2.6359    1.0338    6.2998    3.1291    0.0000    0.0000    0.0000
```

15 ! Nr of bonds; at1;at2;De(sigma);De(pi);De(pipi);p(be1);pbo5;13corr;pbo6;
povun p(be2);p(bo3);p(bo4);n.u.;p(bo1);p(bo2);ovcorr;n.u.

```
1   1 155.9420   99.6798   79.7715   -0.5839   -0.4241    1.0000   37.7574    0.1511
       0.2266   -0.1294    9.1160    1.0000   -0.0666    6.9563    1.0000    0.0000
1   2 169.5987    0.0000    0.0000   -0.4588    0.0000    1.0000    6.0000    0.4598
       5.1325    1.0000    0.0000    1.0000   -0.0591    6.9697    0.0000    0.0000
2   2 155.4438    0.0000    0.0000   -0.3852    0.0000    1.0000    6.0000    0.5636
       3.2416    1.0000    0.0000    1.0000   -0.0521    4.8292    0.0000    0.0000
1   3 159.8014  105.1394   23.4974   -0.5742   -0.2596    1.0000   10.8711    0.7422
       0.7749   -0.3575    7.0041    1.0000   -0.1911    5.2964    0.0000    0.0000
3   3  60.0403  175.9597   51.0102   -0.1644   -0.1241    1.0000   29.5670    0.6671
       0.1345   -0.2578    7.7645    1.0000   -0.2549    6.4065    1.0000    0.0000
2   3 179.8395    0.0000    0.0000   -1.0222    0.0000    1.0000    6.0000    0.2991
       1.1896    1.0000    0.0000    1.0000   -0.0335    5.1102    0.0000    0.0000
1   5 200.5622   72.9000   55.1093   -0.6974   -0.5197    1.0000   18.9124   -0.0667
       2.1212   -0.0739   13.7589    1.0000   -0.1507    5.5153    1.0000    0.0000
2   5 182.5143    0.0000    0.0000   -0.7079    0.0000    1.0000    6.0000    0.0993
      11.7543    1.0000    0.0000    1.0000   -0.0641    4.5561    1.0000    0.0000
5   5  86.6612   68.9571    0.0000   -0.9967   -0.4769    1.0000   17.8111    0.0998
       0.2792   -0.1672    8.2344    1.0000   -0.1128    6.1280    1.0000    0.0000
3   5 112.0343  197.7058   39.8960    0.5366   -0.2401    1.0000   22.0432   -0.1667
       0.7051   -0.3511    8.5184    1.0000   -0.0889    6.0549    1.0000    0.0000
1   4 167.6586  214.8225   86.5843   -0.6434   -0.3609    1.0000   28.3705   -0.0637
       0.8888   -0.4288    7.2403    1.0000   -0.2102    5.9755    1.0000    0.0000
3   4 144.0456  110.0805   54.7559    0.7361   -0.1827    1.0000   17.1049    0.5506
       1.0975   -0.4312    6.4030    1.0000   -0.2379    4.7409    1.0000    0.0000
4   4 104.3153   85.5987  151.4210   -0.9370   -0.2813    1.0000   12.0045    0.9974
```

0.3270 −0.4415 8.2154 1.0000 −0.1879 5.6268 1.0000 0.0000

2 4 121.4799 0.0000 0.0000 0.0731 0.0000 1.0000 6.0000 0.9210

10.5948 1.0000 0.0000 1.0000 −0.0434 7.3194 0.0000 0.0000

4 5 0.0000 0.0000 0.0000 0.4988 −0.2495 1.0000 24.9350 0.4988

0.4988 −0.1995 14.9610 1.0000 −0.0999 9.9740 1.0000 0.0000

10 ! Nr of off−diagonal terms.at1;at2;Dij;RvdW;alfa;ro(sigma);rpi;rpi2

1 2 0.1219 1.4000 9.8442 1.1203 0.0000 0.0000

2 3 0.0344 1.6800 10.3247 0.9013 0.0000 0.0000

1 3 0.1131 1.8523 9.8442 1.2775 1.1342 1.0621

2 4 0.0182 1.7476 9.9184 1.0254 0.0000 0.0000

1 4 0.1700 2.1230 9.9694 1.4956 1.1756 1.1749

3 4 0.1048 2.0003 10.1220 1.3173 1.1096 1.0206

4 5 0.1000 2.1000 11.0000 0.0100 0.0000 0.0000

1 5 0.3314 1.7976 10.5605 1.6918 1.4000 0.0000

2 5 0.1020 1.7528 9.6276 1.3714 0.0000 0.0000

3 5 0.2972 1.7992 10.3976 1.4832 1.4355 0.0000

54 ! Nr of angles.at1;at2;at3;Thetao,o;p(val1);p(val2);p(coa1);

1 1 1 67.2571 21.7764 1.3913 0.0000 1.5482 15.3463 2.0222

1 1 2 65.1422 14.0319 6.0340 0.0000 0.3488 0.0000 1.4071

2 1 2 70.1536 24.9974 3.1940 0.0000 0.2113 0.0000 3.2468

1 2 2 0.0000 0.0000 5.9844 0.0000 0.0000 0.0000 1.0374

1 2 1 0.0000 3.1492 7.7148 0.0000 0.0000 0.0000 1.1034

2 2 2 0.0000 28.1032 6.1085 0.0000 0.0000 0.0000 0.7838

1 1 3 49.3621 7.3356 5.1719 0.0000 0.6914 15.7284 1.2610

3 1 3 76.6585 40.0222 2.7835 −24.0522 1.9960 −43.1189 2.3789

2 1 3 64.5782 14.4270 5.1073 0.0000 0.6016 0.0000 1.4722

1 3 1 74.0158 44.3876 0.5467 0.0000 2.7345 0.0000 1.2757

1 3 3 77.5482 36.7587 2.2490 0.0000 0.9744 66.8527 2.7559

3 3 3 80.5227 30.3763 0.9927 0.0000 1.6268 49.8701 1.0756

1 3 2 71.0686 21.4873 0.2927 0.0000 0.5200 0.0000 0.9563

2	3	3	84.6571	23.2257	1.4340	0.0000	2.5637	0.0000	1.3678
2	3	2	77.1207	10.6951	1.5295	0.0000	1.2145	0.0000	0.8475
1	2	3	0.0000	24.6787	2.9969	0.0000	1.2400	0.0000	1.2829
3	2	3	0.0000	0.0001	5.9610	0.0000	0.0000	0.0000	1.0152
2	2	3	0.0000	9.4393	5.7355	0.0000	0.0000	0.0000	1.2744
1	2	5	0.0000	−0.0011	5.9844	0.0000	0.0000	0.0000	1.0352
1	1	5	71.1848	27.2485	6.9491	0.0000	0.1136	0.0000	2.4598
1	5	1	92.1863	15.6899	2.8485	0.0000	0.5855	0.0000	2.1581
2	1	5	43.5462	11.8625	0.5435	0.0000	0.0050	0.0000	1.9275
1	5	2	98.6930	13.8758	2.2984	0.0000	0.1543	0.0000	2.8431
1	5	5	89.1589	4.9870	6.9818	0.0000	0.0050	0.0000	2.9922
2	5	2	90.0794	41.9162	0.2782	0.0000	0.5861	0.0000	1.2400
2	5	5	65.9319	8.0676	1.0398	0.0000	0.7336	0.0000	2.9922
5	5	5	84.0158	15.5385	3.7616	0.0000	1.3031	0.0000	1.6229
3	5	3	73.1011	40.1184	1.2997	−0.9505	−0.0128	0.0000	0.9589
1	5	3	79.6895	29.5761	6.7466	0.0000	0.2623	0.0000	0.9949
1	3	5	82.8874	23.3565	0.7720	0.0000	1.2137	0.0000	2.7294
3	3	5	69.9361	44.8830	6.2055	0.0000	2.6953	0.0000	0.9984
2	3	5	45.5557	13.4064	1.5684	0.0000	0.7716	0.0000	2.6547
5	2	5	0.0000	7.4806	1.9948	0.0000	0.0000	0.0000	1.0374
3	5	5	69.8182	44.8830	2.9922	0.0000	1.9948	0.0000	1.0973
1	1	4	67.6615	14.1399	5.8266	0.0000	5.2165	49.6191	1.2150
3	1	4	73.7623	12.4337	6.9818	0.0000	2.9922	0.0000	1.1849
4	1	4	62.0765	13.9636	8.3781	0.0000	4.9870	0.0000	1.4163
2	1	3	64.5782	14.4270	5.1073	0.0000	0.6016	0.0000	1.4722
2	1	4	67.8220	24.9350	2.0947	0.0000	0.0599	0.0000	1.2567
1	2	4	0.0000	−0.0012	6.2837	0.0000	0.0000	0.0000	1.0386
1	3	4	82.2748	31.3737	0.9927	0.0000	1.6268	0.0000	1.0756
3	3	4	84.1446	31.3737	0.9927	0.0000	1.6268	0.0000	1.0756
4	3	4	89.4742	31.3737	0.9927	0.0000	1.6268	0.0000	1.1488
2	3	4	75.4238	18.7431	0.9807	0.0000	0.1215	0.0000	1.0474

1	4	1	70.4258	23.4680	1.5924	0.0000	1.3052	0.0000	1.4654
1	4	3	103.0522	32.9523	0.5772	0.0000	1.6734	0.0000	1.0474
1	4	4	84.9562	9.5751	1.9548	0.0000	2.0048	0.0000	0.8379
3	4	3	74.0052	42.0692	1.7798	−17.9601	1.6734	0.0000	1.0474
3	4	4	74.6657	43.6218	1.1541	−0.9168	1.6734	0.0000	1.0474
4	4	4	89.7663	44.1878	1.6616	0.0000	0.7508	0.0000	1.2367
1	4	2	90.0224	30.1768	1.5715	0.0000	0.2808	0.0000	1.0814
2	4	3	81.1573	39.9672	2.2339	0.0000	0.0222	0.0000	1.0343
2	4	4	67.8234	36.3920	0.8688	0.0000	2.9922	0.0000	1.0374
2	4	2	84.9542	25.1360	0.4292	0.0000	1.0062	0.0000	0.7809

41 ! Nr of torsions.at1;at2;at3;at4;;V1;V2;V3;p(tor1);p(cot1);n

1	1	1	1	−0.0717	11.7933	0.2941	−4.4488	−1.9702	0.0000	0.0000
1	1	1	2	−0.1321	31.1019	−0.0799	−4.5312	−1.6728	0.0000	0.0000
2	1	1	2	−0.3930	30.0979	0.2650	−4.7298	−2.3097	0.0000	0.0000
1	1	1	3	−0.9678	22.4429	−0.2661	−2.2659	−2.0502	0.0000	0.0000
2	1	1	3	−0.5839	22.4443	0.3860	−4.1378	−1.1915	0.0000	0.0000
3	1	1	3	−0.3089	6.7711	0.4916	−5.0802	−1.0649	0.0000	0.0000
1	1	3	1	1.7602	25.2420	−0.2962	−2.5508	−0.9010	0.0000	0.0000
1	1	3	2	−1.4093	41.8314	−0.7502	−8.1883	−0.9508	0.0000	0.0000
2	1	3	1	−1.1755	34.0519	0.7973	−2.8153	−2.2011	0.0000	0.0000
2	1	3	2	−2.3885	79.2421	0.7464	−3.8183	−2.5034	0.0000	0.0000
1	1	3	3	−0.1203	4.9440	−0.2909	−2.5983	−1.9701	0.0000	0.0000
2	1	3	3	−0.5709	79.7802	0.9869	−4.3996	−3.0039	0.0000	0.0000
3	1	3	1	−2.2340	76.0998	0.2410	−3.4934	−2.6260	0.0000	0.0000
3	1	3	2	−0.2287	79.0261	−0.9555	−3.9108	−2.7290	0.0000	0.0000
3	1	3	3	−2.4936	66.1802	0.3975	−3.0215	−2.9922	0.0000	0.0000
1	3	3	1	2.4941	−0.6171	0.9980	−3.4115	−3.0283	0.0000	0.0000
1	3	3	2	−2.4932	3.4601	0.7011	−5.0446	−3.0120	0.0000	0.0000
2	3	3	2	2.2443	−6.2127	0.9974	−2.6122	−0.9974	0.0000	0.0000
1	3	3	3	0.0530	−17.3531	0.9974	−2.4936	−2.1527	0.0000	0.0000
2	3	3	3	0.4711	−12.3821	−0.9974	−2.4936	−0.9974	0.0000	0.0000

```
 3  3  3  3  −2.4936  −24.9350   0.9974  −2.4936  −0.9974   0.0000   0.0000
 0  1  2  0   0.0000    0.0000   0.0000   0.0000   0.0000   0.0000   0.0000
 0  2  2  0   0.0000    0.0000   0.0000   0.0000   0.0000   0.0000   0.0000
 0  2  3  0   0.0000    0.0999   0.0200  −2.5349   0.0000   0.0000   0.0000
 0  1  1  0   0.0000   49.8701   0.2993  −3.9896  −1.9948   0.0000   0.0000
 0  3  3  0   0.5496   25.3490   1.1300  −5.1768  −0.9974   0.0000   0.0000
 0  1  5  0  −0.2495   79.7923   0.9974  −3.0062  −2.4318   0.0000   0.0000
 0  2  5  0   0.0000    0.0000   0.0000   0.0000   0.0000   0.0000   0.0000
 5  5  5  5   2.4597   71.7850   0.0100  −7.9792   0.0000   0.0000   0.0000
 2  3  5  3   2.4936    2.4936   0.2232  −9.9740   0.0000   0.0000   0.0000
 0  3  5  0   0.4988   49.8701   0.4988  −9.9740   0.0000   0.0000   0.0000
 3  5  5  5   0.2495   89.7663   0.4988  −5.9844   0.0000   0.0000   0.0000
 3  5  5  3   0.2495   89.7663   0.4988  −5.9844   0.0000   0.0000   0.0000
 1  5  5  1   0.0000   49.8701   0.0000  −7.9792   0.0000   0.0000   0.0000
 1  5  5  2   0.0000   49.8701   0.0000  −7.9792   0.0000   0.0000   0.0000
 2  5  5  2   0.0000   49.8701   0.0000  −7.9792   0.0000   0.0000   0.0000
 0  1  4  0  −2.9023  102.2637   0.4588  −7.8993  −1.5959   0.0000   0.0000
 0  2  4  0   0.0000    0.0999   0.0200  −2.5349   0.0000   0.0000   0.0000
 0  3  4  0   1.4778   55.5196   0.0004  −7.0283  −2.7758   0.0000   0.0000
 0  4  4  0  −0.3235   27.6366   0.0039  −2.8199  −1.9948   0.0000   0.0000
 4  1  4  4  −2.9023  102.2637   0.4588  −7.8993  −1.5959   0.0000   0.0000
7 !   Nr of hydrogen bonds.at1;at2;at3;r(hb);p(hb1);p(hb2);p(hb3
 3  2  3          1.8310  −2.2821   2.7911  14.7303
 3  2  4          1.9948  −2.4936   2.9922  14.9610
 4  2  3          1.9948  −2.4936   2.9922  14.9610
 4  2  4          1.9948  −2.4938   2.9922  14.9610
 3  2  5          2.6575  −3.9443   3.4910   1.7250
 5  2  3          2.3041  −4.6011   3.4467   1.5137
 5  2  5          1.9410  −3.9896   3.4910   1.7250
```

附录二　Coal-FF 力场对 DFT 数据的还原能力

附表-1　Coal-FF 力场与 DFT 计算的键长对比　　　　单位：Å

分子	原子 1	原子 2	DFT	ReaxFF
1-甲基吡咯	1	6	1.45	1.42
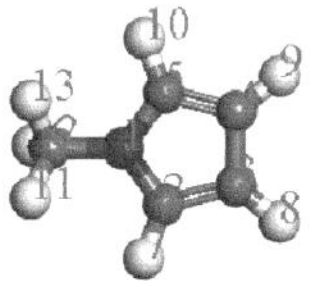	2	3	1.37	1.49
	3	8	1.08	1.09
	4	5	1.37	1.44
	6	13	1.09	1.11
1,3,5-三甲基苯	1	2	1.09	1.1
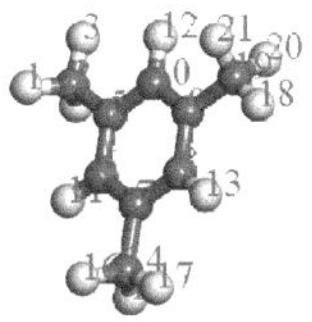	2	5	1.51	1.53
	5	6	1.4	1.41
	8	9	1.39	1.41
乙醛	1	2	1.5	1.52
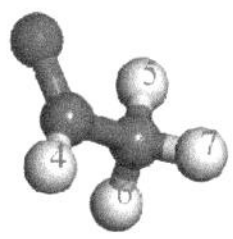	1	3	1.2	1.25
	1	4	1.11	1.1
	2	5	1.09	1.1
乙酸	1	3	1.19	1.25
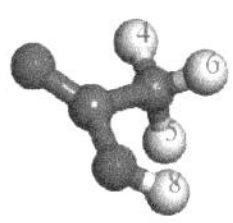	1	2	1.51	1.55
	2	4	1.09	1.1
	2	5	1.09	1.1
	7	8	0.96	1.05
苯甲醛	1	6	1.39	1.44
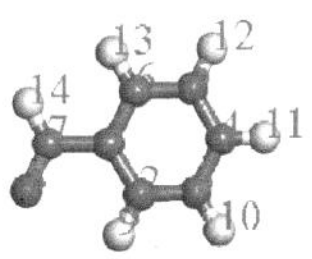	1	2	1.4	1.44
	2	9	1.08	1.09
	6	13	1.09	1.09
	7	8	1.2	1.26

续表

分子	原子 1	原子 2	DFT	ReaxFF
苯 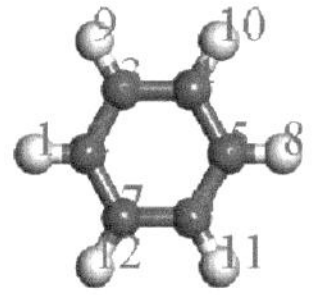	1	2	1.08	1.09
	3	4	1.39	1.42
	2	3	1.39	1.42
1,3,5-苯三甲酸 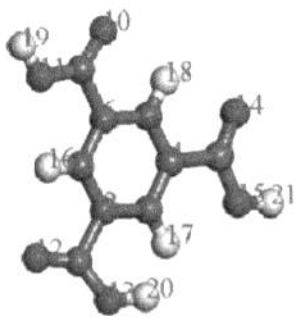	1	2	1.39	1.42
	7	10	1.2	1.26
	2	3	1.39	1.43
	13	8	1.35	1.37
	13	20	0.96	1.06
	19	11	0.97	1.05
	21	15	0.97	1.05
苯并[a]芘 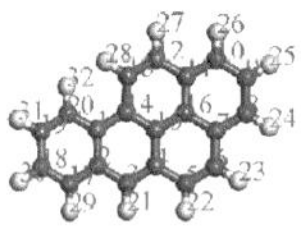	1	2	1.42	1.45
	2	3	1.41	1.4
	3	21	1.09	1.08
苯并[b]噻吩 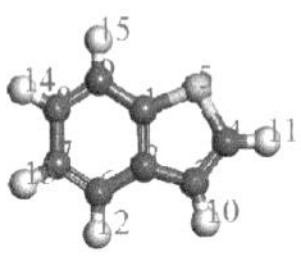	5	1	1.74	1.61
	1	2	1.41	1.48
	14	8	1.08	1.09
	4	11	1.08	1.1
苯甲酸 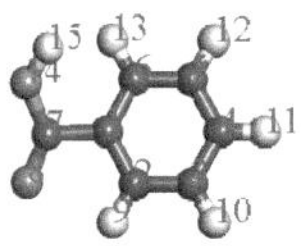	1	2	1.39	1.43
	6	1	1.4	1.43
	8	7	1.19	1.25
	14	7	1.35	1.37
	15	14	0.96	1.05
Bull1952 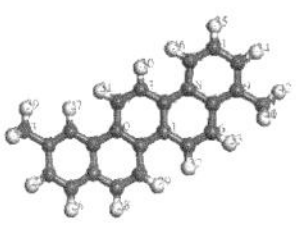	5	4	1.41	1.44
	28	7	1.08	1.08
	1	2	1.41	1.42
	3	2	1.37	1.38
丁烷 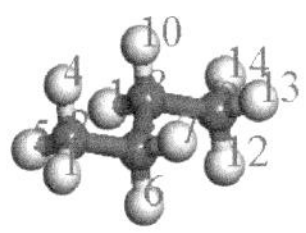	2	4	1.09	1.1
	2	3	1.53	1.55

续表

分子	原子 1	原子 2	DFT	ReaxFF
C_{60} 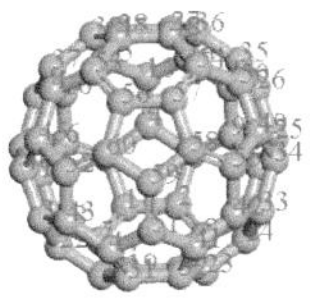	16	15	1.39	1.37
	60	56	1.45	1.46
	59	58	1.45	1.46
	60	52	1.39	1.39
二甲基硫醚 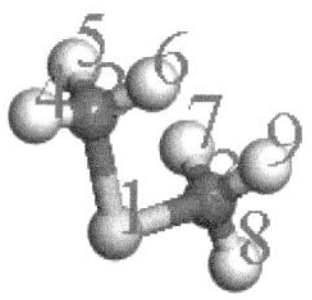	1	2	1.81	1.85
	3	8	1.09	1.11
二乙醚 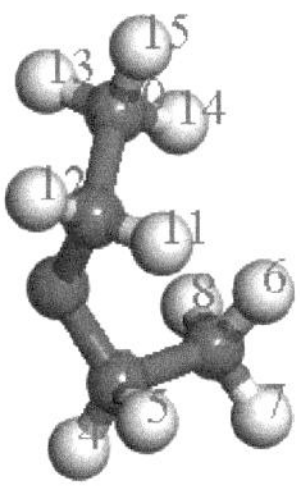	1	3	1.42	1.42
	9	3	1.42	1.42
	9	10	1.52	1.54
二甲基胺 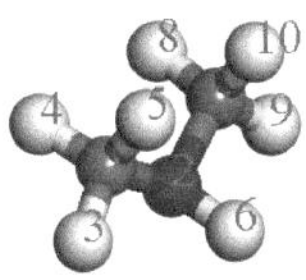	1	2	1.45	1.41
	1	3	1.09	1.1
	2	6	1.01	1.11
二苯醚 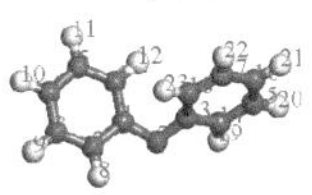	1	7	1.38	1.41
	1	2	1.39	1.44
	1	6	1.39	1.43
乙烷 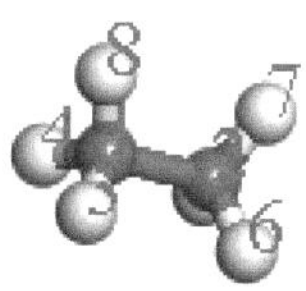	1	8	1.09	1.1
	1	2	1.54	1.54

续表

分子	原子 1	原子 2	DFT	ReaxFF
乙醇 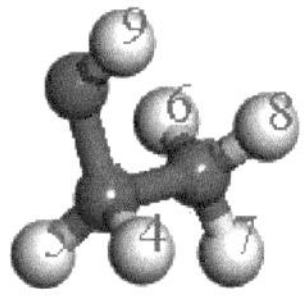	1	3	1.42	1.4
	1	5	1.09	1.11
	2	7	1.09	1.1
	3	9	0.96	1.04
Fuel1973 	3	2	1.38	1.12
	4	28	1.38	1.68
	45	29	1.09	1.19
Fuel1988 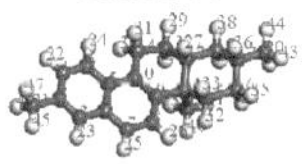	5	6	1.42	1.36
	44	20	1.09	1.22
硫化氢 	1	2	1.34	1.22
间二甲苯 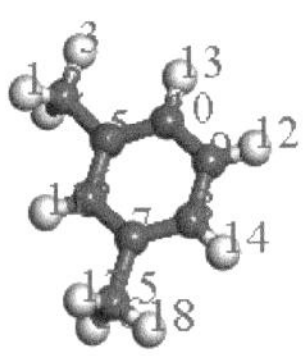	8	7	1.39	1.43
甲烷 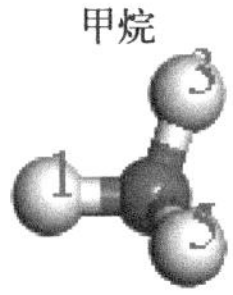	1	2	1.09	1.1
乙酸甲酯 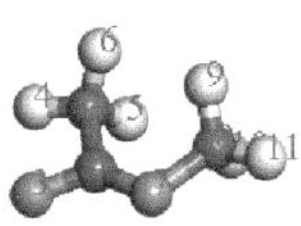	1	3	1.19	1.26
	1	7	1.35	1.35
	8	7	1.42	1.5

续表

分子	原子 1	原子 2	DFT	ReaxFF
甲胺 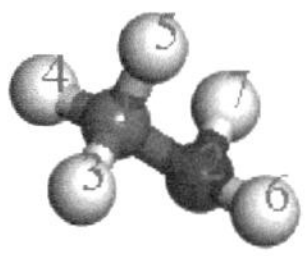	1	2	1.46	1.39
	1	3	1.09	1.1
吡咯 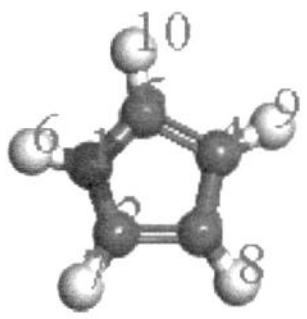	1	2	1.37	1.24
	4	5	1.37	1.43
吡啶 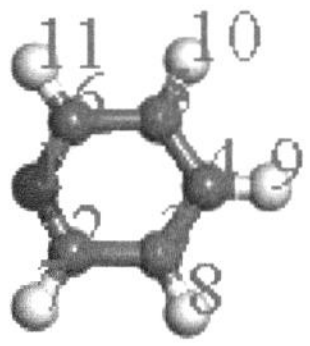	1	6	1.33	1.24
	11	6	1.09	1.11
吖啶 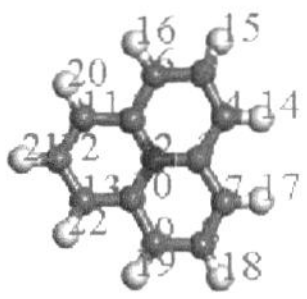	1	2	1.41	1.32
萘 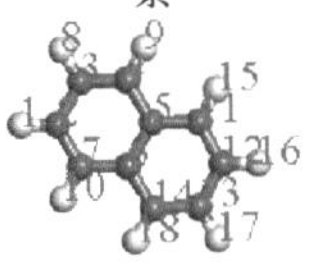	6	7	1.42	1.42
对二甲苯 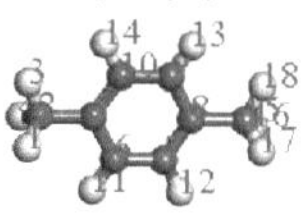	6	7	1.39	1.4
	7	8	1.4	1.41
苯酚 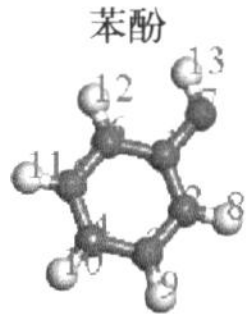	1	7	1.36	1.38
	7	13	0.96	1.05

续表

分子	原子 1	原子 2	DFT	ReaxFF
砜 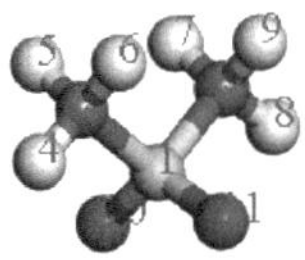	1	2	1.79	1.72
	1	10	1.45	1.46
二甲基亚砜 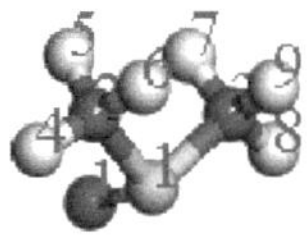	1	10	1.5	1.46
	3	7	1.09	1.15
	2	4	1.09	1.15
噻吩 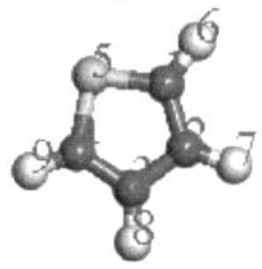	1	5	1.72	1.61

附表-2 Coal-FF 力场与 DFT 计算的角、二面角对比 单位：(°)

分子	原子 1	原子 2	原子 3	原子 4	DFT	ReaxFF
1-甲基吡咯 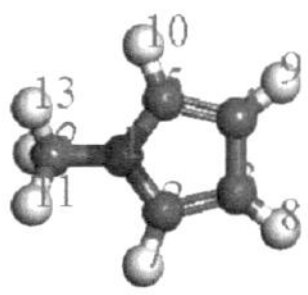	2	1	5		109.06	108.18
	10	5	1		120.57	122.02
	6	1	2		125.38	126.12
	7	2	3		131.09	124.71
	13	11	6		35.75	34.85
	11	6	13		108.5	110.17
	6	1	5	2	−175	177.67
1,3,5-三甲基苯 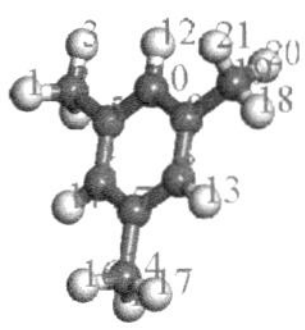	1	2	3		108.11	107.81
	2	5	10		121.2	119.61
	4	2	1		107.5	106.6
	4	2	3		108.09	107.79
	5	6	7		121.38	118.49
	7	14	16		110.89	111.28
	21	19	20		107.5	106.59
	1	5	8	16	41.94	42.01

续表

分子	原子 1	原子 2	原子 3	原子 4	DFT	ReaxFF
乙醛 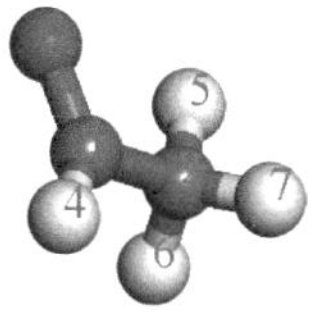	1	2	7		109.56	111.15
	4	1	2		115.36	118.56
	3	1	4		120.35	126.01
	2	7	6		36.46	36.97
	3	7	1	6	116.38	109.95
乙酸 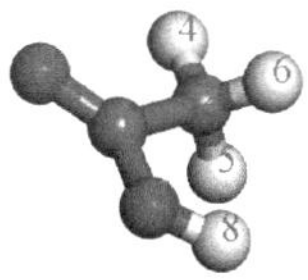	6	2	5		108.19	106.78
	8	7	2	3	179.86	178.46
苯甲醛 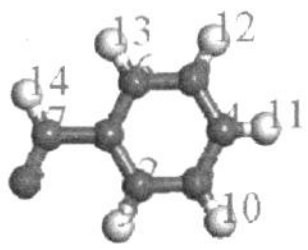	1	2	9		118.54	120.42
	1	2	3		119.71	118.82
	14	7	1		114.82	117.25
	14	7	8		120.95	125.09
	12	5	4	6	−180	179.86
苯 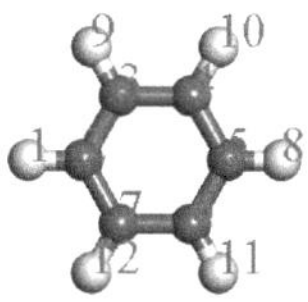	1	2	3		120	119.92
	1	2	7		120	119.92
	7	2	3		120	120.17
	2	7	6		120	119.92
	10	4	11	2	−180	179.87
1,3,5-苯三甲酸 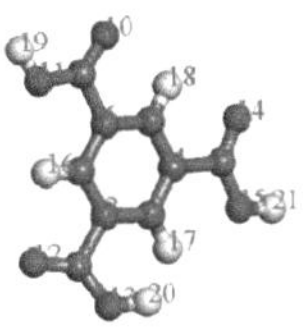	1	6	5		120.36	122.99
	11	7	6		112.49	111
	16	1	6		120.96	122.12
	14	9	1	2	−179.34	178.77
苯并[a]芘 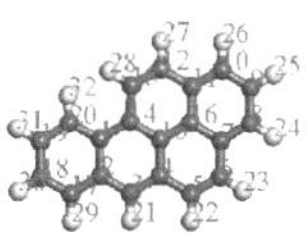	4	15	16		119.11	118.74
	31	19	18		119.69	119.39
	27	12	11	14	179.99	179.93
	25	9	8	24	−0.02	0.13

续表

分子	原子 1	原子 2	原子 3	原子 4	DFT	ReaxFF
苯并[b]噻吩 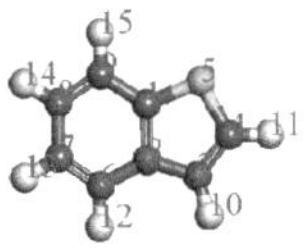	1	5	4		90.93	95.5
	2	3	10		123.73	124.13
	3	2	6		129.29	130.52
	3	4	11		127.67	127.85
	8	7	6		120.74	120.37
	8	9	1		118.3	116.86
	14	15	9	11	179.97	179.92
苯甲酸 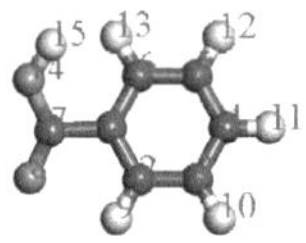	13	6	1		120.89	121.07
	13	6	5		119	120.1
	14	7	1	13	−23.79	23.35
	15	7	8	11	−168.92	164.7
Bull1952 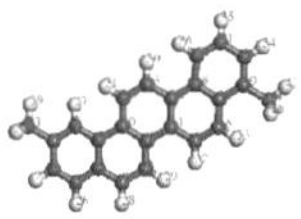	7	8	29		118.41	118.72
	34	18	16		90.32	89.55
	35	21	36		93.19	93.51
	36	22	21		118.63	118.89
	38	23	1		110.78	111.61
	25	2	7	5	−180	179.86
	39	37	23	1	122.3	123.35
丁烷 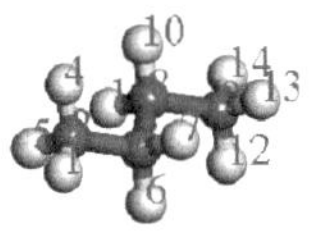	1	2	3		111.65	111.57
	4	2	1		107.89	106.97
	3	8	13		96.95	93.64
	10	8	9		109.73	110.66
	14	13	7	2	−4.97	6.89
C_{60} 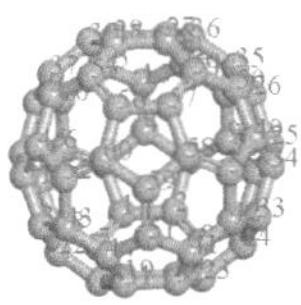	60	59	58		108	107.86
	50	49	55		120	120.24

续表

分子	原子 1	原子 2	原子 3	原子 4	DFT	ReaxFF
二甲基硫醚 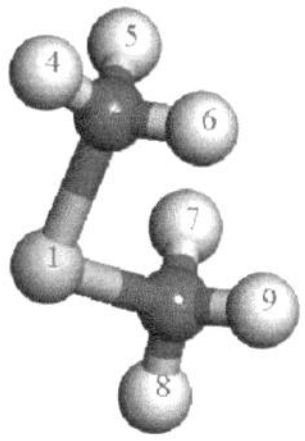	1	3	9		110.85	110.51
	6	2	1		110.87	110.5
	2	1	3		98.41	95.43
	5	2	4		108.87	109.86
	7	3	2		88.67	85.86
	9	3	8		108.89	109.87
	4	6	8		100.18	103.95
	4	7	8	1	9.46	11.07
	5	6	1	9	105.33	103.83
二乙醚 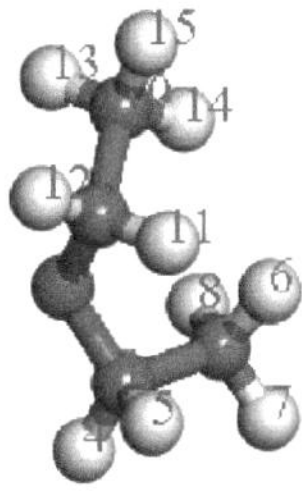	12	10	11		48.21	46.99
	15	10	14		108.63	107.09
	3	1	2		113.39	107.04
	6	2	7		107.81	106.93
	6	8	2	3	96.68	95.29
	12	15	14	4	−4.28	4.09
	12	11	3	1	−156.74	150.57
	15	10	14	9	122.06	122.54
二甲基胺 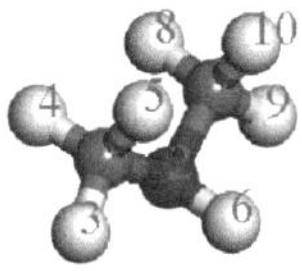	1	2	7		111.91	116.53
	5	3	9		61.98	60.77
	6	2	7		109.22	105.73
	10	7	9		108.61	108.97
	10	6	7		25.94	27.78
	5	10	6	2	69.97	71
	9	8	3	4	179.93	179.87
二苯醚 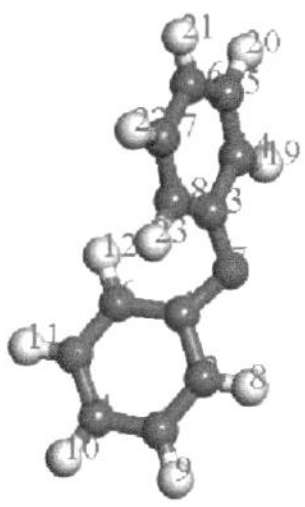	3	2	1		119.48	120.16
	17	16	15		119.54	121.5
	17	18	23		121	120.01
	23	1	4		108.92	107.05
	22	19	18		20.64	20.89
	21	15	18	7	−178.74	176.85
	23	19	2	7	−10.94	21.54

续表

分子	原子 1	原子 2	原子 3	原子 4	DFT	ReaxFF
乙烷	8	7	3		36.79	36.89
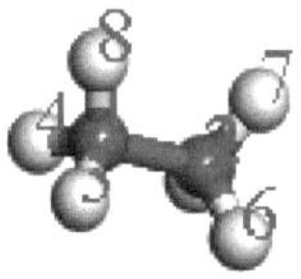	6	5	1		66.4	66.3
	4	8	1	3	−114.73	114.64
	7	2	3	6	−106.67	106.58
乙醇	9	8	5		59.54	62.58
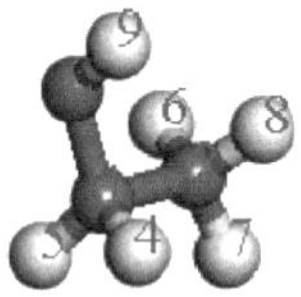	7	6	1	9	134.3	134.33
	8	6	2	3	94.55	93.38
Fuel1973	27	7	8		137.21	134.41
	39	40	38		108.94	111.96
	52	31	53		108.44	108.84
	42	43	22	44	−178.55	164.69
Fuel1988	3	4	7		121.38	121.58
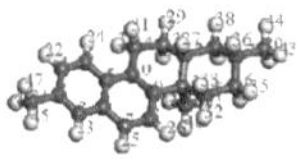	24	30	25	1	12.92	27.17
硫化氢 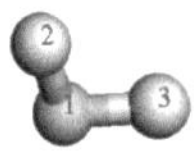	2	1	3		92.48	98.33
间二甲苯	1	11	4		37.08	36.48
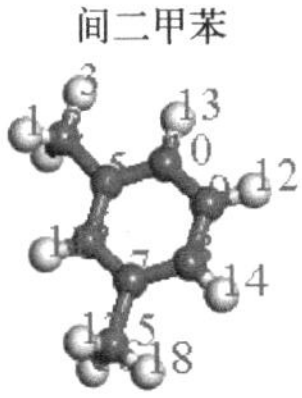	3	12	5		24.84	24.9
	13	12	9	3	−1.95	1.94
	14	16	15	18	−65.33	65.71
甲烷	1	2	3		109.47	109.46
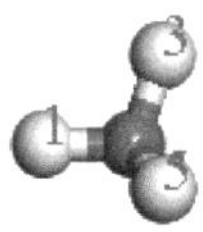	1	5	3		60	59.99
	1	2	5	3	−120	119.99

续表

分子	原子 1	原子 2	原子 3	原子 4	DFT	ReaxFF
	1	7	8		120.68	115.1
	2	1	7		117.54	122.63
乙酸甲酯 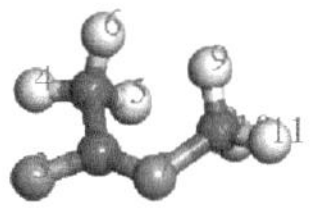	9	7	5		69.61	66.18
	11	8	9		108.95	105.52
	9	8	10		109.69	104.28
	11	8	10		108.93	105.45
	4	6	3	7	142.93	145.38
	11	8	9	7	−116.45	124.13
甲胺 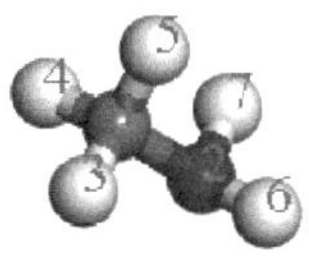	5	1	2		115.26	110.27
	4	1	5		108	108.63
	5	2	3		49.06	51.8
	7	4	3		88.41	91.14
	7	2	5	1	126.67	119.55
	5	6	1		32	31.43
	5	1	2		109.82	111.69
	6	1	2		125.09	124.91
	7	2	3		130.97	126.18
	10	2	5		7.62	8.45
吡咯 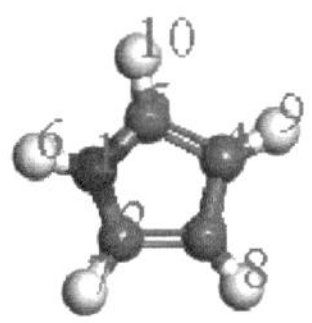	1	7	2		35.66	33.27
	1	6	5		123.72	121.91
	11	6	5		120.29	120.9
	11	1	6		28.36	29.45
	16	6	1		117.26	120.64
	22	13	10		117.26	120.69
	16	20	12		124.7	125.96
	8	9	3	7	179.86	179.73
	9	10	4	3	180	179.8
萘 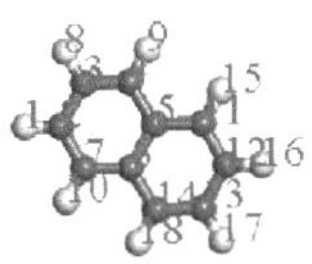	1	3	10		46.22	45.9
	8	2	5		85.48	85.05
	8	5	14	13	180	180

续表

分子	原子 1	原子 2	原子 3	原子 4	DFT	ReaxFF
	1	2	5		111.02	111.59
对二甲苯	1	2	11		77.84	77.72
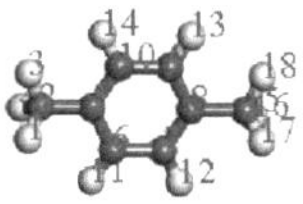	4	2	5		110.92	111.43
	14	3	4		110.96	111.27
	14	3	13	9	−174.85	174.89
	16	17	15	12	77.65	77.77
苯酚	6	1	2		120.06	123.18
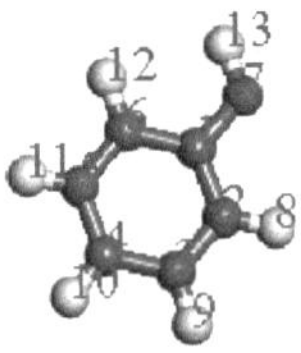	12	6	7		91.55	91.95
	13	7	1		109.28	115.9
	6	1	4	9	179.99	179.85
砜	4	1	10		95.55	94.79
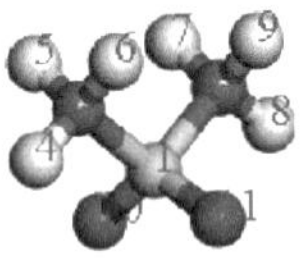	5	2	7		67.65	68.39
	5	2	4		110.26	109.27
	11	1	3		107.77	106.89
	11	7	3	8	119.14	124.72
	1	3	8		106.82	113.26
	2	1	3		96.08	100.41
二甲基亚砜	4	2	10		93.33	98.35
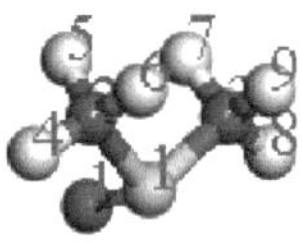	5	2	4		109.68	109.34
	5	2	1		107.91	105.54
	7	3	9		111.66	109.73
	8	3	7		109.67	109.72
	5	6	7	1	−90.68	91.02
噻吩	4	5	1		91.59	94.27
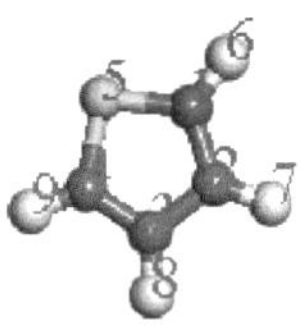	5	1	9		39.4	37.51
	6	1	2		128.34	126.21
	6	7	8		111.23	109.67
	6	1	7	8	−180	179.99